엘리멘탈

ELEMENTAL:
How Five Elements Changed Earth's Past and Will Shape
Our Future

Copyright © 2023 by Princeton University Press All rights reserved.

No part of this book may be reproduced or transmitted in any form or by any means, electronic or mechanical, including photocopying, recording or by any information storage and retrieval system, without permission in writing from the Publisher.

Korean translation copyright © 2025 by Wonderbox Korean translation rights arranged with Princeton University Press through EYA Co.,Ltd

이 책의 한국어판 저작권은 EYA Co.,Ltd를 통해 Princeton University Press와 독점 계약한 원더박스에 있습니다.
저작권법에 의하여 한국 내에서 보호를 받는 저작물이므로 무단 전재 및 복제를 금합니다.

엘리멘탈

5가지 원소로 보는 생명의 역사와 인류의 미래

스티븐 포더
김은영 옮김

ELEMENTAL

원더박스

베스와
피비에게

차례

서문
**세상을 바꾸는
가장 작고 위대한 것들** · 08

1 과거로부터의 교훈

1 지상 최대의 환경 변화 · 26
2 식물, 대륙을 정복하다 · 54

2 인류, 원소를 지배하다

3 인간, 탄소, 에너지의 파괴적 순환 · 82
4 기후변화의 원인을 찾는 방법 · 110
5 질소, 마법의 골디락스 원소 · 137
6 인, 대체 불가능한 하얀 금 · 158
7 물, 육상 생명체의 핵심 · 189

3 미래를 위한 길

8 생물지구화학적 행운 • 220
9 아직도 남아 있는 퍼즐 • 251

감사의 말 • 288
주석 • 292

서문

세상을 바꾸는
가장 작고 위대한 것들

세상을 바꾼 다섯 원소

무엇이 세상에 변화를 불러 오는가? 정치적인 변혁이나 바퀴 또는 불의 사용 같은 혁명적인 발명을 말하려는 게 아니다. 여기서 말하는 '변화'는 지질학적·진화론적 시간 속에서 이루어지는 지구상 모든 생명의 과정에 대한 변화를 의미한다. 6500만 년 전 일어난 소행성 충돌과 같은 변화 말이다. 그때 충돌로 발생한 재가 지구를 뒤덮어 햇빛을 완전히 가렸고, 공룡이 멸종하면서 포유류가 등장할 기회가 마련되었다. 이런 대재앙, 지구 전체를 바꾸는 대사건은 자주 발생하지 않는다. 그러나 그런 대사건이 한번 터지면 생명의 나무는 그 형태가 영원히 바뀌어 버린다.

이 책은 소행성 충돌에 관한 이야기가 아니다. 그와는 다르지만 영향은 그보다 결코 가볍지 않은 사건, 지구상의 생명체들이 스스로 일으킨 사건들에 관한 이야기다. 이 사건들은 사실 소행성 충돌보다 빈도가 낮고 할리우드에서 엄청난 자본을 들여 블록버스터 영화로 만들 만큼 흥미진진하지도 않다. 그러나 그 영향만큼은 심대하고 영속적이다. 진화의 결과로 탄생한 새로운 유기체가 일정한 자원을 그 이전의 다른 유기체에 비해 훨씬 효율적으로 흡수할 때 이런 사건들이 일어난다. 이런 유기체들은 그렇게 효율적으로 자원을 흡수하면서 지구의 화학적인 환경을 매우 특이한 방식으로 재구성한다.

이런 진화론적인 도약은 수억 년, 심하면 수십억 년에 한 번 일어날까 말까 할 정도로 드문 사건이다. 상상조차 힘들 만큼 긴 시간 속에서, 유기체들과 그들이 초래한 변화 사이에는 매우 흥미로운 연결고리가 존재한다. 이 책은 햇빛조차 희미했던 무산소 환경에서 시작해 우리가 지금 살고 있는 산업화된 세상에 이르기까지, 생명체들이 이끌어 온 전 지구적인 변화를 추적하며 그 연결고리들을 탐색한다. 지금까지 지구에서 일어난 가장 큰 변화들 중 몇몇 사례와 그러한 변화의 원인이 된 유기체들을 깊이 탐구해 보고 우리가 미래를 대비하는 데 도움이 될 교훈을 찾아보고자 한다.

단세포 유기체 외에 그 어떤 동물, 식물, 심지어는 균류(곰팡이류)조차 존재하지 않았던 시절에 그러한 변화가 처음으로, 가장 크게 일어났다. 남세균cyanobacteria이라는 새로운 종류의 단세포 유기체가 지구를 온통 점령하고 있던 약 25억 년 전으로 거슬러 올라가 이야기를 시작해 보자. 이 바다 미생물은 다세포 생물체의 출현을 위한 무대를 만들면서 한편으로는 전 지구적인 환경 재앙을 초래했다. 그리고 다시 20억 년을 뛰어넘어 4억 년 전, 지구를 바꿔 놓은 두 번째 유기체의 이야기로 들어간다. 이 유기체가 여러 대륙을 가로질러 번성하면서 열대기후였던 세상을 빙하기로 몰아넣었다. 마지막 이야기는 현재를 무대로 한다. 남세균이나 식물과는 전혀 달리 보이지만, 지구 환경을 가장 극적으로 바꿔 놓은 세 번째 유기체는 바로 우리 인간이다. 우리는 겉으로 보이는 것보다 훨씬 많은 것들을 우리의 조상들과 공유하고 있다.

상상조차 힘든 지질학적 시간의 깊이 속에서 이 유기체들과 그들이 촉발한 대변화들 사이를 이어 주는 끈은 모든 살아 있는 세포의 99퍼센트 이상을 이루는 5개의 원소들로 짜여 있다. 수소(H), 산소(O), 탄소(C), 질소(N) 그리고 인(P)이 바로 그것이다. 이 원소들을 나는 '생명의 공식: HOCNP'라고 부른다. 거대한 존재든 작은 존재든, 모든 유기체는 쉬지 않고 끈질기게 이 원소들을 찾아 모아들인다. 여기에 성공하는 유기체는 살아남는다. 그렇지 못한 유기체는 살아남지 못한다. 진화 과정에서, 더 기발하고 더 효율적인 방법으로 이 원소들을 갈무리하는 새로운 유기체가 탄생하면 그 유기체가 세상을 변화시킬 만한 무대가 차려진다.

고작 유기체 한 종류의 진화가 어떻게 지구 전체를 변화시킬 수 있는가? 그 대답이 바로 생명의 공식에 들어 있다. 이 다섯 원소는 어떻게 배열하느냐에 따라서 모든 생명체의 기본 구성요소가 된다. 또 배열을 조금만 달리하면, 이 원소들은 지구에서 생명이 살아갈 수 있는 대기를 유지하는 기체가 된다(여기서 인은 제외한다. 나중에 자세히 설명하겠지만, 인은 나머지 4개의 원소와는 전혀 다른 역할을 하기 때문이다). 따라서 만약에 어떤 유기체가 맹렬하게 진화한 결과 이 5개의 원소 중 하나 또는 그 이상을 전례 없이 막대한 양으로 흡수해 버린다면, 지구의 기온을 지켜 주던 온실가스의 농도가 달라질 것이고, 따라서 지구 전체의 기후도 달라진다. 한 유기체가 지나치게 성공해 그들이 이 생명의 원소들을 과도하게 흡수해 버린다면, 지구가 맞이하게 될 기후변화도 더욱 극적으로 전개된다. 이렇게 해서 이 다섯 원소는 생명과 기후를 연결한다. 과거에도 그랬고 현재도 그러하며 미래에도 그러할 것이다.

세상을 바꾼 세 가지 생명체

이 책에 등장하는, 지구에 대변화를 몰고 온 세 월드 체인저world changer 유기체는 생명의 나무에서 서로 멀리 떨어진 가지에 걸려 있다. 각각 미생물, 식물, 동물이라는 가지에 속한다. 1부에서는 처음 두 차례 대변화의 주인공인 남세균과 육상 식물을 알아보기 위해 지질학적으로 아주 먼 과거까지 거슬러 올라간다. 거기서 남세균이라 불리는 단세포 생물이 생명의 공식을 구성하는 요소들, 특히 탄소와 질소를 거두어들이는 과정에서 진화론적으로 어떠한 새로운 방법을 구사하게 되었는지 살펴본다. 남세균은 오늘날까지 포함해 지구가 생겨난 이래 지구 환경에 가장 큰 변화를 일으킨 '대산화사건Great Oxidation Event(혹은 산소대폭발사건)'을 몰고 왔다. 그다음에는 시곗바늘을 20억 년가량 빨리 감아 두 번째 대변화의 주인공인 육상 식물로 넘어간다. 육상 식물은 수소, 산소, 인을 흡수하는 방법에서 혁신적으로 진화함으로써 그들이 나타나기 전까지 황무지였던 대륙을 점령했다. 그러나 식물이 모든 대륙의 구석구석까지 퍼져 나가자 그전까지 북극의 바닷물조차도 목욕물처럼 뜨거웠던 열대의 지구에, 최초의 숲마저 꽁꽁 얼릴 정도의 빙하기가 닥쳐왔다. 첫 번째와 두 번째의 대변화 모두, 생명의 공식에 들어 있으며 지구상의 생명체 모두를 지구와 연결해 주는 다섯 원소를 통해서 이해할 수 있다. 남세균과 육상 식물의 역사는 또한 세 번째 대변화의 주인공인 인간의 역사가 펼쳐질 수 있는 기반을 만들어 주었다.

2부에서는 사람의 노동과 혁신 그리고 이동이 인류세Anthropocene라는 지질시대를 등장시킨 과정을 살펴본다. 식물이나 박테리아와 인간 사이에는 어마어마한 차이가 존재하지만, 모두 공통의 원소—HOCNP—라는 끈으로 그들과 연결되어 있다. 사실 이 끈은 현대 사회가 빚어낸 전 지구적 환경 재난이라는 복잡한 거미줄을 파헤치는 데도 핵심적인 열쇠다. 그 열쇠를 이해하는 작업은 3부에서, 우리의 미래를 내다보는 과정과 함께해 보기로 한다. 우리의 조상들과 마찬가지로, 다섯 원소에 대한 우리의 놀라운 접근방식은 어마어마한 혜택과 동시에 우리도 모르는 사이에 환경 재난을 향해 우리 스스로 성큼 다가서게 하는 결과를 초래했다. 결코 우리가 의도하지 않은 그 혁신의 대가를 조금이라도 줄일 수 있느냐 없느냐는 우리가 지금껏 지구를 변화시키는 데 써 온 원소들을 이제부터라도 어떻게 관리하느냐에 달려 있다. 지금보다 지속가능한 미래를 원한다면, 앞서 살았던 존재들로부터 많은 것을 배워야만 한다.

생명의 공식과 생물지구화학

이 이야기에 등장할 유기체 세 가지를 간략하게 소개했으니, 생명의 공식과 지구의 기후를 결정하는 다섯 원자를 자세히 들여다보자. 우리 이야기에서 지구를 바꿔 놓은 유기체들을 표현하는 2개의 화학 '공식'*이 있다.

$$H_{263}O_{110}C_{106}N_{16}P_1 \text{ 남세균}$$
$$H_{375}O_{132}C_{88}N_6Ca_1P_1 \text{ 인간}$$

고등학교 시절 화학 수업에 흥미를 느끼지 못했던 독자들을 위해 설명하자면, 각각의 알파벳은 앞에서 소개한 5개의 원소(그리고 여섯

---

* '공식'이라고 따옴표를 붙인 이유는 세포는 한 가지 화학물질로만 이루어져 있지 않기 때문이다. 세포는 수천 개의 화학물질로 이루어져 있다. 그러나 이 공식들이 유기체 전체를 분석할 때 얻게 되는 가장 근사한 '공식'이다.

번째 원소인 칼슘)를 의미한다. H는 수소, O는 산소, C는 탄소, N은 질소, Ca는 칼슘 그리고 P는 인이다. 아래첨자는 각 유기체의 몸에서 해당 원소들이 차지하는 상대적인 양이다. 예를 들면, 남세균의 세포(첫 번째 공식)에는 수소 원자가 산소 원자보다 두 배를 약간 넘는 정도로 더 많고(263:110), 인 원자보다는 263배 더 많다(263:1). 사람의 세포(두 번째 공식) 역시 세포를 구성하는 원소나 그 양의 상대적인 비율은 놀라울 정도로 비슷하다. 어떤 유기체에 대해서도 이러한 '공식'을 만들 수 있는데, 만들고 보면 이 두 공식과 아주 비슷하게 나타날 것이다. 지금까지 알려진 100여 개의 원소 중에서 이 5개(뼈나 껍데기가 있는 유기체의 경우에는 칼슘을 더하거나 빼야 하므로 6개라고 말할 수도 있다)는 지구상 모든 유기체의 세포에서 가장 흔한 원소들이며, 상대적인 비율도 거의 비슷한 순서로 나타난다. '생명의 공식'은 박테리아에서부터 식물과 인간에 이르기까지 매우 일관적이다. 화학적 구성이 이렇게 공통적이다 보니, 모든 유기체는 한배를 탄 것과 다름없다고도 할 수 있다. 살아 있는 모든 것은 이 결정적인 원소들을 자신을 둘러싼 환경으로부터 흡수해야만 한다. 그리고 더 멀리, 더 많이 퍼져 나가기 위해서는 이 원소들 중 1~2개만이 아니라 5개 모두에 접근할 수 있어야만 했다.

유기체들의 몸에서 이 원소들은 어떤 역할을 할까? 서로 만나 물이 되는 H와 O는 모든 세포의 대부분을 구성하며, 우주생물학자들(지구 넘어 우주를 바라보며 생명체를 찾는 사람들)은 물이 없이는 생명도 존재할 수 없다고 믿는다. 물이 하는 수많은 역할 중 몇 가지만 말해 보자. 물은 광합성에 쓰인다. 광합성은 거의 모든 먹이사슬의 기반을 형성(먹이사슬에서는 높은 위치에 있는 것들보다 낮은 위치에 있는 것들이 훨씬 더 큰 역할을 한다)한다. 모든 동물세포의 반응 작용에도 물이 필요하다. 바다에서는 물을 쉽게 구할 수 있지만, 마른 땅에서 수분을 유지하는 것은 모든 생명체에게 매우 절박한 과제이다. 이 숙제는 2장에서 육상 식물의 진화를 이야기할 때 주요한 역할을 하게 될 것이다.

생명체에서 세 번째로 많은 원소인 탄소는 모든 생물학적 분자, 즉 DNA, RNA, 단백질, 지방, 탄수화물, 당분 그 외의 많은 것의 중추를 구성한다. 직접적으로든 간접적으로든 대부분의 생명체는 탄소를 흡수하기 위해 광합성에 의존한다. 광합성을 하는 유기체, 즉 식물은 대기로부터 탄소를 흡수하기 위해 태양 에너지(빛)를 이용해서 생체분자를 합성한 후 그 분자를 화학적으로 결합해 에너지를 저장한다. (우리와 우리가 먹는 동물을 비롯한) 다른 유기체들은 이 생체분자들을 먹은 뒤 그 분자들을 분해해서 그 속의 에너지들을 방출한다. 이렇게 방출된 에너지는 우리가 활동하는 데 필요한 연료로 쓰인 뒤 이산화탄소로 환원되어 대기로 돌아간다. 따라서 광합성은 지구를 따뜻하게 유지하는 데 가장 중요한 기체—이산화탄소—와 생명체를 직접적으로 연결해 준다. 이 연결 과정은 다음 장에서 더 자세하게 살펴보겠다.

마지막으로, 광합성을 하든 안 하든 살아 있는 모든 것에는 질소와 인이 필요하다. 이 두 원소는 DNA를 비롯해 모든 생체분자의 핵심 요소들을 만드는 데 필수적인 구성요소이기 때문이다. 이 두 원소는 지구상에 존재하는 모든 생명의 유전자 코드 속에 삽입돼 있지만, 모든 유기체들이 생존하는 데 필요한 양에 비해 상대적으로 부족하다.

생명에 필수적인 이 원소들의 양은 지구의 어느 위치에 있느냐에 따라 큰 차이를 보인다. 그 차이는 곧 어디에 얼마나 많은 생명체가 존재하느냐를 결정한다. 칠레의 안데스산맥 고지대에 있는 아타카마사막에서는 살아 있는 생명체를 거의 볼 수 없다. 길게는 수백 년 동안 비가 내리지 않기 때문이다. 남극대륙의 넓디넓은 얼음 밭 위도 마찬가지다. 광합성으로 공기 중에서 탄소를 뽑아 들이기에 기온이 너무나 낮아서다. 그러나 이보다 놀라운 사실은, 따뜻한 햇볕이 내리쬐는 적도 위의 태평양에도 생명은 거의 존재하지 않는다는 점일 것이다. 질소가 부족해 '물 위의 사막'이 되었기 때문이다. 그러나 해류가 햇빛을 받은 물에 질소를 비롯한 여러 영양분을 실어다 주는 태평양 동쪽은 생명체로 넘쳐난다. 땅 위에서도 마찬가지다. 캘리포니아의 시에라네바다산맥으로 가 보자. 인이 부족한 바윗덩어리들만 버티고 있는 이곳에서는 나무도 자라지 않고 토양도 형성되지 않는다. 그저 수많은 바위와 돌이 서로 이웃하고 있을 뿐이다. 반면에 지질학적인 우연의 결과로 인을 넉넉하게 품은 바위들이 늘어선 지역에서는 거대한 전나무가 두터운 토양으로 덮인 경사면을 촘촘하게 메우고 있다.

이 원소들의 상대적인 풍요나 빈곤이 생명체의 성장과 확산을 어떻게 제약하는지는 그 자체로 지구 환경에서 매우 흥미로운 이 야깃거리가 된다. 그 이야기는 나의 연구 분야인 생물지구화학 biogeochemistry의 탐구 주제, 즉 유기체와 그들을 둘러싼 환경 사이에서 에너지와 분자가 어떻게 이동하는가에 초점을 두고 전개된다. 나는 수십 년 동안 이 분야에서 일하며 배운 것들을 이 책에서 독자들과 공유하고자 한다. 앞에서도 이야기했듯이, 지금까지 언급한 생명에 대한 제약은 전체적인 이야기의 절반밖에 되지 않는다. 이 원소들은 생명체에만 중요한 것이 아니라 그 생명체가 살고 있는 환경에도 그에 못지않게 중요하다. 이 원소들은 지구를 생명이 살 수 있도록 따뜻하게 지켜 주는 이른바 온실가스의 구성요소다. 그러므로 이제 생명의 생물학으로부터 지구의 화학으로 잠시만 눈을 돌려 보자.

지구에 생명체가 존재할 수 있을 만큼 지구를 따뜻하게 유지해 주는 주요 온실가스로는 이산화탄소(CO_2), 메탄(CH_4), 산화질소(N_2O), 수증기(H_2O)가 있다.* 화학식에서 볼 수 있듯이, 이들은 생명을 만드는 5개 원소 중 4개로 구성되어 있다. 그러나 이 원소들이 생체분자가 아닌 온실가스의 형태로 결합되면, 생명의 기본 요소가 아니라 지구의 대기에 열을 가두는 눈에 보이지 않는 담요 역할을 한다. 1850년대에 이미 과학자들은 온실가스의 농도가 높아질수록 지구가 점점 더 따뜻한 행성이 되리라는 것을 알아냈다. 온실의 유리 벽 또는 자동차의 유리창처럼, 온실가스는 지구 표면으

---

* 화학식은 가급적 사용하지 않겠지만, 이산화탄소는 앞으로 CO_2로 표기한다.

로 들어오는 햇빛을 투과시키면서 그 열의 일부는 다시 우주로 복사되어 나가지 못하게 잡아 두는 역할을 한다. 햇빛은 통과시키고 열은 잡아 가두는 유리의 투과성 때문에 여름날 자동차 내부의 온도가 높아지는 것과 같다. 빛을 투과하고 열을 가두는 온실가스의 성질은 지구 전체를 따뜻하게 지켜 준다. 온실가스 덕분에 지구는 골디락스 행성, 즉 너무 춥지도 너무 덥지도 않은 행성이 되었다. 또한 풍부한 온실가스는 공통의 원소들을 통해 살아 있는 모든 것의 생명 활동과 연결된다.

고등학교 시절 과학 과목을 좋아했고 대학에서도 전공과 상관없이(나의 전공은 역사였다) 과학 과목을 상당히 많이 들었으며, 심지어 석사학위 과목은 지질학이었는데도 박사학위 과정에 들어가서야 생물학, 지질학과 화학이 서로 얽히고설키며 살아 있는 지구를 구성한다는 것을 깨달았다. 그렇게 늦게서야 깨달은 이유는 각 과목을 다른 과목과 전혀 상관없는 별개의 과목으로 가르치는 방식 탓인 것 같다. 이렇게 단절된 교육 방식으로는 위에서 말한 분야들의 교차 또는 공존 위에 생명이 존재한다는 것, 즉 바위투성이 행성에서 어떻게든 생명을 이어 나가기 위한 생명체들의 투쟁을 인식하기가 어렵다. 이렇게 단절된 교육 방식 때문에 나는 '살아 있는 행성'에서 산다는 게 무슨 뜻인지 제대로 이해하지 못했다. 물론 이 말은 기본적으로 지구에 생명체가 존재한다는 뜻이다. 그러나 더 중요한 것은 지구가 '생명 그 자체에 의해서 형성된 행성', 특히 생명의 공식에 들어 있는 원소의 흐름에 영향을 주는 유기체들에 의해 형성된 행성이라는 뜻을 담고 있다는 것이다. 이 책을 읽고 난 뒤, 우리 시대에 인간이 지구에 일으킨 급속하고 다면적인 변화를 이 5개의 원소라는 렌즈를 통해 깨달음으로써, 과거에 지구가 겪은 변화를 독자들이 이해할 수 있게 되기를 바란다. 더 중요하게는, 세상에 대한 이러한 사고방식을 통해서 우리가 더욱 지속가능한 미래로 나아가는 데 도움이 되기를 바란다.

무대를 좀 더 자세히 살펴보기 위해, 세상을 바꿔 놓은 세 주인공에게로 돌아가 남세균부터 들여다보자. 약 20억 년 전, 남세균은 탄소와 질소, 수소와 산소를 포획하고 이용하는 두 가지 방법을 통합해 그 효율을 크게 끌어올릴 수 있도록 진화했다. 우선, 남세균은 질소고정이라는 과정을 활용함으로써 공기 속의 질소를 거의 무한대로 포획할 수 있었다. 지금까지 알려진 바로는, 남세균 이전의 그 어떤 유기체도 이 두 가지 방법을 통합함으로써 생화학적 과정에서 큰 이득을 누려 본 적이 없었다. 남세균은 질소고정 덕분에 생명의 공식에 들어 있는 원소들을 전례 없이 풍족하게 흡수할 수 있었고, 결과적으로 개체수가 폭증했다. 수십억 년이 흐른 지금, 우리는 화석으로 그들의 흔적을 볼 수 있다.

그러나 살아 있는 행성에서 그들의 뒤를 이어 살고 있는 우리에게 남세균의 화석보다 중요한 것은 그들의 화학적 유산이다. 남세균의 혁신적인 진화는 지구의 총광합성량을 엄청나게 증가시켰다. 그러나 광합성의 증가에는 뜻밖의 부작용이 따라왔다. 바로 산소 (산소 분자인 O_2, 즉 우리가 살아 숨 쉬는 데 필요한 기체)가 출현한 것이다. 20억 년 동안 지구 환경에는 산소 분자가 존재하지 않았다. 산소는 언제나 다른 원자에 묶여 있었다. 예를 들면 수소와 결합한 물(H_2O)로 존재했다. 시간이 흐르면서 남세균이 뿜어 내는 산소는 지구 환경이 흡수할 수 있는 수준을 넘어섰다. 그러자 지구 역사의 첫 20억 년을 특징지었던 무산소 시대가 막을 내렸다. 지구는 우주에서 알려진 행성 중 유일하게 모든 다세포 유기체(예를 들면 인간)가 숨 쉬는 데 필요한 산소가 풍부하게 존재하는 대기를 가진 행성이 되었다. 그러나 그때까지 10억 년 이상 무산소 환경에서 진화해 온 지구의 생명체들에게 유산소 환경으로의 변화는 한 번도 만나 본 적 없는 환경 재앙이었다. 이 변화는 지구의 화학 구성을 근본적으로 바꿔 놓았고, 그 결과 지구는 최초의 빙하기라 할 수 있는 시기(1장에서 자세히 다룬다)를 마주하게 되었다. 그때까지 지구를 지배하던 유기체들은 이제 변방으로 밀려났다. 이 모든 변화의 원인은 살아 있는 우리 지구를 형성하는 원소들을 흡수하는 방식의 혁신적인 진화와 그 진화가 가져온 뜻밖의 부작용 때문이었다.

20억 년이라는, 인간으로서는 선뜻 상상하기조차 힘든 긴 시간이 흐른 뒤 두 번째 월드 체인저인 육상 식물이 등장했다. 육상 식물은 약 4억 년 전쯤 물에서 뭍으로, 해수면 위로 불쑥 솟아오르면서 지구 표면의 약 30퍼센트를 차지한 땅 위로 올라와 완전히 새로운 환경의 이점을 충분히 이용했다. 땅 위에서 널리 퍼져나가기 위해, 식물은 '생명의 공식'을 구성하는 5개의 원소 중 새로운 환경에서는 얻기 어려운 세 가지 원소, 즉 수소와 산소 그리고 인을 포획할 수 있도록 진화해야만 했다(수소와 산소는 물에서 얻었다). 한 자리에 고정돼 살아가는 식물이 마른 땅 위에서 수분을 공급받기는 (즉 H_2O를 흡수하기는) 쉬운 일이 아니었다. 육상 식물은 지표면 아래의 바위에 뿌리를 내리고 지구 최초의 토양을 만들어 냄으로써 이 난제를 해결했다. 식물의 뿌리는 생명의 공식에서 다섯 번째 원소인 인을 그 궁극적인 원천인 바위에서 캐내는 데 성공했다. 과거의 어느 때보다 많은 양의 인에 접근할 수 있게 된 식물은 어떤 유기체보다 빠르게 성장했고, 지금의 적도에서부터 남극까지 펼쳐져 있던 불모의 대륙에 거대한 식물들이 빽빽하게 들어선 숲을 형성했다.

식물이 물에서 뭍으로 이동하면서 예기치 못했던 일들이 벌어졌다. 이 이야기에서 가장 중요한 부분은 식물들의 가차 없는 광합성이 공기 중의 CO_2를 너무나 많이 소비하는 바람에 지구를 따뜻하게 지켜 주던 담요가 '얇아지면서' 열대기후였던 세상이 꽁꽁 얼어 버렸다는 대목이다. 다시 한 번, 생명의 공식에 포함된 원자의 흡수 방식이 거둔 진화적 혁신이 환경에 재앙을 부르는 결과를 가져온 것이다.

인간, 마지막 월드 체인저

언뜻 생각해 보면, 인간이 일으킨 변화는 그 이전의 월드 체인저들이 일으킨 변화와는 크게 다를 것처럼 여겨진다. 인간은 이성적이고, 놀라운 기술을 가지고 있으며, 남세균이나 식물과는 너무나 다르기 때문에 그들과 인간을 이어 주는 끈은 금방 눈에 띄지 않는다. 그러나 조금만 더 깊이 들여다보면, 지구를 변화시킨 세 주인공에게는 공통점이 많다. 인간의 성공과 도전 역시 남세균이나 식물처럼 생명의 공식을 구성하고 있는 원소들로부터 비롯되었다.

인간이 지구 환경에 어떤 영향을 미치는지 잠깐 생각해 보자. 우리는 수십억 년 전부터 지금까지 지구에 저장된 광합성 에너지를 해마다 수백 년 치씩 태우고 있다. 지질학적으로 변형된 옛 월드 체인저의 세포는 이제 석유, 석탄, 천연가스 등 화석연료의 형태로 추출된다. 이 에너지는 수십억 인간을 빈곤으로부터 해방시키고 수명 연장에 일조했으며, (반박하는 사람들도 많겠지만) 삶의 질을 향상시켰다. 하지만 이 에너지를 소비함으로써 지난 수십만 년 동안 전례 없는 속도로 CO_2가 대기 중으로 흘러 들어갔는데, 이는 아마도 지구 역사를 통틀어도 가장 빠른 수준일 것이다. 21세기 중반이면 산업혁명이 시작된 19세기 중반에 비해 지구 대기의 온실가스 양은 거의 두 배에 이를 것이다.

인류의 성공에 기반이 된 것은 화석연료만이 아니다. 100년도 안 되는 세월 동안 인류는 대기 중에 순환되는 질소의 양은 두 배, 인은 네 배 증가시켰으며 인공 저수지에 가둔 물의 양은 지구상에 존재하는 모든 강에 흐르는 수량의 다섯 배에 이른다. 이런 혁신 덕분에 인류는 땅을 기름지게 하고 제때 물을 공급할 수 있으며, 지금 이 책을 쓰는 동안 80억을 넘어설 인구를 먹여 살리기에 충분한 작물을 수확할 수 있다. 이런 노력으로 풍요로운 결실을 거두게 되었지만, 동시에 인류의 성공에 밑거름이 되었던 원소들의 저량과 유량의 변화는 지구의 수명에 심대한 영향을 끼치고 있다. 우리보다 앞선 월드 체인저들처럼, 우리도 생명체와 그 환경 사이의 본질적인 연결고리에서 벗어날 수 없다. 인간도 우리의 조상이었던 박테리아나 식물 들과 똑같은 욕구를 공유하고 있으며, 앞으로 좀 더 자세히 살펴보겠지만, 그 욕구를 해소하는 방법도 똑같다. 그러므로 비슷한 대가를 치르게 될 수 있다는 것을 깨달아야 한다.

역사적 관점에서 보면 암울하지만, 인류에게는 과거의 두 월드 체인저가 갖지 못했던, 재앙을 피할 수 있는 두 가지 특별한 이점이 있음을 이해하는 것이 매우 중요하다. 그들과는 달리 우리에게는 다가올 일을 예측하는 능력이 있다. 하지만 어쩌면 이보다 중요한 점은, 우리는 과거에 하던 방식에서 벗어나는 선택을 할 수도 있다는 것이다. 생명의 공식을 구성하는 원소들을 잘 관리해서, 의도치 않았던 부작용은 최소화하고 인류의 복지를 극대화하는 사회로 나아갈 수 있도록 변화의 추이에 대한 정보를 이용하는 것이다. 그렇게 하기 위한 완벽한 방법이 무엇인지는 아직 모르지만, 안일하게 지구를 남용하는 사회에서 목적을 가지고 지구를 관리하는 사회로 나아가는 첫발을 뗄 수는 있다. 어떤 이들은 지구 시스템을 인간이 관리한다는 생각 자체가 논의할 가치조차 없는 오만한 생각이라고 보기도 한다. 그들의 주장에 대해 나는 이렇게 반박하고 싶다. 우리는 이미 그렇게 하고 있다고! 인류는 이미 지구를 변화시키는 원소들의 총체적인 순환을 주도하는 지질학적 힘을 발휘하고 있다. 인류가 과거의 월드 체인저들로부터 무엇을 배울지, 지구의 변화가 몰고 올 최악의 결과를 피할 수 있을지는 나도 확신하지 못한다. 허나 요기 베라Yogi Berra가 말했듯이, "예측만으로도 충분하다. 특히 미래에 대해서는."[1] 21세기의 시작보다 더 지속가능한 21세기의 끝을 맞이하는 유일한 방법은 우리가 배운 바를 실천에 옮기는 것이다. 돌아갈 방법은 없다. 앞으로 나아가야만 한다.

1부
과거로부터의 교훈

1
지상 최대의
환경 변화

생명의 역사와 지구의 풍경

지구의 역사는 환경 변화의 역사다. 공룡이 등장했다가 사라졌고, 검치호, 마스토돈 외에도 우리가 화석으로만 그 존재를 아는 수많은 동물과 식물이 나타났다가 사라졌다. 그러나 가장 큰 변화는 동물의 흔적이 아니라 화석이라고는 하나도 품고 있지 않은 바위 그 자체에 기록되어 있다. 그 변화는 붉은색으로 기록되었다.

그랜드캐니언의 웅장한 절벽, 모뉴먼트밸리의 거석 또는 내가 처음 본 웨스턴매사추세츠의 파이오니어밸리 등에서 독자들도 붉은 바위를 본 적이 있을 것이다. 그렇지만 나처럼 그 붉은 바위에 아무런 관심이 없었을 것이다. 나 역시 대학에서 지질학 수업을 들으면서야 어린 시절을 보낸 매사추세츠 암허스트 주변의 바위가 대부분 붉은색이라는 것을 깨달았다.

　나의 첫 지질학 스승이었고, 이름도 매우 지질학적이었던 벨트 Belt(단층대라는 뜻) 교수는 붉은 바위에 푹 빠져 사는 사람이었다. 벨트 교수는 어떤 바위는 붉은데 어떤 바위는 그렇지 않은 이유가 무엇인지 깊이 생각해 보라고 강력히 권했다. 당시에는 붉은 바위가 붉은 이유는 그저 우연의 결과일 뿐 중요한 문제는 아니라고 여겼기 때문에 그다지 깊이 생각해 보지 않았다. "붉은 지층은 어떻게 생겨났나?"라는 문구가 인쇄된 학과 티셔츠를 맞춘 것은 벨트 교수가 제기한 의문을 수용했기 때문이 아니라 학생들로서는 이해하기 힘든 교수의 집착에 대한 치기 어린 저항이었다. 지금 생각해 보면 어리석은 행동이었다. 나중에 가서야 붉은 바위가 지구 역사에서 가장 큰 환경상의 변화, 어쩌면 지구에 살고 있는 생명체들이 일으킨 가장 큰 변화를 증언하는 기록임을 이해하게 되었다. 당연히 벨트 교수는 지구의 역사에서 가장 중요한 것에 대해 우리보다 훨씬 많이 알고 있었다.

　바다 바닥의 진흙과 모래가 압력을 받아 단단하게 굳은 퇴적암은 산소와 결합한 철(우리는 이런 것을 '철에 녹이 슬었다'고 말한다)을 함유하고 있기 때문에 붉은색을 띤다. 가장 오래된 붉은 암석의 나이는 지구 나이의 절반 정도인 22억 년이다. 이보다 더 오래된 퇴적암이 없는 것은 아니다. 다만 붉은색을 띠지 않을 뿐이다. 벨트 교수의 "붉은 지층은 어떻게 생겨났나?"라는 질문의 원래 의도는 "더 오래된 퇴적암은 왜 붉은색이 아닌가?"였다. 붉은색을 띠지 않는다는 것이 이 질문에 대한 답의 단서이고, 지금은 여러 방면에서 확인된 증거들을 바탕으로, 지구 역사의 첫 절반이 흐르는 동안에는 바다에도 대기 중에도 자유산소free oxygen가 존재하지 않았음이 확인되었다. '자유산소'란 우리가 숨 쉴 때 들이마시는 기체, 다른 어떤 원자도 아닌 오직 2개의 산소 원자가 결합한 형태(즉 O_2)를 말한다. 산소 기체와는 달리, 물로 존재하는 산소는 2개의 수소 원자에 묶여서 H_2O의 형태로 존재하기 때문에 '자유'롭지 않다. 인간은 물속의 산소로는 숨을 쉴 수 없다. 자유산소가 없으면(앞으로는 그냥 '산소'라고 부르기로 한다), 철은 녹슬지 않고 퇴적암은 붉은색을 띠지 않는다.

오늘날 지구의 대기 중 21퍼센트는 산소로 이루어져 있다. 바로 이 점 때문에 지구는 우주에서 (우리가 아는 한) 매우 독특한 행성이 되었다. 나머지는 모두 무산소 행성(산소 기체가 없는 행성)이다. 금성, 화성 그리고 심지어 최근에 발견된 다른 항성을 공전하는 행성들도 마찬가지다. 그곳에 산소 기체가 없는 이유는 산소가 이미 다른 많은 것들과 결합해 버렸기 때문이다. 지구를 돌아보아도 산소는 우리 발밑의 바위 속 규소, 물속의 수소, 진흙 속의 알루미늄 등 수많은 원자와 결합한 형태로 존재하기 때문에, 사실상 지각에서 다른 어떤 원소보다 큰 부피를 차지한다.

산소는 유기체와도 매우 활발하게 반응한다. 사람이 호흡 작용으로 들이마신 산소는 탄소를 기반으로 한 당분과 결합하여 체내에서 에너지를 공급하고 내쉴 때는 CO_2의 형태가 되어 체외로 방출된다. 화학적으로 보자면, 이 과정은 휘발유를 연소시키는 것과 별반 다르지 않다. 탄소를 기반으로 한 휘발유 분자는 당분과 비슷하며, 공기 중의 산소와 결합하면서 에너지와 CO_2를 방출한다. 심지어는 부패하는 유기물질도 산소를 소비한다. 나무에서부터 육류에 이르기까지 모든 것의 분해 과정을 지배하는 박테리아와 균류는 부패 중인 물질 속의 탄소와 산소를 결합해 에너지를 생산한다.

산소의 반응성과 지구상에서 일어나는 호흡, 연소, 부패의 과정을 이해한다면, 어떻게 산소가 대기 중에 축적되었으며 어떻게 아직도 우리 주변에 남아 있는지 궁금해진다. 이렇게 산소가 많이 이용된다면 이미 오래전에 모두 고갈되었어야 맞지 않나? 산소가 무엇인지 정확히 알기도 전에 사람들은 이미 이 문제를 궁금해하기 시작했다. 1770년대에 몇몇 과학자는 벌써 이 질문에 대한 답을 찾는 데 도움이 될 만한 기가 막힌 방법을 궁리하고 있었다. 신학자이자 화학자이자 철학자였던 조지프 프리스틀리Joseph Priestley는 놀라운 실험을 진행했다. 그는 유리 종 안에 불을 붙인 초를 넣어 두면 하나같이 불이 꺼져 버린다는 데 관심을 가졌다. 약간 오싹한 기분이 들기는 하지만, 그는 쥐로도 똑같은 실험을 했고 똑같은 결과를 관찰했다. 그는 연소와 호흡이 "부패한 공기"를 만들어 낸다고 추론했다. 그런데 그다음 단계가 매우 기발했다. "부패한 공기"가 들어 있는 유리 종 안에 어린 박하나무를 "8~9일" 동안 넣어 두었던 것이다. 그러자 공기가 "달콤해져서" 촛불도 생쥐도 멀쩡했다.[2]

이 실험은 화학 서적의 걸작으로 꼽히는 프리스틀리의 『다양한 종류의 공기에 대한 실험과 관찰Experiments and Observations on Different

그림 1 프리스틀리의 유리 종. 보존·진화생물학자 샤히드 나임의 그림을 허가받아 복제함.

Kinds of Air』 연작에 실렸다. 프리스틀리의 꼼꼼하고 세심한 설명에는 읽는 즐거움이 있다. 그러나 세밀한 관찰, 자세한 설명과 추론으로 이어지는 텍스트 속에는 내가 생전 처음 접해 보는 심오한 과학적 통찰이 숨어 있었다. 실험 결과를 세심하게 되짚어 보면서, 그는 거의 지나가는 말처럼 이렇게 적어 두었다.

이렇게 많은 동물이 내뿜는 공기와 온갖 동식물이 부패하면서 발생하는 기체가 대기에 가하는 상처는, 적어도 일부분은 식물이 치유할 수 있다. 또한 위에서 언급한 원인들로 망가지는 공기의 양은 어마어마하지만, 그럼에도 지표면 위에서, 그들의 본성에 따라 적합한 자리에서 자라면서, 자신들의 모든 힘을 온전히 자유롭게 구사하는 수많은 식물을 생각한다면, 숨을 들이마시고 내쉬는 것이 서로 충분히 균형을 이루어 공기를 부패시키는 악에 대한 적당한 치유가 될 것이라고 생각하지 않을 수 없다.[3]

지구 시스템에 대한 우리의 이해를 너무나도 정확하게 전조하는 이 문장을 나는 좋아한다. 이후 두 세기에 걸친 과학적 탐구의 결과를 종합해 요즘 표현으로 프리스틀리가 관찰한 것을 표현한다면 이렇게 말할 수 있다. 숨 쉬는 생쥐, 타고 있는 촛불, 썩어 가는 물질(프리스틀리는 양고기로도 부패 실험을 했다. 아마도 부지런히, 여러 번 그 냄새를 맡아야 했을 텐데 결코 유쾌한 일은 아니었을 것이다) 모두 산소를 소비하고 CO_2를 생산한다. 광합성은 햇빛의 에너지를 이용해 CO_2를 포획하고, 당분과 같은 생체분자로 만드는 과정에서 CO_2를 소비하고 산소를 방출한다. 비록 유리 종 안에서 실험을 진행하기는 했지만, 본질적으로는 지구도 우주 공간에서 궤도를 도는 거대한 밀폐 용기이며, 프리스틀리는 "부패"와 "회복"의 과정이 분명히 행성 차원에서도 일어난다고 이해하고 있었다. "달콤한" 공기를 만드는 무언가가 없다면, 유리 종 안의 공기가 그랬던 것처럼 지구는 "부패한" 공기로 가득 찼을 것이다. 그랬다면 인간을 비롯해 "달콤한 공기"가 있어야만 살 수 있는 모든 동물에게는 매우 "불편한" 환경이 되었을 것이다.

프리스틀리의 문장을 더 깊이 해석해 보면 더 심오한 통찰이 드러난다. 그는 공기의 부패는 "자신들의 모든 힘을 온전히 자유롭게 구사하는 지표면 위 수많은 식물"에 의해 역전될 수 있다고 기술했다. 하지만 공기를 복원할 수 있는 식물의 "힘"을 제약하는 것이 무엇일지에 대해서는 따로 탐구하지 않았다. 다만 식물은 가장 잘 자랄 수 있는 곳에서 길러야 한다고 말했다. 프리스틀리의 시대 이후 지금까지 우리는 식물의 "힘"을 제약하는 요소가 무엇인지에 대해서는 많은 것을 밝혀냈다. 집에서 화분에 식물을 길러 보면 물이 필요하다는 것 정도는 누구나 안다. 그리고 방금 언급했듯이, 탄소(CO_2의 형태로)도 필요하다. 대부분 생명의 공식에 들어 있는 다른 원소들(질소, 인)을 얼마나 충분히 공급할 수 있느냐가 식물의 성장을 좌우한다는 사실이 밝혀졌다. 농장에서 작물에 비료를 주는 것도 그 때문이고, 비료 포장에 'NPK'—N은 질소, P는 인, K는 칼륨을 뜻한다—라고 쓰여 있는 것도 그 때문이다. 세상 곳곳에서 서로 매우 다른 생명체가 서식하는 것도 바로 생명의 생장을 제약하는 이러한 원소들 때문이다. 식물에는 햇빛이 필요하다. 광합성의 '광光'에 해당한다. 그러나 광합성에 햇빛만 필요한 것은 아니다. 충분한 물(수소와 산소)과 질소 그리고 인이 필요하지만, 이들이 얼마나 풍부하게 존재하느냐는 장소에 따라 크게 다르다.

생명의 진화가 지구를 변화시키다

내가 여러 번 연구를 진행한 코스타리카의 우림에서는 나무가 키는 30미터, 굵기는 8미터 가까이 자란다. 중위도 지역의 사막에서는 나무를 거의 볼 수 없는 광대한 모래밭이 펼쳐지기도 한다. 프리스틀리의 말을 빌리자면, 물은 식물이 생장을 위해 "모든 힘을 온전히 구사하는" 것을 제약하는 요소임이 틀림없다. 그러나 물이 풍부한 지역이라도 식물이 모든 제약으로부터 완전히 자유로워지는 것은 아니다. 언젠가 아마존 우림의 중앙 지역에서 학생들과 당시 아홉 살이었던 딸 피비를 데리고 야외수업을 나간 적이 있었다. 히우네그루강과 솔리몽이스강이 합류해 아마존강이 시작되는 지점에서 일주일을 보냈다. 빽빽하게 하늘을 덮고 있는 나뭇가지 아래에서 발이 푹푹 빠지는 진흙밭을 걷다가 새소리, 원숭이 소리가 들려 고개를 들어 보아도 보이는 것이라곤 겹겹이 층을 이루며 어디가 끝인지 알 수 없이 이어지는 초록빛뿐이었다. 몇 겹인지 셀 수도 없는 나뭇잎의 층을 뚫고, 관측과 사진 촬영을 위해 세워 놓은 탑 꼭대기까지 올라가야 그 아래 펼쳐진 숲을 조망할 수 있었다.

어느 날, 숲속을 정처 없이 헤매듯이 걷다가 갑자기 환하게 햇살이 떨어지는 곳을 발견했다. 그 많던 아름드리나무는 보이지 않고 대신 열대우림보다는 해변의 모래언덕에서나 볼 수 있을 법한 키 작은 관목들이 군데군데 모여 있었다. 마치 해변의 모래밭에 앉은 듯한 피비의 모습을 여러 장 카메라로 찍었다. 피비는 토양과 양분에

그림 2 때로는 열대우림에서도 그늘이 필요하다! 사질토 흙바닥과 쏟아지는 햇빛을 보라. 햇빛을 가려 주는 나무가 없다. 이 장소는 우리가 흔히 생각하는 열대우림처럼 보이지 않는다. 질소와 인이 없이 물과 햇빛만으로는 키 큰 나무가 자라지 않는다. 바로 옆의 양분이 풍부한 땅에서는 키가 30미터까지 자라는 아름드리나무가 빽빽해서 땅에 닿는 햇빛은 1~2퍼센트에 불과했다.(사진 출처: 저자)

대한 나의 철학적인 강의 대신 전자책을 읽었다. 피비는 밝은 분홍색 선글라스를 쓰고, 뱀에 물리지 않도록 부츠(땅바닥에 앉을 때는 아무 소용 없다)를 신고 있었다. 그리고 반소매 티셔츠를 입고 자외선차단제도 '듬뿍' 발랐다. 이 사실을 굳이 강조해서 언급하는 이유가 있다. 나는 열대우림에서 그토록 많은 세월을 보냈어도 한 번도 자외선차단제를 발라야 한다고 생각해 본 적이 없었다. 숲에 들어가면 나뭇잎이 햇빛을 거의 완전히 차단해 주기 때문이다. 자외선차단제는 낮에 도시를 활보할 때나 필요한 물건이었다.

　이곳에서 수업을 진행한 이유는 왜 그 자리만 그렇게 햇빛이 쏟아질 수 있었는지, 왜 우리 머리 위로 햇빛을 가로막는 나뭇잎이 겹겹이 층을 이루지 않는지 생각해 보기 위해서였다. 그 지역의 숲은 벌목을 하는 지역이 아니었다. 따라서 사람의 손에 훼손된 것이 아니었다. 그곳에서 몇 걸음만 옮기면, 다시 아름드리나무들이 사람 키의 열 배, 스무 배 높이로 자라 햇빛을 가로막고 있었다. 그 두 장소의 차이가 단지 강우량이나 일조량 때문이 아닌 것은 분명했다. 나무가 울창한 숲은 햇살이 쏟아지던 그 자리에서 불과 몇 걸음 떨어져 있었다. 그 차이의 이유는 토양, 즉 흙에 있었다. 피비가 앉아서 전자책을 읽던 자리의 사질토는 거의 석영 모래(이산화규소, SiO_2)로 이루어져 있어서 질소와 인은 거의 없었기 때문에 키 큰 나무가 자라기 어려웠다. 이런 토양에서 자라는 식물은 불리한 환경을 극복하기 위해 다양한 전략을 구사하며 진화했다. 그래서 난초 중에는 오로지 이런 사질토에서만 서식하는 종류도 생겨났다.

　그 장소에서 아주 가까운 곳의 토양은 점토가 풍부한 토질이어서 우리가 보통 '아마존'이라는 말을 들을 때 상상하는 것과 비슷한 모습의 우림을 이루고 있었다. 키 크고 굵은 나무가 하늘을 찌를 듯이 높이 자라 싱싱하고 푸른 잎으로 햇빛을 가린, 끝없는 초록의 바다가 펼쳐졌다. 농부라면 토양이 중요하다는 것쯤은 누구나 안다. 영양분이 풍부하거나 물을 더 잘 품는 토양이 다른 밭보다 농작물이 잘 자라고 수확도 더 좋다. 하지만 경작지만이 아니라 숲에서도 토양은 중요하다. 농작물처럼 나무도 잘 생장하기 위해서는 생명의 공식을 구성하는 원소들이 필요하기 때문이다.

바다에 사는 생명체들 사이에도 이와 비슷한 다양성이 존재한다. 육지에서는 식물이 그렇듯이, 바다에서는 조류, 박테리아, 규조류, 고세균 등 많은 종류의 단세포 생물들이 혼재하면서 먹이사슬의 가장 아래 단계인 광합성 단계를 형성한다. 이 중에서 가장 개체수가 많은 집단이 남세균, 지질학적으로 아주 먼 과거에 지구 환경을 바꿔 놓은 월드 체인저이자 이 장의 주인공인 생명체다. 현미경적인 크기에 광합성을 하는 해양 생물인 남세균은 모두 합치면 지구상에서 이루어지는 모든 광합성의 절반을 차지할 정도로 개체수가 많다. 언뜻 보기에 바다는 어디에서나 모든 것이 균질하게 분포할 것 같지만, 바다에도 햇빛은 풍부한데도 광합성이 거의 일어나지 않는 '해양 사막'이 존재한다. 반면에 엄청나게 많은 생명체가 존재하고, 따라서 인간이 가장 생산적인 어업 활동을 할 수 있는 '해양 우림'도 존재한다. 바다의 '초록빛'을 위성으로 관찰하면 어디에서 얼마나 활발하게 광합성이 일어나는지 직접 알 수 있다. 위성 사진을 보면 마치 아마존의 열대우림과 사하라 사막의 차이처럼 바다의 초록색도 장소에 따라 커다란 차이를 보인다는 것을 알 수 있다.

이 차이의 원인은 무엇일까? 물론 바다는 물이 풍부한 곳이다. CO_2는 물에 쉽게 녹는 기체이므로, 바다에는 탄소도 충분하다. 따라서 탄소 역시 제한요소는 아니다. 땅 위에서처럼, 바다에서도 광합성을 제약하는 요소는 따로 있다. 내 딸이 전자책을 읽던 아마존

그림 3 위성으로 측정한 바다의 초록색. 광합성 색소의 농도는 흰색 공간으로 표현되어 있다. 이 사진에서 어두운 바다일수록 광합성이 적게 일어나는 곳이다. 태평양과 대서양에서 적도 바로 위(북쪽)와 아래(남쪽)에 넓은 띠를 이룬 '해양 사막'을 주목하자. (사진 출처: NASA)

의 사질토 흙바닥처럼, 그 차이를 만드는 것은 우리가 양분이라고 부르는 질소와 인이다. 해양 사막의 해류는 생명체의 번성에 필요한 양분을 공급해 주지 않는다.

땅에서든 바다에서든, 양분을 두고 벌어지는 경쟁은 매우 치열하다. 어떤 유기체든 끊임없이 진화하는 생명의 나무가 요구하는 생존과 번식의 투쟁에서 경쟁자가 자신보다 우위에 있지 않을 때만 필요한 것을 얻을 수 있다. 이 장에서는 그런 유기체 집단 중 하나인 남세균 그리고 탄소와 양분을 흡수하기 위한 그들의 진화론적인 혁신이 지구 환경의 대변화―오늘날 우리가 사는 산소가 풍부한 행성의 탄생―를 촉발한 과정을 설명하고자 한다.

광합성, 지구 생명 최초의 혁신

　　　　　　대학 시절 지질학 수업과 붉은 암석으로 돌아가 보자. 나는 그 수업에서 지구 역사 40억 년의 절반에 가까운 세월 동안 지구 대기가 프리스틀리가 말한 "부패한" 공기로 가득 차 있었다는 것을 처음 알았다. 그때의 지구에서는 촛불이든 생쥐든 설령 존재했다 할지라도 금세 꺼지거나 숨이 막혀 죽었을 것이다. 연소로 하든 대사 작용으로 하든 '태울' 산소가 없었기 때문이다. 그때는 지금과는 전혀 다른 세상이었지만 살아 있는 것들은 많았다. 최초의 생명체에 대한 증거는 간접적으로만 존재한다. 최초의 생명체가 생겨난 시기의 암석 중 극소수만이 오늘날까지 지표면에 보존되어 있는데, 그런 암석 내부의 화학적 특성 속에 간접 증거들이 감춰져 있다. 생명의 흔적이 들어 있는 가장 오래된 암석의 나이는 약 37억 살이다. 자세한 부분까지 파고들자면 여전히 논쟁거리가 많지만, 지구 역사 대부분에서 생명이 존재했다는 데는 모든 지질학자가 동의한다. 또한 대략 지구 역사의 전반기에는 광활한 무산소의 바다에 오직 단세포 유기체만 존재했으며, 대륙에는 아무것도 (또는 거의 아무것도) 존재하지 않았다는 데도 동의한다. 바다에서 살던 첫 생명체들은 심해 열수 분출공에서 뿜어져 나오는 지구 내부의 열기로부터 에너지를 얻었다. 그러나 생명체가 등장한 지 얼마 지나지 않아 어떤 유기체들은 지구 내부의 열보다 훨씬 더 풍부한 에너지원, 즉 태양을 생장에 이용하도록 진화했다. 그리고 광합성이 시작되면서 유기체들은 세상을 바꾸기 시작했다.

늘 이런 비유를 하지는 않지만, 사실 광합성은 배터리를 충전하는 것과 매우 흡사하다. 광합성 과정은 햇빛에서 에너지를 얻어 그 에너지로 화학물질(당분)을 만드는 것으로, 이 화학물질은 나중에 에너지를 생산하는 데 사용된다. 휴대전화 배터리도 충전기에 연결하면 이와 비슷하게 작동한다. 에너지(이 경우에는 전기 에너지)를 써서 화학반응을 일으키고, 그 화학반응으로 나중에 쓸 에너지를 저장하는 것이다. 광합성은 생명의 역사가 시작되던 거의 처음부터 등장했지만, 최초의 광합성 생물은 지금의 광합성 생물과 다른 화학적 반응을 보이고 효율도 크게 떨어졌다. 최초의 광합성 생물은 자동차로 치면 포드 모델 T라고 할 수 있다. 그들의 진화는 혁신적이었지만, 처음에는 개선해야 할 부분이 많았다. 지금도 '원시적'인 광합성 과정을 고수하는 유기체들이 있다. 바로 자색황세균purple sulfur bacteria(분홍색이나 주황색 또는 검은색일 수도 있다)이다. 지금도 자색황세균은 염분이 많은 개펄처럼 산소가 거의 없는 환경에서 살아간다. 초기 지구에서 자색황세균은 어디에나 있었다. 그러나 지금도 그때처럼 햇빛을 에너지로 바꿔서 저장하는 효율은 매우 낮다. 달리 말하자면, 일정량의 햇빛이 있을 때 자색황세균은 요즘의 식물에 비해 당분을 많이 만들어내지 못한다는 뜻이다. 이들의 화학적 배터리는 성능이 좋지 못하다.

최초의 광합성이 등장하고 얼마 후, 아마도 지금으로부터 35억 년 전에서 27억 년 전 사이 어느 시점에선가 새롭고 '현대적인' 광합성 과정이 나타났다('현대적'이라고 표현한 이유는 이 형태의 광합성이 오늘날의 지구에서도 지배적이기 때문이다). CO_2를 포집하고 에너지를 저장하는 방법으로 봤을 때 자색황세균의 광합성을 포드 모델 T라고 한다면, 현대적인 광합성은 테슬라에 가깝다. 원시적인 광합성 과정에서는 태양 에너지로 황화수소 분자(H_2S)를 쪼개 화학적 배터리를 만들었다. 현대적인 광합성에서는 황화수소 대신 물 분자(H_2O)를 쪼개 에너지를 만든다. 물은 황화수소보다 훨씬 더 풍부할 뿐만 아니라(물은 바다에서 가장 풍부한 화학물질이다), 같은 양의 햇빛으로 현대적인 광합성은 원시적인 광합성에 비해 훨씬 많은 당분을 만들 수 있다. 즉 훨씬 더 많은 에너지를 저장할 수 있다는 뜻이다. 원시적인 광합성과 현대적인 광합성의 화학반응식을 써 보면 두 반응식이 매우 비슷하다는 것을 알 수 있다. 두 경우 모두 햇빛의 에너지를 이용해 대기로부터 탄소(CO_2의 형태로)를 뽑아 들인 다음 그 탄소를 생체분자(당분) 형태로 저장했다가 나중에 사용한다. 두 과정에서 모두 폐기물이 발생한다. 전자에서는 황(S), 후자에서는 산소(O_2)다. 이 차이에 대해서는 이 장의 후반부에 다시 설명하겠다.

원시적인 광합성:

$CO_2 + H_2S + 햇빛 \rightarrow 당 + S + H_2O$

현대적인 광합성:

$CO_2 + H_2O + 햇빛 \rightarrow 당 + O_2$

현대적인 광합성의 진화는 광합성을 하는 유기체에 비교할 수 없는 이점을 가져다주었다. 지구상의 총생물량을 열 배 가까이 증가시켰을 정도로 큰 이점이었다. 하지만 너무나 오래전에 벌어진 일이기 때문에, 자세한 부분에 대해서는 아직도 많은 논쟁거리가 남아 있다. 이러한 맥락에서 생각해 보아야 할 문제가 있다. 만약 이 새로운 광합성 방식이 대단한 것이라면, 이런 혁신을 이룬 생명체에게는 제한요소가 없었을까? 만약 있었다면 무엇이었을까? 이 생명체들은 탄소를 흡수해서 훨씬 더 높은 효율로 에너지를 만들어 자신의 화학적 배터리에 저장하는 방법을 만들어 냈다. 광합성 유기체가 햇빛(무한히 존재하는)과 물(역시 무한에 가까울 정도로 풍부한)을 이용해 생체분자를 만들어 내는 능력을 감안한다면, 바다는 왜 초록색의 광합성 '테슬라'가 우글우글한 거대하고 짭짤한 연못이 되어 있지 않은 걸까? 이 질문은 초기 지구의 생명체와 오늘날 지구의 생명체에 심오한 의미를 갖고 있다.

이 비유를 조금 더 확장해 보면, 획기적인 광합성 방식을 창조해 낸 유기체들이라 할지라도 그들의 배터리 공장을 제약하는 요소가 있었을 것이라고 짐작할 수 있다. 아무리 대단한 효율을 자랑하는 배터리 공장이라도 결과물을 생산하기 위해서는 원료가 필요했을 것이기 때문이다. 아무리 더 좋은 배터리를 만들 아이디어가 있다 한들 원료 없이 돌아가는 공장은 없다. 그렇다면, 햇빛과 물 그리고 CO_2 외에 이 광합성 테슬라의 발목을 붙잡은 것은 무엇이었을까? 이 물음에 대한 답 역시 생명의 공식을 구성하는 원소들에서 찾을 수 있다. 바다는 수소와 산소의 거대한 원천이며, 이 두 원소에 햇빛과 이산화탄소가 더해져서 광합성이 진행되면 탄소가 고정된다.*
하지만 광합성 작용을 수행하는 세포 내의 구조물은 어떨까? 세포 내의 구조물들에는 다량의 질소가 필요하다. 초기 지구의 바다에서는 질소가 이 광합성 테슬라의 에너지 생산을 제약하는 원료였던 것으로 밝혀졌다. 바다에 서식하는 광합성 유기체의 경우, 탄소 원자 6개당 질소 원자 하나를 함유하고 있다. 탄소를 포획하는 새로운 방식을 등장시킨 진화론적인 도약을 설명하는 데 어느 정도 시간을 썼으니, 이제 남세균이 가져온 두 번째 혁신, 즉 질소 포획으로 돌아가 보자. 그러자면 질소의 화학적 성질을 깊이 살펴봐야 한다. 질소는 아마도 생명을 지배하는 가장 변덕스러운 조절자라고 할 수 있을 것이다. 질소에 대한 기본을 이해하고 나면, 지구 역사상 전무후무했던 환경의 대변화도 이해할 수 있을 것이다.

남세균의 위대한 성취

질소와 인류의 질소 사용에 대한 선도적인 연구자 중 한 사람인 제임스 갤러웨이James Galloway의 강연을 들은 적이 있다. 나

---

* [옮긴이] 탄소를 고정한다는 것은 대기 중에서 자유롭게 존재하는 CO_2 분자의 탄소(C)를 생명체가 성장과 에너지 저장에 활용할 수 있는 형태로 변환하는 것을 의미한다.

는 예술과 과학을 이어 주는 강연이나 대담을 좋아하는데, 갤러웨이가 새뮤얼 콜리지Samuel Coleridge의 시 「늙은 뱃사공의 노래The Rime of the Ancient Mariner」를 인용하며 질소의 희귀성을 언급했을 때도 호기심으로 귀가 솔깃했다. "물, 물, 사방이 물이지만 / 한 방울도 마실 수 없네"[4]라는 시구는 짠물의 바다 위에서 갈증으로 죽어 가는 뱃사람들을 너무나도 적절하게 묘사한다. 이 묘사는 질소를 숭배하는 지구상의 모든 생명체에도 아주 적절하다. 질소 기체는 공기의 거의 80퍼센트를 차지한다. 사람은 늘 공기를 호흡하며 산다. 그러나 호흡으로는 질소를 우리 몸이 이용할 수 있는 형태로 흡수하지 못한다. 질소는 생명의 공식에도 들어 있지만, 질소를 포획하고 직접 고정해서 이용할 수 있는 유기체는 매우 드물다. 대부분의 유기체는 질소를 호흡으로 들이마셨다가 그 형태 그대로 내쉬어 버린다. 전혀 쓰지 못하고 뱉어 버리는 것이다.

유기체들이 질소를 얻기가 어려운 이유는 공기 중의 질소는 거의 모두 불활성 기체이기 때문이다. 2개의 질소 원자가 결합된 질소 분자(N_2)는 매우 강력한 삼중결합 구조로 이루어져 있다. 산소 기체(O_2)의 산소 원자 2개는 아주 쉽게 분리되며 다른 원소들과도 활발하게 반응한다. 하지만 N_2를 2개의 원자로 쪼개기는 매우 어렵다. N_2를 이루는 질소 원자 2개의 결합을 끊지 않으면 N_2는 '생물학적으로 이용 불가능'하다. 쉽게 말해 '쓸모없다'는 뜻이다. 우리가 쓸 수 있는 '유용한 질소'는 두 질소 원자 사이의 강한 결합이 끊어져서 각각의 원자가 다른 원소의 원자(보통 수소, 산소 또는 탄소)와 결합한 형태의

그림 4 질소, 질소, 사방이 질소지만 단 하나의 원자도 쓸 수가 없네. 짠 바닷물이 그렇듯이, 공기 중의 질소도 우리 몸이 쓸 수 있는 형태로 변환해야만 쓸모가 있다. 구스타브 도레가 그린 1876년판 새뮤얼 콜리지의 「늙은 뱃사공의 노래」 삽화. (사진 출처: iStock; Duncan, 1980)

질소다. 세상에 존재하는 질소는 거의 대부분 사람은 물론 거의 모든 다른 유기체가 이용할 수 없는 형태로 있다. '거의 모든'이라는 표현이 중요하다. 이 문제에 대해서는 잠시 후에 다시 이야기하고, 먼저 초기 지구와 남세균으로 돌아가 보자.

초기 지구의 바다에 존재하던 '이용 가능한' 질소의 일부는 행성이 형성되는 데 쓰이고 남은 나머지였는데, 매우 희귀했다. 하늘에서 번개가 칠 때, 순간적으로 치솟는 대기의 온도는 N_2 분자의 강한 결합을 끊어 놓기에 충분할 정도로 높아졌고, 이때 풀려 나온 질소 원자가 다른 원자와 결합하면서 비로소 사람이 쓸 수 있는 형태의 질소가 되었다. 번개는 초기 지구의 바다에서 이용 가능한 질소를 만드는 주요 요인이었을 것이다. 35억 년 전 지구에서 번개가 얼마나 자주 쳤는지는 정확하게 알 수 없다. 그러나 이용 가능한 질소가 대량으로 생겨날 만큼 자주 치지는 않았을 것이다. 주변 환경에서 이용 가능한 질소를 최대한 쥐어짜야 살 수 있었을 유기체들에게는 설상가상으로, 얼마 있지도 않은 이용 가능한 질소마저 금방 공기 중으로 되돌아가곤 했을 것이다. 이용 가능한 질소를 N_2 기체로 돌려놓는 과정에서 에너지를 얻어 살아가는 미생물들이 존재했기 (또한 지금도 존재하기) 때문이다. 조지프 프리스틀리의 표현을 빌자면, 현대적인 방식으로 광합성을 하는 유기체조차도 "모든 힘을 온전히 구사할" 수 없었다.

새로운 방식의 광합성이 지구 생명체의 진화에서 가장 중요한 발전이었다면, 이에 견줄 만한 두 번째 발전은 몇몇 유기체가 N_2 기체

1 지상 최대의 환경 변화   **45**

를 쪼개서 이용 가능한 질소로 만들 수 있게 된 효소의 진화였다. 이 과정을 생물학적 질소고정이라고 하며, 이것을 가능케 하는 질소고정 효소를 니트로게나제nitrogenase(질소 분해자)라고 부른다. 현대적인 광합성의 경우처럼, 니트로게나제를 생산하도록 진화된 최초의 유기체가 언제 나타났는지는 대략 추측만 할 뿐이다. 그 시기 역시 35억 년 전에서 25억 년 전에 이르는 약 10억 년 사이의 언젠가일 거라고만 추측하고 있다. 어찌 됐든 25억 년 전쯤에 지구 생명의 역사에서 가장 중요한 두 가지 진화, 즉 새로운 광합성 과정과 질소고정이 하나로 결합해 한 그룹의 유기체를 탄생시켰다. 바로 남세균, 첫 번째 월드 체인저가 나타난 것이다.

남세균은 완벽한 결합체였다. 훨씬 효율적인 배터리를 가지고 태양 에너지를 흡수해 탄소를 기반으로 하는 당분의 형태로 에너지를 전환, 저장할 수 있었다. 게다가 이 배터리를 조립하는 공장을 더 많이 만들 수도 있었다. 남세균은 공기 중에서 불활성 기체인 질소를 흡수해 자신이 쓸 수 있는 형태의 질소로 고정하는 방법까지 갖추고 있었기 때문이다. 탄소와 질소를 동시에 흡수하고 고정할 수 있는 능력 덕분에 남세균은 거침없이 세상을 지배할 수 있었다. 그 결과 지구를 전무후무한 생물학적 위기로 몰아넣게 되었다.

가장 진실에 가깝다고 여겨지는 추론은, 남세균의 혁명이 지구의 총생물량을 열 배 가까이 증가시켰고, 그 증가 폭은 현대적인 광합성에 의한 변화를 뛰어넘거나 적어도 그에 맞먹는 수준이었으리라는 것이다. 이 이야기에서 그에 못지않게 중요한 대목이 남세균의 성공은 현대적인 광합성이 훨씬 더 보편적인 화학반응이 되었다는 의미라는 것이다. 앞쪽으로 책장을 넘겨 확인할 필요 없도록, 현대적인 광합성의 반응식을 다시 한 번 써 보겠다.

$$CO_2 + H_2O + 햇빛 \rightarrow 당 + O_2$$

현대적인 광합성은 물을 쪼개 CO_2를 포획하여 당분을 만들고 대신 이 과정의 폐기물로 산소를 방출한다. 남세균에게 산소는 쓸모없는 폐기물이었다. 산소가 남세균에게 주는 이득보다 손해가 더 크다고 할 수는 없지만, 사실 산소는 광합성과 질소고정의 두 과정을 모두 방해할 뿐만 아니라 이 두 가지 반응이 일어나도록 돕는 효소의 작용까지도 가로막는다. 아마도 남세균은 지구의 역사에서 폐기물을 방출해 성공적으로 그리고 대대적으로 세상을 바꿔 버린 최초의 유기체일 것이다.

처음에 남세균이 방출한 산소는 바닷속에 풍부하게 들어 있던 다른 원소들과 반응했다. 그러나 엄청나게 많은 산소와 방대하지만 무한하지는 않은 바다의 철, 황 같은 원소들 사이의 반응 그리고 우연한 지질학적 사건들은 산소가 바다를 포화시키고 결국에는 바다에서 빠져나가 대기로까지 스며드는 결과를 낳았다. 약 25억 년 전, 대기 중의 산소량은 전례 없는 수준(즉 산소의 존재를 감지할 수 있는 수준)까지 증가했다. 이 특별한 사건을 대산화사건이라고 하는데, 이는 나중에 간략하게 설명하겠다. 대산화사건에 대해 더 자세히 알고 싶다면 도널드 캔필드Donald Canfield의 책 『산소Oxygen』를 읽어 볼 것을 추천한다.[5]

오늘날의 세계에서, 우리 눈에 보이는 모든 생명체는 대기 중의 산소가 없다면 살아갈 수 없다. 그러나 20억 년 전, 바다와 대기에 축적된 산소는 지구 환경에 재앙이었다. 그 이유를 이해하려면 당시의 지구를 조금 더 자세히 들여다보아야 한다.

초기 지구를 비추던 젊은 태양의 빛은 오늘날 지구를 비추는 밝기의 4분의 3 정도였다. 즉 지구 표면을 따뜻하게 데워 주기에 충분할 만큼의 에너지가 지구까지 닿지는 않았다는 뜻이다. 태양빛이 약한 탓에 강력한 온실효과가 없었다면 얼어붙은 바다를 녹이지 못했을 것이다. 서문에서 온실효과에 대해 이야기했으므로 여기서는 간단하게만 언급하고 넘어가자. 공기 중의 온실가스는 햇빛을 투과시킨다. 온실가스를 통과한 햇빛은 지구 표면을 따뜻하게 데워 준다. 하지만 이 온실가스는 따뜻해진 지구 표면에서 방출된 적외선 복사의 일부를 흡수한다. 따라서 온실가스는 보이지 않는 담요로 작용한다. 지구의 온기를 가둠으로써, 이 담요가 없을 때보다 지구를 훨씬 더 따뜻하게 유지해 준다. 이산화탄소(CO_2), 메탄(CH_2), 산화질소(N_2O), 수증기(H_2O)가 온실가스의 중심을 이룬다. 오늘날에는 CO_2와 수증기가 온실효과의 가장 큰 요인이다.

초기 지구의 대기에는 지금의 대기만큼 CO_2가 많지 않았다(CO_2는 산소의 비율이 높을 때는 안정적이지만 그 비율이 낮을 때는 그렇지 않다). 그럼에도 온실효과는 매우 강력했다. 공기 중에 매우 강력한 온실가스인 메탄의 비율이 상대적으로 높았기 때문이다. 메탄은 열을 가두는 효과에서는 CO_2보다 더 강력하다. 메탄은 20억 년 가까이 바다가 얼지 않을 만큼 지구를 따뜻하게 해주는 담요 역할을 해왔다. 하지만 CO_2와는 달리 메탄은 산소가 있으면 불안정해진다.

  메탄이 따뜻하게 만들어 준 세상에 진화론적인 사건이 일어났다. 남세균은 산소를 생산하는 형태의 광합성과 질소고정 능력을 매우 효율적으로 결합했다. 게다가 그 질소고정 능력 덕에 광합성을 더 많이, 더 원활하게 할 수 있었다. 남세균은 해안에서 거대한 군집을 이루면서 바다의 지배적인 생명체가 되었다. 남세균 군집은 오늘날에도 화석으로 그 흔적이 발견된다. 수천, 수만 또는 수백만 년 동안 남세균은 질소를 고정하고, 그 질소를 이용해 광합성 장치를 만들어 햇빛을 화학 에너지로 바꾸었고, 그 에너지로 더 많은 남세균 세포를 만들면서 성실하게 자신의 일을 했다. 남세균이 살아가는 방식은 지구 환경이 원치 않았던 부산물, 산소를 방출했다.

  처음에는 큰 문제가 되지 않았다. 아주 오랫동안, 지구는 새로 등장한 이 오염물질로부터 아무런 영향도 받지 않는 것 같았다. 사실 이 오염물질은 바다에서 다른 모든 원자와 빠른 속도로 반응하고 있었다. 예를 들어 산소는 철과 반응해서 벨트 교수가 그토록 좋아한 붉은 암석을 형성했다. 그러나 남세균이 계속해서 산소를 방출하자 결국은 산소 방울이 바다에서 빠져나가 공기 속으로 스며들기 시작했다. 그리고 공기 속의 산소는 지구를 따뜻하게 유지해 주던 메탄을 파괴했다. 그러자 22억 년 전 무렵, 지구는 빙하기에 접어들었고 거의 수백만 년 동안 지구는 꽁꽁 언 채 세월을 보냈다.

대산화사건은 지구에 이중의 고통을 안겨주었고, 그 고통을 안은 채 지구의 시간은 느리게 흘러갔다. 우선, 당시 많은 해양 생물은 절대혐기성 생물이었다. 산소가 있는 환경에서는 정상적으로 살기 힘들었다는 뜻이다. 무산소 환경에서 20억 년을 살았던 생명체들이 어느새 산소라는 독성 물질과 마주하게 되었고, 따라서 아주 제한적인 환경으로 삶의 터전을 옮길 수밖에 없었다. 둘째, 지구의 온실효과가 약화되었다. 아마도 지구 전체 또는 거의 대부분이 얼어 버리면서 지구 역사상 최초로 눈덩이 지구Snowball Earth(지구의 표면 전체가 얼음으로 뒤덮인)가 되었을 것이다. 물론 대산화사건과 이 빙하기의 시작 시점 및 둘 사이의 연관 관계에 대해서 논란이 전혀 없는 것은 아니다. 그렇지만 대산화사건으로 인해 북극에서 남극까지 지구 전체가 얼음으로 뒤덮이고 혐기성 생물이 서식처 대부분을 잃으면서, 지구가 생명의 궤적에 엄청나게 큰 변화를 겪은 것은 분명하다. 이 변화는 지구 역사상 최초로 생명 그 자체에 의해 촉발된, 세상을 뒤바꿔 놓은 사건이자 환경 재앙이었다.

대산화사건으로 얼마나 많은 유기체가 멸종했는지는 알 수 없다. 그 시대의 기록을 담고 있는 지질학적 증거가 매우 드물기 때문이다. 그 시대의 지구에 살던 생명체는 모두 단세포 생물이었기 때문에 화석 기록으로 보존되기 힘들었다. 현재 우리가 알 수 있는 사실은 산소가 없는 환경에서 사는 유기체들이 지구를 지배하던 때가 있었으며, 그 후손들은 이제 황이 풍부한 심해 열수구나 화산 분출구처럼 지질학적으로 특이한 장소로 물러나서 살아가고 있다는 것이다. 반대로, 산소가 축적되자 세상은 인간을 포함한 다세포 생명체가 등장할 수 있는 무대로 변했다. 생명은 어떤 조건에서도 번성할 수 있다. 그러나 그 조건이 어떤 상태에서 전혀 다른 상태로 변화하는 것은 반가운 일이 아니며 더더욱 안전하지도 않다.

남세균이 몰고 온 대산화사건으로부터 우리는 한 가지를 더 알 수 있다. 어떤 유기체가 생명의 공식 중 한두 가지 원소에 대해서만이라도 그 흐름을 바꿀 수 있게 진화한다면, 그 유기체는 경쟁을 이겨내고 번성할 수 있다는 것이다. 그 원소들은 또한 기후와 밀접한 관련이 있으므로, 그 원소들의 흐름에서 일어나는 변화는 세상을 변화시킬 수도 있다. 사실 유기체와 유기체를 둘러싼 환경 사이에서 일어나는 이 원소들의 흐름, 즉 생물지구화학적 순환은 지구의 화학적 심장박동이라 해도 과언이 아니다. 남세균의 경우처럼, 한 유기체가 대기 중 온실가스의 양에 변화를 가져올 정도로 번성한다면, 그 변화는 극적인 형태로 나타날 수 있다. 일반적으로, 이러한 일방적인 번성에 제동을 가하는 것은 영양분(이미 질소에 대해 언급한 바 있다)에 대한 접근성이다. 번성하는 유기체가 육상 생명체라면, 가장 큰 제약은 물에 대한 접근성이다. 남세균처럼 다른 제한요소들을 극복할 수 있다면, 진짜 거대한 변화가 시작된다.

이 책의 두 번째와 세 번째 부분은 인간에 대한 이야기이다. 세상을 바꾼 유기체로서 인간의 등장과 우리가 더 지속가능한 미래를 건설하는 방법에 관한 내용이다. 그러나 시작은 남세균으로부터 풀어 나가기로 했다. 남세균은 인간보다 수십억 년이나 앞선 월드 체인저 유기체이며 그들의 이야기는 인간의 이야기와 매우 긴밀하게 연결되어 있기 때문이다. 인간을 비롯한 모든 다세포 유기체는 공기 없이는 살아갈 수 없다. 그 점은 명백하며, 우리는 이 지구를 우리가 살아갈 수 있는 행성으로 만들어 준 남세균에 감사해야 할 것이다. 남세균의 등장보다는 약간 덜 드러나는 것이기는 하지만, 생명의 공식과 그 다섯 원소 그리고 환경 변화 사이의 연관성 역시 그에 못지않게 중요하다.

효율적인 광합성, 즉 햇빛으로 탄소 기반의 화학적 배터리를 만들어 내는 과정은 산소가 대기 중에 축적되기 오래전부터 진화했다. 질소고정은 아마도 그보다 일찍 진화했을 것이다. 그러나 이 두 가지 혁신—더 효율적인 탄소 고정과 스스로 질소를 고정할 능력—을 하나로 결합시킨 유기체가 등장하자 이 유기체가 만들어 낸 폐기물(자유산소)이 세상을 바꿔 놓았다. 더 나아가 이 유기체의 성공은 지구 전체의 빙결이라는 예기치 않은 부작용을 가져왔다. 이 부작용은 수백만 년 동안이나 지구를 풀어 주지 않았다. 따뜻하고 습한 무산소의 세계에서 산소로 가득하고 주기적으로 얼었다 녹기를 반복하는 눈덩이 세계로 변한 지구에서, 그 변화를 견디고 살아남는다는 것이 얼마나 큰 도전이었을지 상상해 보라. 산소를 생산하는 광합성 과정이 지구를 바꿔 놓기까지는 아주 오랜 세월과 지질학적 우연이 필요했다. 하지만 한번 그렇게 바뀐 지구는 결코 과거로 돌아갈 수 없었다. 생명은 지구를 영원히 바꿔 놓았다.

지구는 '살아 있는 행성'이다. 그러나 단 한 집단의 유기체가 세상을 뿌리부터 바꿔 놓는 일은 매우 드물다. 세상을 바꿔 놓은 세 번째 유기체(인간)에 대한 이야기를 시작하기 전에, 두 번째 주인공, 즉 육상 식물이 어떻게, 왜 남세균과 비슷한 일을 할 수 있었는지 알아보자. 남세균처럼, 육상 식물도 햇빛으로부터 탄소를 만들어 내는 새로운 방법을 진화시켰다. 똑같은 화학적 반응이었지만, 이번에는 그 무대가 새로운 장소, 즉 육지였다. 땅 위에서 식물은 지구 최초의, 그리고 가장 능력 있는 광부가 되었다. 식물의 뿌리는 핵심적인 원소인 인을 전례 없이 대량으로 채굴했고, 덕분에 거침없이 번성할 수 있었다. 1억 년이 넘는 시간 동안, 육상 식물은 이 혁신을 통해 감히 누구도 따라올 수 없는 성공을 누렸다. 그리고 이들의 성공은 가차 없이 또 한 번의 전 지구적인 환경 재앙을 초래했다.

2

식물, 대륙을 점령하다

절대 무생물의 땅에서 생명이 태어나다

대학원생 시절, 나는 하와이에서 논문 작업을 할 기회를 잡아 모든 이들의 부러움을 샀다. 하와이에 도착한 지 얼마 안 되었을 때였는데, 논문 지도교수였던 피터 비토섹Peter Vitousek 교수와 부인 패멀라 맷슨Pamela Matson('팸'이라는 애칭으로 불렸다)을 따라 바다로 흘러드는 활화산의 용암을 구경하러 산으로 갔다. 우리가 걸어가는 방향에서 오른쪽으로 흐르던 용암이 바닷물과 만나자 높은 연기 기둥이 치솟았다. 산등성이 쪽으로 방향을 바꿔 걸음을 옮기자, 지질학적 힘이 충돌하는 화산 폭발에서 발생한 독성 염소 가스와 화산유리 파편이 뿜어져 나오는 것이 보였다. "바람의 방향이 바뀌면 꽁지가 빠지게 뛰어야 한다"는 비토섹 교수의 경고에 나는 긴

장을 늦추지 못했다. 이제 막 식기 시작한 용암은 날카롭고 울퉁불퉁하기까지 해서 부츠 정도는 눈 깜짝할 새에 너덜너덜하게 만들 수 있을 것 같아 보였으니, 그 위로 엎어지거나 넘어질까 봐 살 떨리게 겁이 났다. 연구소에서 일종의 '통과의례'로 통하는, 비토섹 교수를 쫓아가는 일 역시 웬만해서는 달성하기 힘든 목표였다. 비토섹 교수는 맨발에 고무 샌들만 신고도 날카로운 용암 위를 달려 야생 멧돼지를 잡을 수 있다는 소문도 돌았다. 보통 사람들은 그 위에서 달리기는커녕 걷기만 해도 "아야!" 하고 비명을 질렀는데 말이다 (그래서 이렇게 뾰족한 용암을 아아a'a 용암이라고 한다).

내가 숨을 돌리려고 잠시 멈추자, 비토섹 교수는 내 어깨를 두드리며 말했다. "아래를 좀 내려다봐." 내 발밑에는 이제 막 식어 굳은 용암 표면의 갈라진 틈에서 이글거리며 빛나는 주황색 용암이 열기를 뿜어내고 있었다. 비토섹 교수를 따라가느라 정신이 팔려 그 열기를 미처 느끼지 못하고 있었다. 그 순간에는 과학적 지식 따위는 떠오르지도 않았다. 하지만 나중에 그 순간을 돌이켜 생각해 보니, 그 순간이 내 인생에서 절대 무생물의 땅 위에 선 유일한 순간이었다.

갓 냉각된 용암은 살아 있는 유기체의 영향을 전혀 받지 않는 유일한 지표면이다. 지구상에서 가장 건조한 사막의 모래 속에도 박테리아가 우글거리고 우리 눈에는 잘 보이지 않는 아주 작은 생명체들이 올망졸망 모여 산다. 남극대륙의 가장 춥고 가장 건조한 얼음 계곡에서도 마찬가지다. 사시사철 푸른 신록이 눈부신 하와이의 화산에서 분출해 냉각된 용암은 한두 해만 지나면 하얀 솜털(질소고정 박테리아의 공생자인 지의류)로 뒤덮이고, 몇 년 더 지나면 식물이 지의류의 흔적을 덮어 버린다. 10~20년이 지나면, 갈라진 용암의 틈에서 나무가 쑥쑥 자라고, 100년이 지나면 얇은 토양층 위로 울창한 숲이 우거진다.

식물은 지상 어디서나 흔히 볼 수 있기 때문에, 나무가 없는 세상은 상상하기 힘들다. 그러나 지구 역사의 거의 90퍼센트에 가까운 시간 동안 나무는 지상에 존재하지 않았다. 육상 식물은 남세균이 산소를 뿜어내기 시작하고 20억 년이 흐른 뒤인 겨우 4억 년 전부터 조금씩 등장하기 시작했다. 지금까지 알려진 바로는 그 20억 년 동안 지구 환경을 변화시킨 흔적을 남긴 다른 유기체는 없었다. 하지만 먼 지질학적 과거의 이야기에는 늘 그렇듯이 논쟁의 여지가 있다.

지금 지구 표면의 70퍼센트를 덮고 있는 바다는 식물이 육상으로 올라오던 즈음의 바다와 크게 다르지 않다. 지구는 북극부터 남극까지 지금보다 훨씬 더운 열대기후였다. 그러나 척추동물이든 무척추동물이든, 몸이 큰 것이든 작은 것이든 주요한 형태의 생명체 대부분은 바닷속을 유영하고 있었다. 대륙은 지금과 크기가 거의 비슷했지만 위치는 달랐다. 바다의 먹이사슬은 산소를 생산하는 광합성에 뿌리를 두고 질소고정에 의해 유지되었다.

육지와 세상을 바꿔 놓은 유기체들에 대한 이야기에서 육지가 어떤 역할을 하는지 더 자세히 탐색하기 전에, 바다를 좀 더 자세히 살펴봄으로써 이야기의 무대를 더 잘 준비해 보자. 특히, 생명의 공식을 구성하는 원소들이 어떻게 공급되는지 살펴보면 육상 식물의 등장으로 시작된 놀라운 혁명의 무대가 제대로 마련될 것이다.

아마도 바다가 생긴 이래 대부분의 시간 동안 그랬겠지만, 지금과 마찬가지로 4억 년 전의 바다에서도 질소는 바다 유기체들의 존재를 제약하는 핵심 요소였다. 앞에서는 이 부분을 강조하지 않았지만, 질소가 왜 그런 위치를 차지하게 되었는지는 지금도 맞춰지지 않은 퍼즐 조각 중 하나다. 남세균은 대기 중에서 거의 무제한으로 존재하는 질소(질소 기체는 해수에도 쉽게 용해된다)를 흡수해서 고정할 수 있는 능력을 진화시켰다. 질소고정 능력 덕에 남세균은 생존경쟁에서 절대적인 우위에 설 수 있었다. 남세균은 필수적인 영양분을 얻을 수 있었던 반면, 다른 유기체들은 그렇지 못했던 것이다. 그러나 남세균의 세포가 죽어 분해되면, 남세균이 고정한 질소를 다른 유기체들이 쓸 수 있게 된다. 자연에서는 리사이클링, 즉 재활용이 철칙이다. 희귀한 영양분이 어떤 시스템에 유입되면 그 안에 안정적으로 머무는 경향이 있고, 그 시스템 내부의 유기체들은 모두 그 영양분을 획득하기 위해 치열하게 경쟁한다. 그렇다면 남세균이 공기 중의 질소 기체를 거의 무제한으로 고정해서 질소 계좌에 저장해 둘 수도 있었을 텐데 어째서 바다에서는 질소가 상대적으로 희귀한 원소로 남았을까? 왜 남세균은 질소가 부족하지 않을 정도까지 쌓아 두지 못했을까?

내가 연구하던 분야에서도 이 의문은 수십 년 동안 해결되지 않았으며, 일리 있는 수많은 의문이 그렇듯이 단 하나의 분명한 해답은 찾지 못했다.[6] 여기서, 나는 그동안 사람들이 발견한 수많은 이유 중 하나에 초점을 맞추고자 한다. 바로 우리 이야기에 등장하는 또 다른 원소에 의한 제약이다.

한 유기체가 생명을 위한 필수적인 원소 중 어느 한 가지를 얻는 데 경쟁우위에 설 수 있는 방법을 진화시킨다 해도 또 다른 원소가 부족해 제약을 받을 수 있다는 이야기를 기억할 것이다. 바로 앞 장의 핵심 내용이기도 했다. 탄소를 고정하는 더 효율적인 방법의 진화(현대적인 광합성 대 원시적인 광합성)는 일종의 도약이었다. 그러나 그 도약은 현대적인 광합성이 질소고정과 결합되었을 때 더욱 강화되었다. 이 장에서는 한발 더 나아가 보자. 남세균은 탄소와 질소를 모아들이는 데 탁월했다. 그렇다면 남세균의 생장을 제약하는 것은 무엇이었을까?

세상을 바꾼 유기체들을 모두 관통하는 원소인 수소, 산소, 탄소, 질소 그리고 인으로 돌아가 보자. 남세균은 처음의 두 원소에는 쉽게 접근할 수 있었고, 현대적인 광합성은 그 두 원소를 매우 효율적으로 사용했다. 바다에서는 탄소가 부족한 때가 없었다. 바다에는 CO_2가 충분히 용해되어 있어서, 유기체의 생장에 CO_2가 부족했던 시기는 거의 없었음이 1950년대부터 이미 알려져 있었다.[7] 남세균은 질소를 고정할 수 있는데, 질소는 공기 중에도 풍부하고 해수에도 용해되어 있다. 앞 장에서 남세균이 탄소와 질소를 고정할 수 있게 된 혁명적인 진화가 세상을 바꿔 놓았다고 말했는데, 그 말은 사실이다. 하지만 그 말에 약간의 속임수가 감춰져 있었다는 것을 고백해야겠다. 결정적인 마지막 원소, 인을 언급하지 않았기 때문이다.

질소고정 능력이 있는 유기체들은 대개 다른 원자들에 대한 수요도 큰데, 특히 인에 대한 요구가 크지만 철과 몰리브덴도 많이 필요하다. 철과 몰리브덴은 질소고정을 수행하는 생물학적 장치(니트로게나제 효소)의 중요한 성분이다. 인과 철 그리고 몰리브덴은 질소와 달리 공기 중에는 거의 존재하지 않는다. 바위를 화학적으로 분해해야만 얻을 수 있기 때문에, 언어적 상상력이 부족한 과학자들은 이 원소들을 '암석 유래rock-derived' 원소라고 부른다. 지금은 이 암석 유래 원소들이 남세균을 비롯한 해양 질소고정 유기체의 생장에 제한요소였을 것이라고 생각한다. 즉 생명체들은 질소의 양에 따라 생장에 제약을 받았을 테지만, 이 생명체들이 고정할 수 있는 질소의 양 역시 궁극적으로는 암석의 풍화작용으로부터 얻어지는 원소들의 공급으로부터 제약을 받았을 것이라는 얘기다.

여러분이 육지에서 수천 킬로미터 떨어진 바다 한가운데 떠다니면서 광합성을 하는 단세포 유기체라고 상상해 보자. 해수면에 떠 있다면 광합성을 하는 데 필요한 햇빛은 충분히 얻을 수 있다. 햇빛으로부터 얻은 에너지를 이용해 분해할 수 있는 물 분자도 충분하다. 만약 여러분이 질소고정 유기체라면, 물속에 용해되어 있는 질소 기체를 고정하기 위해 앞서 말한 생물학적 장치를 만들 수 있고, 따라서 그 과정을 수행할 효소도 만들 수 있다. 하지만 그 생물학적 장치를 만드는 데 필요한 원소들, 즉 암석 기반 원소인 인과 철 그리고 기타 성분들은 어디서 구할까? 해수면으로부터 수 킬로미터 아래 해저에 박혀 있는 암석의 풍화작용으로부터 얻을 수는 없다.

그렇게 깊은 곳까지 내려갈 수도 없거니와, 그렇게 깊이 내려가 버리면 광합성의 연료인 햇빛이 닿지 않는다. 해수면 근처에 사는 단세포 생물인 여러분은 다만 그 필수 원소들이 여러분을 찾아와 주기를 기도하며 기다리는 수밖에 없다.

만약 운이 좋아 해수면까지 풍부한 영양분을 끌어다 줄 해류가 지나가는 길목에 있다고 치자. 그런 길목에는 물고기도 몰려온다. 물고기가 먹고 사는 광합성 유기체의 대부분에게도 가장 좋은 서식처이기 때문이다. 반대로 운이 나쁘다면, 당신은 광활한 바다의 사막에 사는 단세포 광합성 유기체일 수도 있다. 앞에서 이야기한 중앙 태평양이 바로 그런 바다의 사막이다. 그런 곳에는 햇빛과 CO_2가 풍부하지만 생명체가 거의 살지 않는다. 생명의 공식을 이루는 다른 원소들이 매우 부족하기 때문이다. 암석 유래 원소의 유일한 원천은 대륙으로부터 해류에 실려 흘러온 물질뿐인데, 수천 킬로미터를 가도 앞을 보나 뒤를 보나 좌우를 둘러보나, 바위는 눈을 씻고 찾아봐도 보이지 않는다. 암석 유래 원소에는 무슨 수를 쓴들 접근할 수 없다. 우리 몸의 세포에서 다섯째로 많은 원소인 인을 포함해 암석을 분해해야 얻을 수 있는 다른 원자들을 구할 방법이 없다. 그 원소들의 원천인 육지를 향해 가는 방법밖에, 육지로 갈 수 있도록 진화하는 방법밖에 다른 길은 없다.

육상 식물의 출현

30억 년이 넘는 긴 세월 동안, 생명체는 대부분 바다에 갇혀 있었다. 그 기간 동안 땅 위에도 약간의 생명체가 존재했다는 증거가 발견되기는 하지만, 대부분 지표면에서 고작해야 1~2밀리미터 높이까지밖에 자라지 못해서 마치 얇은 돗자리를 깔아 놓은 듯한, 건조 내성을 가진 유기체에 불과했다. 이렇게 지표면의 '수수께끼 같은 껍질'이 지구 시스템에 어떤 영향을 끼쳤는지에 대해서는 의견이 분분하고, '수수께끼 같은'이라는 표현에서도 볼 수 있듯이 우리에게는 여전히 미스터리로 남아 있다. 그러나 육상 식물의 출현에 대해서는 과학적인 합의, 즉 진화의 혁신이 주도한 두 번째 대격변이 시작된 것이라는 합의가 이루어져 있다.

육상 식물 이전에 남세균의 경우에도 그랬듯이, 땅을 향한 식물의 느리고 더딘 행진을 완성할 수 있게 해준 진화의 혁신은 생명의 공식을 구성하는 원소들에 접근하는 방법에 대한 것이었다. 가장 중요한 첫 발자국은 식물이 바다를 떠날 때 광합성 장치를 가지고 나온 것이었다. 식물의 잎에 들어 있는 엽록체chloroplast—광합성이 일어나는 곳—는 그들만의 DNA를 가지고 있다. 그 DNA는 아주 오래전 식물세포와 하나가 된, 바다에 살던 광합성 박테리아의 것이었다. 따라서 엽록체는 하나의 유기체 내부에 들어 있는 또 하나의 유기체, 즉 내부공생endosymbiosis의 한 예라고 할 수 있다. 식물 광합성의 화학적 반응이 남세균의 광합성과 똑같은 것은 이러한 내부공생의 결과다. 이들은 똑같은 장치를 사용한다. 그런 이유로 육상 식물도 남세균과 똑같이 광합성이 이루어지는 동안 산소를 열심히 방출하는 것이다.

내부공생의 생물학적 기전은 감탄스러울 정도이며 지구 역사상 가장 중요한 진화론적 변화를 이끌어 냈다. 식물세포뿐만 아니라 인간에게 필요한 에너지를 생산하는 '발전소'인 미토콘드리아 mitochondria는 또 하나의 내부공생 사례다. 명석한 과학자였던 린 마굴리스Lynn Margulis가 도전적인 주장을 내놓을 때까지, 내부공생으로 발생한 생명체의 변화는 거의 모든 진화생물학자의 관심 밖에 있었다. 마굴리스는 생명의 역사에서 일어난 중요한 진화론적 사건이 대부분 내부공생으로부터 출발했다고 주장했다. 다소 과격했지만 그녀의 지적은 정확히 옳았다. 마굴리스는 수십 년이나 시대를 앞선 과학자였다. 그녀의 주장은 현대 유전학이 등장하고서야 옳다는 것이 밝혀졌다.

육상 식물은 광합성 장치를 가지고 바다를 떠나 육지로 올라왔다. 그러나 몸의 대부분이 물로 이루어져 있는 유기체가 땅 위에서 산다는 것은 까다롭고 힘든 일이었다. 강수량이 충분한 지역에서조차 비는 산발적으로 내렸다. 육상 식물이 첫발을 내딛기에 가장 쉬운 장소는 고도가 낮은 늪지대였다. 늪지대에서 발견되는 화석들은 바다를 떠난 초기 식물들이 늪에서 1000만 년 이상의 세월을 눌러앉아 있었다는 것을 보여 준다. 늪지대의 화석과 거기에 담긴 기록에 대해서는 약간의 오해가 있을 수 있다. 늪지대는 비교적 단기간에 퇴적물이 쌓이고, 산소가 부족한 두꺼운 진흙층이 부패를 지연시키기 때문에 화석이 보존되기에 최적의 조건을 갖추었다고 보는 시선이 있다. 그러나 식물이 빨리 진화하지 못하고 늪지대에서 그토록 오랜 세월을 보낸 데는 또 다른 이유가 있다. 식물이 등장하기 전의 토양층은 거의 존재하지 않았거나 있었다 해도 두께가 매우 얇았을 것이며, 특히 물을 품고 있기에는 너무나 부족했다. 최초의 식물 흔적이 담긴 화석들을 보면, 그 식물들의 뿌리는 지표면 아래 아주 얕은 곳까지만 자라 있는, 거의 '무늬만 뿌리'라고 할 수 있는 정도다. 그러므로 이런 식물들이 건조한 암석 토양에서 잘 자랄 수 없었으리라고 충분히 예상할 수 있다.

처음으로 풍성하게 자라난 식물은 아마도 태류苔類(우산이끼문)의 조상이었을 것이다. 태류는 지금도 존재하는 원시 식물이지만, 지금 우리가 볼 수 있는 태류는 아주 작고 별 특징 없이 무리를 지어 살아간다. 나의 식물학자 친구들은 말도 안 되는 단어 조합이라며 눈살을 찌푸리겠지만, '이파리처럼 생긴 이끼'를 상상하면 비슷하다. 그러나 최초의 거대 식물들은 오늘날의 태류와는 구조적으로 달랐다. 초기의 태류 군집은 거의 오늘날의 나무만큼 높이 자랐다. 사실상 광합성을 하는 전봇대에 가까웠다. 꼭대기를 제외하면 줄기 전체에 가지가 없는 '나무'였고, 그 꼭대기도 생식과 관련된 조직을 만들 때나 뚜렷이 나타났다가 생식이 끝나면 죽어 버렸다. 건조한 지역으로 이동하는 데 가장 중요했던 씨앗도 5000만 년의 진화를 거친 후에야 나타났다.

바다에 산다는 것은 광합성에 필요한 물을 얻는 데 아무런 문제가 없다는 것을 뜻한다. 하지만 땅 위에서 사는 식물이 수분을 유지하기 위해서는 끊임없이 투쟁을 해야만 한다. 그 투쟁은 H와 O로 시작하는 생명의 공식에서도 고스란히 드러난다. 육상 식물도 바다에서 살던 단세포 조상으로부터 광합성 장치를 물려받았기 때문에, 효율은 매우 높지만 물 없이는 돌아가지 않는 광합성 장치를 이용한다. 식물은 햇빛의 에너지를 이용해 물 분자를 쪼개고 탄소를 고정하며 당분(그리고 진화의 우연한 결과인 산소까지)을 생산해 세포 안에 쌓아 둔다. 게다가, 나중에 설명하겠지만, 식물은 공기 중에서 CO_2를 흡수할 때 똑같은 도관을 통해 소중한 수분을 잃는다. 해양 생명체들은 겪지 않는 손해다.

수분을 유지하기 위해 끊임없는 투쟁을 해야 한다는 단점은 있지만, 땅 위에서 산다는 것은 우리의 이야기에 등장하는 다른 원소들에 쉽게 접근할 수 있다는 장점이 있다. 땅 위에도 햇빛은 충분하다. 햇빛은 공기 중의 CO_2를 얻는 데 필요한 연료를 공급해 주는 에너지다. 그러나 광합성 장치를 만들기 위해서는 많은 양분이 필요하다. 질소뿐만 아니라 인과 철 같은 암석 유래 양분들이 필요한 것이다. 땅 위에서는 이런 원소들이 강이나 바람 또는 해류에 실려서 자신에게 전달될 때까지 기다릴 필요가 없다. 육상 식물은 이런 양분을 스스로 찾아간다. 식물은 뿌리 아래 잠자고 있는 이 양분들을 찾아내기 위해 땅에 균열을 내기 시작했다.

식물을 땅 위로 올라와 살 수 있게 했던 진화의 혁신이 어느 즈음에 일어났는지에 대해서는 아직도 속속들이 밝혀지지 않았다. 이 문제에 대한 답을 얻는 데 도움이 될 만한 화석들이 미국 버지니아, 리비아, 웨일스 등 여러 곳에서 발견되었다. 4억 년 이상 된 것으로 추정되는 이 화석들에는 납작하게 눌린 식물의 흔적들이 있는데, 처음 생겨나기 시작한 식물의 뿌리와 최초의 관목으로 보이는 식물의 흔적을 볼 수 있다. 그러다 3억 7500만 년 전 즈음에는 나무처럼 생긴 식물 화석의 분포가 널리 확산되었다.

아르카이옵테리스*Archaeopteris* 속으로 분류되는 식물들은 키가 거의 30미터까지, 굵기는 지름 1.5미터까지 자랐으며 그 잎은 오늘날 고사리류의 잎과 닮았다. 아르카이옵테리스속 식물들은 오늘날의 침엽수(즉 소나무나 전나무 등)와 거의 구분할 수 없을 정도로 비슷했다. 화석에서 볼 수 있는 뿌리를 통해 이 식물들의 뿌리도 오늘날의 식물들과 비슷하다는 것을 알 수 있다. 아르카이옵테리스속 식물의 뿌리는 가지를 치며 땅속 깊이 뻗어 나가서 균류와 연합을 이루었다 (현대 식물의 80퍼센트가량도 균류 파트너와 공생한다). 오늘날의 균류처럼, 고대의 균류도 식물에 물과 양분을 제공하고 대신 식물이 광합성으로 고정한 탄소를 얻었다. 물론 아르카이옵테리스속 식물들의 숲은 오늘날의 숲과 여러모로 큰 차이를 보이고, 심지어 일부 과학자들은 이 초기 생태계의 숲을 '숲'이라고 부르는 것을 단호히 거부하지만, 우리가 하고자 하는 이야기에서는 그 차이보다는 유사성이 더 중요하다.

대륙을 점령한 뒤에 바다에 살던 조상들은 접근할 수 없었던 원소의 원천까지 찾아감으로써, 육상 식물들은 두 번째 월드 체인저가 될 준비를 갖추었다. 이들이 바꿔 놓기 전의 세상을 잠시 둘러보자. 식물이 땅 위로 막 올라왔을 때 접한 대기는 여러 면에서 오늘날의 대기와 비슷했다. 그때에도 질소(2개의 질소 원자가 단단히 결합되어 다른 것과는 거의 반응하지 않는 기체 상태의 질소)와 산소(2개의 산소 원자가 느슨하게 결합되어 반응성이 매우 높은 기체 상태의 산소)가 공기의 대부분을 구성하고 있었다. 그러나 매우 신뢰할 만한 증거에 따르면, 당시의 CO_2 비율은 오늘날에 비해 열 배는 높았을 것으로 보인다. 이 높은 수준의 CO_2에 의해 지구에 갇힌 열은 세상을 매우 더운 곳으로 만들었을 것이므로, 아마도 지구의 평균기온은 오늘날보다 섭씨 5.6도가량 높았을 것이다(이 책에서 온도는 모두 섭씨 기준으로 한다). 그리 큰 차이로 보이지 않을 수도 있지만, 그 정도라면 북극과 남극에 얼음이 하나도 없을 만큼 더운 기온이다. 해수면 온도는 최고 37.8도(온수 욕조의 온도와 비슷한 수준)에 달했을 것이고, 북극에서는 수영복도 입지 않고 바다 수영을 즐길 수 있었을 것이다. 당시에는 해수가 북반구를 거의 전부 덮고 있었고, 초대륙 곤드와나가 남극 근처에 몰려 있었다.

땅 위에서 고정된 채 움직이지 못하고 살아가야 하는 유기체(예를 들면 식물)가 당면한 난관을 다시 한 번 짚어 보자. 살아 있는 모든 생명체가 그러하듯이, 식물에도 적당한 서식처가 필요하지만, 어쩌다 우연히 놓여 있게 된 그 자리가 그들이 살기에 적당한 자리라는 보장은 없다. 따라서 반드시 움직여야만 한다. 바다 생물들은 해류에 실려 이리저리 옮겨 다닌다. 바다에서도 장소에 따라 온도, 염도 그리고 얻을 수 있는 양분이 다르지만, 해양 생명체들은 어딜 가든 물속에 있다. 바다에서는 생명의 공식 중에서 최소한 두 가지, H와 O만은 충분히 얻을 수 있었다. 그러나 땅 위에서는 어떤 것도 보장되지 않았다. 육지는 매우 이질적이다. 북반구에서 남쪽을 향하고 있는 언덕은, 북쪽을 향하고 있는 언덕보다 더 따뜻한 대신 더 건조하다. 어떤 땅에서는 뿌리가 내리기 쉽지만, 다른 곳에서는 그렇지 않다. 어떤 암석에서 유래했는가에 따라 어떤 땅은 물과 양분을 잘 품고 있지만 어떤 땅은 그렇지 않다. 땅 위에서 멀리까지 퍼져 나가며 군체를 형성하기 위해서는 무엇보다도 물이 부족한 환경을 견딜 수 있어야 했다. 수십억 년 동안 살아왔던 바다에서는 겪어 보지 못한 환경이었다.

식물, 지구를 점령하다

물과 관련된 핵심적인 진화상의 혁신이 최초의 육상 늪지 식물 출현과 최초의 숲 출현 사이, 수천만 년에 걸쳐 등장했다. 식물 잎의 왁스층이 수분 손실을 막아 주었고, 수분 전달 세포가 종렬로 늘어서서 식물 내부에서 수분의 이동 통로를 만들어 주었으며, 리그닌lignin과 셀룰로스cellulose라는 단단한 구조 형성 분자는 아르카이옵테리스가 똑바로 설 수 있게 해주었다. 초기의 숲에서 빛을 얻기 위한 경쟁이 얼마나 중요했는지는 아직도 논란이 있지만, 리그닌 덕분에 구조가 단단해져 나무가 바람에 휘어도 도관이 파괴되지 않아 뿌리에서 잎까지 수분이 안전하게 전달될 수 있었다. 어쩌면 이보다 중요한 것은, 단단한 구조 물질인 리그닌 덕분에 뿌리가 암석을 뚫고 토양 속 더 깊은 곳까지 전진해 물과 양분을 얻을 수 있게 되었다는 사실이다.

뿌리의 힘은 실로 놀랍다. 우리 집 옆에 나무 한 그루가 있는데, 이 나무 때문에 사람이 다니는 인도가 계속 갈라진다. 하와이에서 내가 박사학위 과정 연구를 했던 장소 중 한 곳은 300년 된 용암류 위에 있었는데, 최근에 덮인 용암층 위에서 이미 여러 종류의 식물 뿌리가 약 60센티미터 두께의 토양층을 만들고 있었다. 그 자리 근처에 용암동굴—용암이 지나가고 난 뒤에 남은 동굴—이 있었는데, 지표면으로부터 60센티미터 아래에 있었지만, 단단한 바위 천장을 뚫은 식물의 뿌리가 생장을 계속하고 있었다. 뿌리가 가진 힘은 주변 환경에 심대한 영향을 미칠 정도로 막강하다. 우리 집 앞의 인도를 들어 올려 갈라지게 만들었듯이, 식물의 뿌리는 암석에 물리적인 균열을 일으킨다. 산을 분비함으로써 화학적인 공격도 감행한다. 뿌리와 바위의 상호작용은 식물이 세상을 바꿔 놓는 데도 결정적인 역할을 했음이 밝혀졌다. 곧 보게 되겠지만, 뿌리를 식물에 물을 끌어다 주는 기구로만 보는 것은 뿌리의 중요성을 일부만 이해한 것이다. 뿌리는 더 많은 이야기를 담고 있다.

물은 생명체가 살아가는 데 없어서는 안 될 요소지만 한 유기체가 멀리까지 퍼져 나가면서 세상을 바꾸는 과정에는 물만으로는 충분하지 않다. 식물에는 해결해야 할 또 다른 문제가 있다. 바로 양분이다. 이 문제를 해결하는 데서도 뿌리는 중요한 역할을 했다. 물을 얻는 것이 땅 위에서 가장 큰 어려움이었다면, 바다에서는 거의 얻을 수 없었던 양분이 암석 안에 잠자고 있다는 것은 더할 나위 없이 큰 행운이었다. 양분을 품고 있는 암석은 지표면 바로 아래 있었다. 자신의 뿌리를 뻗을 뿐만 아니라, 우리 눈에는 잘 보이지 않지만 수 킬로미터까지 뻗어 나가며 땅속을 구석구석 탐색하는 미세한 균사를 가진 균류와 연합함으로써 육상 식물은 지구 역사상 최초의 광부가 되었다.

인간 광부처럼, 육상 식물은 먼저 물리적으로 암석을 들어올린 다음, 화학적인 수단을 통해 그 암석을 유용한 것으로 바꿔 놓았다. 토양 속의 미네랄을 전자현미경으로 촬영해 보면 양분을 찾아 뻗어 나가는 식물의 뿌리와 그들과 공생하는 균류의 공격을 받아 생긴 구멍이나 긁힌 상처가 드러난다. 죽어서 썩어 가는 뿌리나 균류도 CO_2(프리스틀리가 말한 "부패한 공기")를 뿜어 내는데, 이 CO_2는 토양 속의 물을 산성화시킴으로써 바위를 녹이는 작업을 돕는다. 육상 식물은 뿌리 그리고 그 뿌리와 연합한 균류를 무기 삼아 양분을 찾아 암석을 캐내는 방식으로 진화했다. 지금 이 이야기의 중심인 인의 농도는 바다에서보다 암석에서 수백 배, 심하면 수천 배 높다.

약 4억 년 전, 최초의 아르카이옵테리스 숲이 적도에서 남극(적도 북쪽에는 육지가 거의 없었다)까지 확산될 수 있었던 것도 물과 양분에 접근하는 능력 덕분이었다. 하지만 그들의 숲이 땅을 어디까지 점령했는지는 알 수 없다. 그들이 남긴 화석은 대부분 저지대 늪지에서 생성되었으리라고 추정되는 것들에 한정되어 있다. 앞에서도 말했듯이, 남아 있는 화석 기록은 늪지에 편중되어 있다. 저지대 늪지는 죽은 유기체가 화석화되기에 가장 좋은 장소이기 때문이다. 그러나 지표 아래 깊은 곳까지 뻗어 갈 수 있을 정도로 진화한 뿌리와 균류 공생자 그리고 수분을 저장하는 내부 구조까지 갖추었는데도 아르카이옵테리스 숲이 건조한 고지대까지 확산하지 못했기 때문일 수도 있다. 마른 땅 위로 멀리까지 퍼져 나가기 위해서는 진화적 도약이 한 번 더 필요했다. 바로 씨앗의 등장이었다.

씨앗은 양분으로 꽉 찬 데다 탈수 내성까지 갖춘 주머니로, 어린 식물이 건조하고 양분이 부족하거나 그늘진 곳에서도 생명을 시작할 수 있게 해줌으로써 식물이 먼 거리까지 퍼져 나갈 원동력이 되었다. 씨앗이 흔해지기 시작한 것은 아르카이옵테리스 숲이 지상의 터줏대감이 되고 1000만~2000만 년이 흐른 뒤의 화석 기록에서였다. 3억 6000만 년 전, 아르카이옵테리스는 소나무와 전나무의 고대 조상이자 씨앗을 생산하기 시작한 다른 식물에 자리를 내주었다.

씨앗을 생산하는 식물, 즉 종자식물은 단단한 목질 구조, 물과 양분을 획득하는 데 도움을 줄 균류 파트너 그리고 생명의 공식을 구성하는 모든 원소가 약속되어 있는 땅으로 후손들을 확산시켜 줄 장거리 여행 장치까지 모든 것을 갖추었다. 육지를 향한 이주 과정은 이로써 완결되었고, 지구의 역사에서 이 시점부터는 극한 지역과 극건조 지역을 제외한 모든 땅을 식물이 점령하게 되었다. 인류가 모두 사라진다 해도 식물이 지구의 지배자 자리에서 사라지는 일은 상상하기 힘들다.

남세균처럼 육상 식물도 두 가지 핵심적인 혁신 요소를 가지고 있었다. 첫째, 식물은 햇빛을 흡수하고 탄소를 고정하는 새로운 방법을 발견했다. 이 경우, 이들의 혁신은 새로운 생물학적 반응이 아니라 새로운 장소로 반응을 이동시킨 것이었다. 둘째, 식물은 암석 내부에 저장된 영양분에 접근했다. 남세균도 양분으로서의 질소를 획득할 수 있도록 진화했지만, 그들은 암석 유래 원소들이 희귀한 바다에 남았고 지금도 바다에 남아 있다. 육상 식물은 암석 유래 원소를 획득할 수 있었고, 광합성 장치를 갖춘 채 대륙을 건너 지구 역사의 거의 대부분 기간 동안 광합성 유기체라고는 사실상 존재한 적 없던 곳까지 이동했다. 물과 양분을 획득하는 방법의 혁신적인 진화 덕분에 식물은 거침없이 퍼져 나갈 수 있었다. 그러나 남세균처럼, 식물의 이야기도 한 유기체가 생명의 기본적인 원소를 거침없이 획득하게 되면 예상치 못한 부작용이 따른다는 것을 다시 한 번 보여 준다. 이번에도 진화론적인 혁신과 거침없는 확산은 재앙이라는 파국을 불러왔다.

지구를 지배한 육상 식물과 더워진 지구

그다음에 일어난 일을 이해하기 위해서는, 생명체와 우리 행성을 따뜻하게 지켜 주는 기체, 즉 온실가스 사이의 상호작용으로 돌아가야 한다. 남세균에 의해 대기에 산소가 쌓이자 CO_2는 가장 중요한 온실가스가 되었다. 육상 식물이 진화했던 시기의 대기 중 CO_2 농도는 산업혁명기의 열 배에 달했을 것이라는 계산이 가장 실제에 가까운 수치라고 여겨진다. 21세기 중반을 기준으로 한다면 다섯 배가량 될 것으로 보인다(현대에 이르러서 드러난 변화 양상에 대해서는 뒤에서 다룰 것이다). 앞에서도 언급했듯이, CO_2의 농도가 높아지자 지구 전체가 열대기후가 되었다. 바다 전체가 온수 욕조였다. 눈이나 얼음은 거의 볼 수 없었다.

이런 세상에서 육상 식물이 등장해 대륙을 지배하기 시작했다. 햇빛과 양분에 접근할 풍부한 기회를 만난 데다 땅 위에서도 수분을 유지할 수 있도록 진화하자 육상 식물은 생존과 번식에 성공을 거두었고, 그 성공은 두 가지 이유에서 지구 전체의 환경에 두 가지 크나큰 영향을 끼쳤다. 첫째, 숲이 더 울창해지자 식물은 공기로부터 CO_2를 고정해 줄기와 잎에 저장했다. 은행 계좌에 비유하면 이해하기가 더 쉬울 것이다. 여기서는 물론 앞으로 펼쳐질 장에서도 여러 번 반복될 비유이다. 은행 계좌에는 잔고(남은 돈), 입금(맡긴 돈), 출금(찾아간 돈) 항목이 있다. 다른 양분에도 마찬가지지만, 탄소에도 몇 가지 중요한 '은행 계좌'가 있다. 우리가 하려는 이야기는 공기와 땅, 바다에 대한 이야기이므로 여기서는 그 각각의 계좌를 가정하자.

먼저 공기의 계좌를 보자. 공기에도 일정량의 탄소 잔고(대부분 CO_2의 형태로)가 있다. 육상 식물이 진화를 시작했을 때 공기 계좌에는 엄청난 양의 CO_2가 들어 있었다. 잔고가 아주 많았다. CO_2는 온실가스이므로 지구는 굉장히 따뜻했다. 그러나 육상 식물은 자기 몸의 조직을 만들기 위해 공기 중의 CO_2 중 일부를 흡수했다. 공기 계좌에서 CO_2가 인출되어 육상 식물의 계좌에 입금된 것이다. 식물이 없던 세상에서 숲이 울창한 세상으로 지구가 변하자, 공기 계좌에서 CO_2가 대량으로 인출되는 순효과가 나타났다. 그러자 공기 중의 CO_2는 감소했고 지구는 차갑게 식기 시작했다.

여기에 덧붙여, 나무와 뿌리 그리고 나무뿌리에 공생하는 균류와 박테리아가 죽으면 그들이 살아 있을 때 담고 있던 탄소가 풍부한 화합물의 일부는 토양 속에 그대로 남았다. 흙이 갈색을 띠는 것은 탄소가 저장되어 있기 때문이다. 식물에 저장된 탄소와 토양 속에 갇혀 있는 탄소를 땅의 계좌로 모두 합하면, 공기 계좌에 있던 탄소 잔고의 네 배에서 다섯 배에 이를 정도로 많다. 이렇게 탄소 잔고를 살펴보면 식물이나 토양이 없던 세상에서 숲이 있고 탄소가 풍부한 토양이 있는 세상으로 변화하면서 공기 중 CO_2의 양이 극적으로 감소했으리라는 것을 알 수 있다.

우리 이야기에 아직 남아 있는 퍼즐 조각이 있다. 식물이 토양 속의 양분을 캐낼 때 암석에 미치는 영향에 관한 부분이다. 광물을 캐는 모든 광부가 광산 안의 모든 것을 원하지는 않듯, 식물도 자신의 뿌리가 갈라놓는 암석이 가진 모든 것을 원하지는 않는다. 식물이 원하는 것은 인 같은 특정한 물질이다. 그러나 식물이 암석을 부수어 원하는 것을 얻을 때 또 다른 결과도 발생하는데, 이 또한 공기의 은행 계좌에 중요한 영향을 미친다.

이런 주장을 가장 먼저 내놓은 과학자는 맨해튼 프로젝트에도 참여한 화학자 해럴드 유리Harold Urey였다. 그는 일찍이 생명체가 없던 지구 행성에서 어떻게 생명이 진화할 수 있었는지를 알아내기 위한 실험을 했고, 수소의 동위원소인 중수소를 발견한 공로로 1934년 노벨 화학상을 받았다. 여기서 유리를 언급하는 이유는 그가 육상 식물이 지구에 미친 영향을 이해하는 데 중요한 일련의 화학반응을 잘 설명했기 때문이다. 앞에서 이야기했듯이 식물과 균류가 토양을 산성화함으로써 미네랄의 용해가 더욱 가속화되었는데, 유리는 이 반응의 순효과가 공기 중에서 CO_2를 더 많이 인출하는 결과를 가져온다는 것을 알아냈다.

그 과정을 간략하게 짚어 보자. 뿌리가 열심히 할 일을 해서 흙 속에서 유기물질이 분해되면 CO_2가 방출된다(이 과정은 다음 장에서 더 자세히 다루기로 하고 지금은 그냥 넘어가자). 방출된 CO_2는 흙 속 미네랄 사이에 담겨 있는 수분에 녹아든다. 결과적으로 토양수는 산성이 되고, 그 덕분에 토양 미네랄은 더 빨리 녹는다. 여기까지는 이미 다루었다. 유리는 CO_2가 풍부한 물은 토양 미네랄 속의 여러 성분과 함께 강물로 흘러들고 결국은 바다에 이른다는 사실에 주목했다. 물에 용해된 채 바다에 이른 CO_2는 칼슘과 반응해 우리가 흔히 석회암이라 부르는 탄산칼슘이 된다. 석회암의 화학식은 $CaCO_3$, 여기서 C가 탄소다. 산호의 골격을 이루는 것이 바로 석회암이다. 석회암은 따뜻하고 얕은 바다에서 해수가 증발하면 바닥에 침전된다. 한때 공기 중의 CO_2로 있던 탄소의 마지막 안식처가 바로 이 석회암이다.

유리는 생물과 무생물이 참여하는 이 복잡한 과정의 순효과는 아주 간단하다는 것을 알아냈다. 암석이 녹으면 식물이 공기로부터 인출하는 CO_2 분자 2개당 하나는 해저에 석회암으로 침전된다는 것이다. 식물은 땅 위에서 암석의 풍화 속도를 높임으로써 CO_2가 공기 계좌에서 해저의 지질학적 계좌로 이동하는 속도를 가속시킨다. 지상의 암석을 풍화시켜 해저에 탄소가 풍부한 또 다른 암석을 만들어 내는 이 과정은 수억 년 동안 지구의 기후를 제어해 온 주요한 조절자였다. 해저의 암석에 CO_2를 가두는 것은 공기로부터 CO_2를 (거의) 영구적으로 제거하는 방법이었다. 지구 어디서든 대륙의 암석이 용해되는 속도를 증가시키는 모든 요소는, 비록 매우 느리겠지만, 공기 중의 CO_2를 감소시킨다.

해양 생물은 암석이 풍화되는 속도를 높일 수 없다. 이들은 해수면 위를 떠다니며 살아가는데, 해수면은 어떤 암석으로부터도 아주 멀리 떨어져 있다. 그러나 육상 식물은 그 속도를 높일 수 있다. 이 장의 주제와 육상 식물이 세상을 바꿀 수 있게 한 원소로 돌아가 보자. 육상 식물이 지구 환경에 그토록 큰 영향을 줄 수 있었던 것은 두 가지 핵심적인 진화상의 혁신 덕분이었다. 첫째, 식물의 뿌리와 그 뿌리에 공생하는 균이 땅 위에서도 식물이 수분을 유지할 수 있도록 도와주었다. H와 O를 구하는 문제를 해결해 준 것이다. 둘째, 인 같은 양분으로 가득한 바위를 분해함으로써, 바다의 광합성 유기체들은 구할 수 없던 원소들을 구할 수 있었다. 강물과 바람에 실려 필요한 양분이 천천히 조금씩이라도 자신에게 와 주기를 기다리는 대신, 육상 식물은 그 양분을 구하러 다녔다. 식물은 지구 최고의 광부가 되었다. 이러한 혁신들이 합해지면서 식물은 땅 위에서 멀리멀리 퍼져 나갔고, 그와 함께 공기 계좌의 탄소를 인출해 갔다. 이렇게 인출된 탄소는 식물의 몸과 흙 속에 그리고 나중에는 식물에 의해 가속화된 암석 풍화작용의 최종 산물로서 해저에 저장되었다. 그러나 이러한 식물의 성공에는 대가가 따랐다. 식물이 등장한 후 수억 년 동안 공기 계좌에서 다른 계좌(땅과 해저)로 탄소가 이전되면서 지구는 급속하게 냉각되기 시작했다.

남세균이 그랬던 것처럼, 마지막 일격을 가한 것은 지질학적 우연과 더불어 (아주 느린 속도이긴 하지만) 지각판과 그 위에 얹어진 땅덩어리의 당기고 밀어내는 움직임이었다. 3억 년 전쯤, 지각판의 이동으로 적도 부근에 저지대 늪지가 많이 생겨났다. 식물들은 이 늪지에서 일광욕을 즐겼다. 늪지의 두드러진 특징 중 하나는 유기물의 분해 속도를 현저히 늦춘다는 것이다. 유기물을 분해하는 데는 산소가 필요하고(이 부분에 대해서도 다음 장에서 다룬다), 늪지 바닥의 끈적끈적한 유기물 분해 부산물은 산소가 들어갈 틈을 주지 않았다. 광활한 대륙의 저지대에서 살던 식물이 수명을 다하면, 그들의 조직 속에 들어 있던 탄소도 그대로 저장되면서 공기로부터 땅으로 이전되는 탄소의 순증가량은 더욱 늘어났다. 또 다른 작은 지질학적 우연 중 하나는 당시 해수면의 요동이 심했다는 점인데, 밀물과 썰물로 조류가 바뀔 때마다 해변 늪지가 거의 주기적으로 범람했고 이는 분해 과정을 더욱 늦추는 결과를 가져왔다.

이제 요약해 보자. 식물은 지상으로 올라오면서 공기 중의 CO_2를 빨아들여 자신의 조직을 구성했고, 식물이 죽으면 그 탄소의 일부가 흙 속에 저장되었다(공기 계좌의 탄소 인출 #1). 식물은 또한 지상에 있는 암석에서 미네랄의 용해를 가속화했고, 이는 공기 중의 CO_2를 제거하고 해저에 석회암으로 저장하는 순효과를 냈다(인출 #2). 마지막으로, 지질학적 조건 때문에 광활한 저지대 늪지에서 숲의 성장과 범람이 반복되었다. 이러한 과정은 석탄기Carboniferous Period(탄소를 함유한 시기)에 시작되었다. 이 시기의 지질학적 명칭이 석탄기인 데는 그럴 만한 이유가 있던 것이다. 이 늪지에서 자라던 식물이 죽으면, 분해되지 않고 남아 수억 년 동안 쌓이고 쌓이면서 공기 계좌에서 탄소 인출량을 증가시켰다(인출 #3). 다른 모든 조건이 동일할 경우, 인출 속도가 계속 빨라지거나 인출량이 늘어난다면 계좌가 바닥날 수밖에 없다. 육상 식물로 인해 가속화된 3중의 계좌 인출로 공기 중 CO_2의 양은 급속도로 감소했다.

앞 장에서 설명한 사건들과 이 장에서 이야기한 사건들이 완벽하게 평행을 이룬다는 것을 강조하고 싶다. 독자들도 기억하겠지만,

새로운 방식의 더욱 효율적인 광합성 과정은 남세균에게는 큰 선물이었다. 덕분에 남세균은 햇빛을 더 많이 흡수할 수 있었다. 이때 생성된 산소는 폐기물이었다. 그러나 시간이 흐르고 지질학적 조건이 무르익자 이 폐기물이 축적되면서 지구 환경에 전에 없던 변화가 나타났다. 마찬가지로, CO_2를 더 원활하게 흡수하는 능력 덕분에 식물은 폭발적으로 증가했다. 땅 위의 바위를 녹여서 필요한 양분을 더 빨리, 더 많이 흡수하면서 식물은 더 멀리, 더 울창하게 대륙을 점령했다. 암석의 풍화작용은 가속화되고 죽은 식물이 그대로 땅속에 파묻힘에 따라 공기 중에서 CO_2는 점점 제거되고 지구는 차갑게 식어 갔다. 이런 상황은 식물에 결코 이롭지 못했다. 공기 중의 CO_2가 감소하면 광합성은 어려워지고, 지구가 냉각되면 광합성의 속도가 느려진다. 이러한 효과는 사소한 부작용에 지나지 않았으며, 처음에는 문제가 되지 않았다. 수백만 년 동안 이 부작용의 결과는 거의 눈에 띄지 않았다.

그러나 식물의 진화가 공기 중으로부터 충분히 많은 양의 CO_2를 빼앗아가자 결국 온실효과가 약해지기 시작했다. 지구 전체가 열대기후였던 시기에는 땅 위에서 빠른 속도로 숲이 늘어나고 울창해졌지만, 지구의 기온이 눈에 띄게 낮아지기 시작했다. 지구에 빙하기가 닥치기까지 얼마나 오랜 시간이 걸렸는지는 정확하지 않다. 그러나 약 3억 년 전, 식물이 지상에서 본격적으로 세력을 확장하기 시작한 지 대략 1억 년 후 지상에서 대부분의 열대우림이 사라질 정도로 지구는 차가워졌다. 식물은 생존과 번식에 성공한 대가로 얼어 죽게 되었다. 진화상의 혁신과 번성이 비극적인 부수적 결과로 다시 한 번 환경 재앙을 불러온 것이다.

 그 과정은 매우 느렸다. 한 방울, 한 방울씩 공기의 계좌에서 CO_2가 빠져나갔고 그중 일부는 땅에 묻혔다. 그 탄소는 점점 압착되고 농축되어 석탄이 되었다. 열대 식물들이 스스로 자초한 환경 변화에 굴복한 후로 3억 년이 흘렀고, 육상 식물의 뒤를 이어 세 번째 월드 체인저가 될 인간이 탄소로 가득한 은행 계좌를 발견했다. 인간은 우리보다 앞서 세상을 바꾼 월드 체인저들에 의해 고정되어 오랜 세월 묶여 있던 탄소를 다시 공기 중으로 풀어 놓기 시작했다. 경악스러운 속도로.

2부

인간, 원소를 지배하다

3

인간, 탄소, 에너지의 파괴적 순환

인간과 탄소 그리고 에너지

남세균과 식물은 탄소를 흡수하고 이를 조직 내부에 화학적 에너지로 저장하는 혁신을 이루었다. 그들은 양분—남세균의 경우에는 질소, 식물의 경우에는 인—을 획득하고 사용하는 데서도 혁신적이었다. 남세균은 새로운 방법으로 물을 이용했고, 식물은 물을 새로운 장소에서 새로운 방법으로 얻었다. 그리고 그 두 유기체의 혁신적인 진화가 환경에는 가공할 만한 재앙을 불러왔다. 지구의 역사 40억 년을 숨 가쁘게 훑어보았으니, 이제는 세상을 바꾼 세 번째 주인공, 즉 인간을 살펴볼 준비가 되었다. 이 책의 나머지 부분에서는 앞선 월드 체인저들과 우리 인간 사이에 어떤 공통점이 있고 어떤 차이점이 있는지 알아보려 한다. 그러나 결론을 미리 말하자면 이렇다. 우리는 본질적으로, 앞선 월드 체인저들과 아주 깊이 연결되어 있다는 것이다. 우리도 혁신의 열매를 달게 먹고 있으나 그 부작용이 나타나기 시작했다.

이번 장에서는 인간, 탄소 그리고 에너지에 대해 이야기한다. 그리고 그 뒤에 이어질 장에서는 인간이 생명의 공식을 구성하는 다른 원소들과 어떻게 상호작용하고 있는지 살펴본다. 완벽하게 마음에 드는 출발 지점은 없지만, 우선 존경하는 나의 친구 셸던 스콧 Sheldon Scott으로부터 시작해 보려 한다. 셸던은 우리 부모님과 동년배인데, 내가 어렸을 적에 뉴브런스윅(캐나다)이라는 재제소에서 숲속 땅을 고르는 기계를 운전하던 노동자였다. 셸던은 초등학교도 제대로 다니지 못했지만 내가 아는 사람 중에 가장 똑똑했다. 언제나 내가 대답할 수 없는 질문으로 나를 쩔쩔매게 했다. 내가 자라서 점점 상급 학교로 진학하자, 셸던은 자기 질문에 대답하지 못하고 쩔쩔매게 만들기를 점점 더 좋아했다. 그에게는 식은 죽 먹기보다 쉬운 일이었다. 내가 '온갖 환경 관련 문제'에 빠져들기 시작했을 무렵, 그는 공기 중의 CO_2에 왜 그렇게 신경을 쓰느냐고 물었다. "사람도 이산화탄소를 내뱉지 않아? 우리가 내뱉는 이산화탄소랑 자동차가 내뿜는 이산화탄소가 뭐가 그렇게 다른데?" 아주 좋은 질문이었다. 이 장의 이야기를 풀어 나가는 동안 여러 번 돌아볼 질문이기도 하다. 사실 이 질문에 대한 답은 인간이 지구의 탄소 '은행 계좌'와 기후를 변화시키는 방식이 얼마나 이례적인지 이해하는 데 결정적으로 중요하다.

본격적으로 이 질문을 파헤치기 전에, 프리스틀리의 유리 종 실험으로 잠깐만 돌아가 보자. 프리스틀리의 위대한 깨달음 중 하나는 지구가 본질적으로 우주를 떠다니는 유리 종과 같다는 것이었다. 지구는 닫힌계이다. 이 닫힌계 안으로 들어오거나 나가는 것은 거의 없다. 그렇다고 이 계가 완전히, 모든 것이 멈춰 있다는 의미는 아니다. 그 안의 한 곳에서 다른 곳으로 끊임없이 물질이 이동한다. 우리 이야기의 중심은 탄소이므로, 탄소의 은행 계좌로 돌아가 그 계좌가 어디에 있으며 잔고는 얼마나 되는지 이야기해 보자.

지구에 존재하는 거의 모든 원소가 그렇듯이, 세상의 거의 모든 탄소도 암석에 들어 있다. 앞 장에서 언급한 석회암과 대리석(화학적으로는 석회암과 똑같다)에도 탄소가 많이 들어 있지만, 다른 암석들도 그에 못지않다. 그렇지만 바위 속의 탄소는 애초에 인간의 시간 척도에서는 의미가 없다. 그 탄소는 미네랄의 형태로 묶여서 살아 있는 생명체들로부터는 아주 멀고 깊은 곳에 묻혀 있기 때문이다. 적어도 인간이 탄소의 게임에 뛰어들어 석탄처럼 탄소가 풍부한 암석을 파내고 태워서 연료로 쓰기 전까지는 그랬다. 그러나 인간의 이야기는 잠시 뒤로 미뤄 두자. 먼저, 인간이 현재 수준으로 "모든 힘을 온전히 구사하기" 전에는 세상이 어떻게 돌아가고 있었는지를 설명하기 위한 무대를 세워 보고자 한다.

산업혁명이 일어나기 전까지 지구의 역사를 통틀어, 암석에 깊이 묻혀 있던 탄소가 그 암석으로부터 탈출할 수 있는 유일한 경로는 화산의 분출뿐이었다. 몇 년에 한 번이든, 몇십 년이나 몇백 년에 한 번이든, 아무리 거대한 화산 분출이라도 화산으로부터 탈출하는 CO_2의 양은 거의 일정했다. 어느 특정한 해에 특별히 거대한 화산이 폭발한 경우에도 마찬가지였다. 따라서 화산 역시 내가 이름 붙인 '느린 탄소 순환'의 일부이다. 화산이 분출하면 탄소는 공기 계좌에 예치된다. 앞 장에서 육상 식물이 어떻게 자기 몸과 토양에 탄소를 저장하고 암석을 풍화시키는지 설명했다. 이 모든 것이 공기 계좌로부터 탄소를 순인출한다는 것을 의미한다. 이 인출 역시 느린 탄소 순환의 일부였다. 수백 년 동안 육상 식물이 번성하면서 순환 시스템으로부터 꾸준히 CO_2가 빠져나가자, 한때 전 지구적으로 열대였던 기후가 대규모 빙결이 발생하는 기후로 바뀌었다.

이런 느린 순환에 더해, 화산 분출을 통해 암석으로부터 탈출해 공기로 스며든 탄소는 지구 표면 주변을 매우 빠른 속도로 순환한다. 광합성이 하루에 고정하는 탄소의 양은 화산이 1년 동안 분출하는 탄소의 양과 대략 비슷하다. 그러나 이 '빠른' 탄소 순환은 대부분 호흡이라는 과정을 통해 금방 공기 중으로 되돌아간다. 이전에도 호흡에 대해 말한 적이 있지만, 이번에는 화학적으로 풀어서 써 보자. 호흡은 광합성의 역과정이다.

광합성: $CO_2 + H_2O +$ 햇빛 에너지 $\rightarrow$ 당 + 산소

호흡: 당 + 산소 $\rightarrow CO_2 + H_2O +$ 사용 가능한 에너지

광합성은 태양에너지를 받아들여 화학적 형태(당 또는 기타 생

체 물질)로 저장한다. 호흡은 사람이나 동물 또는 목재부후균wood-rotting fungus 등이 당(또는 기타 유기 분자)을 소비할 때 일어난다. 우리는 풀려난 화학적 에너지를 연료로 사용하여 우리 몸을 움직이고 이산화탄소와 물을 뱉어 낸다. 서로 반대 방향으로 일어나는 이 두 가지 반응, 즉 광합성과 호흡은 빠른 탄소 순환을 이끈다.

오랜 세월에 걸쳐 광합성이 공기의 탄소 계좌로부터 탄소를 꾸준히 인출하다 보면 결국 계좌의 잔고가 바닥난다. 그러나 광합성에 의해 공기 계좌에서부터 인출되는 탄소의 양과 호흡에 의해 공기 계좌로 다시 예치되는 탄소의 양이 서로 균형을 이루는 한, 빠른 탄소 순환의 총탄소량은 동일하게 유지될 것이다. 화산 분출, 암석의 풍화작용, 유기 탄소의 장기적인 매장(늪지대에 묻힌 나무처럼)만이 그 순환에 변화를 불러올 수 있다. 앞 장에서 식물이 땅속에 묻히면 공기 중의 CO_2도 장기간 감소하는 결과로 나타난다고 말했다. 이 말은 호흡보다 광합성이 약간 더 많게 된다는 뜻이다. 해마다, 더 정확히 말하면 1000년 또는 그보다 더 긴 시간을 주기로, 광합성에 의해 고정된 탄소의 아주 적은 일부분이 호흡 작용을 통해 공기 중으로 돌아가지 않고 탈출해 버린다. 아주 조금씩, 조금씩 물이 새는 어항이 있다고 상상해 보자. 몇 주, 몇 달 또는 몇 년 동안 물이 조금씩 새고 있어도 물고기는 수위가 낮아지는 것을 전혀 눈치채지 못하고 활발하게 움직이며 살아간다. 그러나 언젠가는 물고기가 더 이상 움직일 수 없을 만큼 수위가 낮아질 것이다. 3억 년 전 열대 숲이 바로 그런 상황이었다. 지구의 빙결이 시작될 정도로 공기 중의 CO_2

수준이 낮아져 버린 것이다. 열대기후의 세계는 그렇게 끝이 났다.

아주 직접적인 변화—아주 오랜 세월에 걸쳐 한 방향으로만 일관되게 나타나는 불균형—가 있지 않는 한, 빠른 탄소 순환은 장기적인 관점에서 사소한 잡음에 불과하다. 예를 들면 이런 것들이다. 지구에서 대륙은 대부분 북반구에 있고 따라서 육상 식물도 대부분 북반구에 있다. 북반구가 여름철일 때 북반구의 식물은 대기 중의 CO_2를 흡수해 잎에 저장한다. 실제로 북반구가 여름철일 때는 지구 전체의 광합성량이 호흡량을 크게 웃돌고 대기 중의 CO_2 비율은 크게 떨어진다. 대기 중 CO_2 비율의 하락은 지구 전체에서 측정할 수 있다. 그러나 가을이 찾아와 식물의 잎들이 떨어지면, 북반구에서 광합성 작용이 크게 줄어든다. 떨어진 나뭇잎은 겨우내 분해되고, 대기 중의 CO_2 비율은 그전 봄 수준으로 회복된다. 1년을 주기로 살펴보면, 계절에 따른 CO_2 비율의 변화폭은 매우 크게 느껴진다. 그러나 1000년을 주기로 보면, 평균값 부근에서 일어나는 아주 사소한 변화에 불과해진다. 순환 시스템 안에 들어 있는 탄소의 총량은 어느 해나 똑같다. 적어도 인간이 존재하기 전에는 그랬다. 숲에서 하루 동안 CO_2를 측정할 때도 같은 현상을 확인할 수 있다. 낮에는 광합성이 호흡보다 훨씬 활발하기 때문에 숲의 CO_2 수준이 떨어진다. 그러나 일일 평균량은 어느 계절에도 변하지 않는다. 밤에는 호흡 작용이 광합성을 앞지르고 CO_2 수준은 상승한다. 숲 전체를 점령하는 식물이 나타나거나 갑자기 광활한 저지대 늪지가 형성되어 식물이 분해 속도보다 빠르게 매장되는 지질학적 사건이 발생하는 등 아주 특이한 사건이 발생하지 않는 한 장기적으로 평균량은 안정적인 상태로 유지된다. 이런 특이한 사건조차도 실제로 가시적으로 나타나려면 수백만 년이 걸린다. 이렇게 긴 세월을 살면서 그 변화를 직접 목격하거나 실제로 체험할 수 있는 생명체는 없다.

3억 년 전 지구가 냉각된 후 맹렬하게 CO_2를 공기 중으로 뿜어낸 대규모 화산 분출이 여러 번 발생하면서 기후를 급속도로 바꿔 놓았고, 대량 멸종이 일어났다. 그 마지막 사건이 6500만 년 전 소행성 충돌과 대규모 화산 폭발로 공룡이 지구상에서 영원히 사라진 사건이었다. 더 '최근'(약 5000만 년 전)에는 공기 계좌의 탄소 총량이 점진적으로 감소했다. 탄소량의 감소가 지각 운동의 힘이 불러온 결과라고 생각하는 과학자도 있지만, 자세한 부분에서는 많은 논쟁의 여지가 있다. 그 시간 동안 지구의 지각판은 인도아대륙을 아시아로 밀어붙여서 거대한 히말라야 봉우리들을 높이 돌출시켰다. 높은 산봉우리들이 충돌하면서 신선한 광물들이 세상 밖으로 노출되었고, 이 광물들은 따뜻한 산비탈과 저지대로 재빨리 녹아들었다. 암석이 풍화작용을 거치면서 CO_2가 제거되기 때문에 공기 중의 CO_2 총량은 그 후로 계속 줄어들었고, 그 결과 지구는 천천히 냉각되었다. 200만 년 전에도 지구는 차가워져서 다시 빙하기에 접어들었다. 또 하나의 물이 새는 어항 시나리오다. 지난 5000만 년 동안 방울방울 천천히 새는 CO_2 때문에 지구는 가장 따뜻했던 시기에서 가장 추웠던 시기로 변화를 겪었다.

여기서 잠시 지질학적 시간의 광대함에 대해 생각해 볼 필요가 있다. 학부에서 지질학을 전공한 내 아내 베스는 지질학을 공부하면서 10억 년과 100만 년의 차이를 시각적으로 이해할 수 있게 되었다고 한다. 지질학에서도 10억 년은 긴 시간이다. 그러나 100만 년은 아니다. 지난 5000만 년 동안 CO_2의 수준이 떨어졌다고 했을 때, 그 수준은 살아 있는 생명체에게는 아주 아주 느린 속도였다. 그러나 지질학적 시대 기준으로 보면 다른 시대에 비해 아주 빠르게 떨어진 것이다. 과학자들의 계산에 따르면 지난 5000만 년 동안 대기 중 CO_2 농도는 6분의 1 수준(1200ppm에서 200ppm으로. 여기서 ppm은 농도를 측정하는 단위이다)으로 떨어졌다. 100만 년마다 20ppm씩 떨어진 것이다. 이 변화가 지구를 남극에서부터 북극까지, 얼음이 전혀 없던 가장 따뜻한 기후에서 가장 추운 기후로 바꿔놓았다. 느린 탄소 순환에서는 빠른 변화라고 할 수 있다. 그러나 인간이 화석연료를 발견했을 때, 탄소 순환에서 '빠른 변화'는 전혀 다른 의미를 갖게 되었다.

느린 탄소 순환과 빠른 탄소 순환 사이

인류가 최초로 석탄을 사용한 기록은 6000년 전의 중국으로 거슬러 올라간다. 어렵지 않게 발견할 수 있었던 모든 곳에서 석탄은 열원과 에너지원으로 소비되었다. 최초의 상업적인 탄광은 1748년 미국 버지니아에서 개발됐다. 잉글랜드, 북유럽, 미국에서 처음 채굴된 광맥은 대부분 앞 장에서 이야기한 열대림과 늪지의 유물이었다. 이런 침전물은 식물이 공기 중의 CO_2를 빨아들였다가 자신이 다른 생명체에 의해 소비되거나 자신의 호흡 작용보다 조금 더 빨리 매장되면서 형성되었다. 이렇게 매장된 식물을 우리는 먹지 않고—즉 식물의 에너지를 우리 몸 안에서 대사시킨 뒤 CO_2를 날숨으로 내뱉지 않고—연소시킨다. 처음에는 그렇게 해서 증기 기관을 돌리고 공장을 가동시키고 집을 따뜻하게 했다. 지금은 발전소와 산업 시설을 돌린다. 계산에 따르면 인간은 식물이 광합성으로 400년 동안 축적한 에너지를 1년에 태우고 있다.[8]

이제 다시 내 친구 셸던의 관점으로 돌아가보자. 화석연료의 연소와 호흡의 화학 작용은 아주 비슷하게 보인다. 호흡은 당을 비롯한 유기 분자를 분해한 다음, 에너지와 CO_2 그리고 물을 내놓는다. 석유를 연소시키는 것도 유기 분자(예를 들면 옥탄. 옥탄은 탄소 원자 8개와 수소 원자 18개가 결합해서 만들어진다)와 산소를 결합시켜 이산화탄소와 물을 발생시키면서 그 과정에서 우리 자동차를 굴러가게 하는 에너지를 얻는다.

호흡: 당 + 산소 → CO_2 + H_2O + 사용 가능한 에너지
연소: 석유 + 산소 → CO_2 + H_2O + 사용 가능한 에너지

이렇게 놓고 보면 셸던의 말이 맞는 것처럼 보인다. 하지만 이 두 가지 반응 사이에 있는 몇 가지 차이가 결정적으로 중요하다. 먼

저, 호흡에는 당(또는 전분이나 단백질)이 쓰이고 연소에는 석유(또는 석탄이나 천연가스)가 쓰인다. 하지만 화석연료는 아주 긴 지질학적 시간 동안 압착과 저장을 견디면서 살짝 변형된 유기 분자 덩어리다. 사실, 석탄 퇴적물에서 석탄을 캐다 보면 광물에서 양치식물 잎의 화석이 발견되는 경우도 많다. 그러므로 이 차이는 그렇게 크지 않다. 둘째, 호흡은 우리 몸속에서 에너지를 생산하고, 연소는 사람의 몸 밖에서 에너지를 생산한다. 그러나 영리한 인간들은 벽난로든 자동차든 아니면 화력발전소에서든 이 연소 에너지를 어떻게든 소비한다. 이 차이가 중요하다. 인간은 꼭 대사 작용이 아니라도 모든 종류의 일에서 어떤 형태로든 에너지를 사용하는 것이다. 셋째, 이 대목이 연료를 태우는 것과 호흡 사이에 무슨 차이가 있냐는 셸던의 질문에 대한 답의 핵심인데, 호흡에는 이미 빠른 탄소 순환 과정에 들어 있는 탄소를 사용한다. 예를 들어 우리가 사과를 먹으면, 그 사과에는 겨우 몇 달 전에 공기 계좌에서 인출한 탄소를 써서 만든 당이 들어 있다. 우리가 먹기 전에 그 사과가 땅에 떨어졌다면, 분해(본질적으로는 박테리아에게 먹히는 것이지만)되어 CO_2가 다시 공기로 돌아간다. 탄소의 공기 계좌에서 순 변화량은 제로, 즉 잔고에는 변함이 없다. 이와는 달리, 화석연료의 연소는 깊은 땅속에 파묻혀 느린 탄소 순환에 갇혀 있던 탄소를 꺼내 빠른 탄소 순환으로 몰아넣는다. 순환하는 탄소의 총량을 급격하게 증가시키는 것이다.

지구 생명의 역사를 통틀어 인간은 느린 탄소 순환과 빠른 탄소 순환 사이에 다리를 놓은 최초의 유기체다. 우리가 화석연료를 태

그림 5 위: 천장에 식물 화석이 가득한 일리노이의 한 탄광. 아래: 약 3억 1000만 년 전의 식물 화석. 우리보다 앞서서 세상을 바꿔 놓은 월드 체인저의 화석이다. 석탄을 태울 때 CO_2가 방출되는 과정은 우리가 샐러드를 먹고 소화시켜서 CO_2를 생산하는 과정과 본질적으로 똑같다. 그러나 석탄은 3억 년 동안 순환에서 격리되어 있던 탄소로 이루어져 있는 반면에 우리가 먹는 샐러드는 이미 지구 표면에서 자유롭게 돌아다니던 탄소로 만들어졌다는 점에서 다르다. 따라서 석탄을 태우면 지구 표면에서 순환하는 탄소(공기와 땅, 그리고 물 사이에서 자유롭게 이동하는)의 총량을 증가시키는 반면, 샐러드는 그렇지 않다. (사진 출처: Dr. William A. DiMichele, Smithsonian Institution)

울 때 발생하는 CO_2는 식사 후에 날숨으로 내보내는 CO_2와는 달리 (석탄의 경우) 최소 3억 년 전에 빠른 탄소 순환에서 격리되었던 탄소로 이루어져 있다. 우리가 매일 석탄과 석유 그리고 천연가스를 태울 때 발생하는 탄소가 이 다리를 건너 현재의 빠른 탄소 순환으로 유입되고 있는 것이다. 광합성과 호흡이 일어날 때마다 발생하는 잉여 탄소가 급속도로 빠른 탄소 순환으로 들어간다. 그러나 지구상의 모든 곳에서 탄소는 점점 더 많이 발생하고 있다. 대기로 흘러 들어가는 탄소는 물론, 해수에 녹아드는 탄소도, 땅속에 저장되는 탄소도 점점 증가한다. 다시 어항에 비유하자면 인간은 수조에 엄청 빠른 속도로 물을 들이붓고 있는 셈이다. 한동안 물고기도 아무 탈 없이 여유 있게 살겠지만, 결국은 수조의 물이 넘쳐흐르게 되고 시스템의 근본을 흔드는 변화가 찾아온다.

CO_2가 빠른 탄소 순환으로 들어가면 어떻게 되는지를 설명하기는 매우 복잡하다. 나를 포함해 많은 과학자가 빠른 탄소 순환과 느린 탄소 순환 사이에 인간이 놓은 다리가 어떤 결말을 불러올지를 이해하기 위해 분주하게 움직이고 있다. 지구의 대기에는 얼마나 많은 CO_2가 있게 될까? 식물에 흡수되고 토양에 저장되는 탄소는 얼마나 될까? 공기 중에 CO_2가 많아질수록 지구가 더워진다면, 지금 식물에 저장되어 있는 탄소, 토양의 분해와 호흡으로 방출되는 CO_2도 지구온난화를 가중시킬까? 기나긴 건기가 찾아온 아마존 같은 숲에 인간의 실수로 산불이 나서 거침없이 번진다면, 숲에 저장되어 있던 탄소가 풀려나 공기 중으로 흘러 들어가게 될까? 이

런 모든 질문과 그 외에도 많은 질문에 21세기의 지구온난화가 그리고 있는 궤적의 심오한 의미가 담겨 있다. 이런 요소들이 공기 중의 CO_2 총량에 영향을 미칠 것이기 때문이다.

이러한 불확실성에도 불구하고, 빠른 순환—공기, 땅, 물 사이를 오가는 탄소—의 탄소량이 증가하고 있다는 데는 의심의 여지가 없다. 산업혁명기, 즉 1850년대부터 화석연료 연소의 직접적인 결과로 공기 중의 탄소량은 거의 40퍼센트 가까이 증가했다. 우리가 화석연료의 연소를 중단하거나 공기 중의 CO_2를 포획하여 암석에 다시 집어넣는 방법—그것도 거의 상상할 수 없이 빠른 속도로—을 발견하기 전까지는 이 증가세가 멈추지 않을 것이다. 서로 연결된 3개의 어항을 상상해 보자. 여기서 어항은 바다, 육지 그리고 대기를 나타낸다. 어항 하나에 물을 부어도 그 물은 3개의 어항에 모두 들어간다. 정확하게 각 어항에 얼마만큼의 물이 들어갈지는 그 세 어항이 얼마나 복잡하게 연결되어 있느냐에 달려 있다. 그러나 각 어항에 들어가는 물의 총량, 특히 물을 붓고 있는 어항의 수위는 올라간다. 우리는 화석연료를 태움으로써 매년 수십억 톤의 CO_2를 공기 중으로 배출한다. 지금까지 우리가 배출한 탄소량의 절반에 조금 못 미치는 양이 공기 중에 머물러 있다. 그 나머지는 광합성에 의해 땅에 흡수되거나 바다에 녹아 있다(바다에 녹은 탄소는 바다를 산성화시킨다. 물에 녹은 CO_2가 탄산을 만든다는 것을 기억하자).

셸던이 했던 질문으로 돌아가 보자. 비록 똑같은 CO_2지만 우리가 날숨에 토해 내는 이산화탄소와 자동차 배기구에서 배출되는 이

산화탄소 사이에는 차이가 있다. 식물을 먹고 소화 과정을 거쳐 배출되는 탄소는 이미 순환되고 있던 탄소다. 언젠가 식물이 흡수했던 CO_2가 그 식물을 먹은 누군가의 몸에 들어갔다가 약간의 시간이 흐른 후 다시 공기 중으로 되돌아가기 때문이다. 화석연료를 태우는 것은 다르다. 이는 새로운 탄소를 등장시키는 것이다. 화석연료는 수십 억 년 동안 암석 안에 잠들어 있던 탄소를 풀어 놓음으로써 화산이 폭발하듯 무서운 기세로 산업을 발전시킬 수 있게 해주었다. 그렇게 풀려난 탄소의 일부는 공기 중에 남았고, 일부는 바다로 흘러들었으며, 나머지는 땅속으로 들어갔다. 그러나 순환하는 탄소의 총량은 상승했다. 아주 빠르게.

얼마나 빠르게? 육상 식물과 암석의 풍화에 미치는 식물의 영향, 그리고 결국 땅속에 묻혀 석탄 퇴적물을 형성하는 과정은 2장의 중심 내용이었다. 이렇게 세상이 바뀌면서 공기 중 CO_2의 농도는 4000ppm(여러 다양한 추정치 중 최고치)에서 단 1억 년 만에 약 400ppm으로 떨어졌다. 100만 년마다 36ppm씩 감소했다는 이야기이다. 100만 년마다 수십 ppm씩 감소하는 속도는 지질학적 관점에서 보면 '매우 빠른' 속도다. 지구는 아주 따뜻한 행성에서 매우 추운 행성으로 변했고, 사실상 지구상에 존재하는 모든 유기체의 삶을 바꿔 놓았다.

반면에 지난 200년 동안 인류는 지구 대기 중의 이산화탄소 농도를 280ppm에서 416ppm으로(2020년 6월 기준) 올려놓았고, 1961년 이후 농도는 매년 4ppm씩 올라가고 있다. 계산기를 꺼낼 필요도 없다. 우리는 지금 '매우 빠른' 지질학적 변화보다도 1000배나 빠른 속도로 바위 속의 탄소를 꺼내 공기 중으로 날려 보내고 있다. 돌려서 말하자면, 인류는 식물이 수십억 년에 걸쳐 공기 중에서 뽑아다 저장해 둔 탄소를 다시 꺼내 엄청난 양의 새로운 CO_2로 대기 속에 유입시키고 있다.

우리보다 먼저 남세균과 식물이 그랬듯이, 우리가 CO_2의 총량을 증가시킨 것도 의도치 않은 부작용이었다. 우리는 에너지를 원했고, 유기 탄소의 지질학적 계좌에서 그 탄소를 인출하기 위한 혁신적인 방법을 고안해 냈다. 계좌에서 인출한 탄소를 산소와 결합(다시 말해 연소)시켰고, 까마득한 옛날부터 꽁꽁 파묻혀 있던 햇빛 에너지를 우리가 필요한 대로 해방시켰다. 그 과정에서 아무도 의도하지 않은 폐기물, 즉 CO_2가 발생했다. 우리보다 앞서 세상을 바꾼 월드 체인저들과 똑같이, 우리는 우리가 고안해 낸 혁신으로부터 엄청난 혜택을 누렸다. 기대수명은 치솟았고, 영양실조에 시달리던 인구의 비율은 급감했다. 인구는 폭증해서 1800년에 10억 명이었던 인구가 1927년에는 20억 명이 되었고, 1960년에는 30억 명, 그리고 오늘날에는 거의 80억 명에 가까워졌다. 새로운 에너지원이 없었다면 불가능했을 일이다. 그러나 혁신으로 인해 가능했던 팽창과 그 혁신에서 비롯된 폐기물은 다시 한 번 세상을 바꿔 놓는 부작용을 일으켰다.

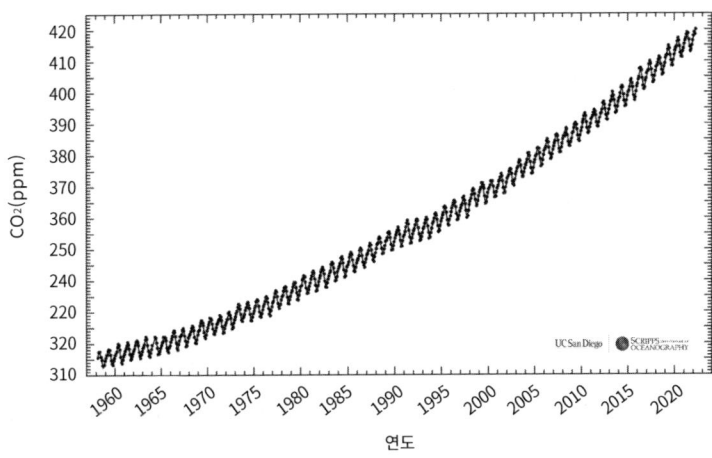

그림 6 이 그래프에서 두 가지를 주목해 보자. 첫째는 공기 중 CO_2 농도의 가파른 상승이다. 대부분 현대 사회가 화석연료를 연소한 결과이며, 그 영향으로 탄소의 빠른 순환과 느린 순환 사이에 다리가 놓였다. 둘째는 상승 곡선 속에서 보이는 톱니 모양 패턴이다. 북반구에서 봄/여름에는 나뭇잎이 무성해지면서 공기 중의 CO_2를 빨아들이고, 가을/겨울에는 그 나뭇잎이 떨어져 부패하면서 다시 CO_2를 공기 중으로 돌려보내는 과정에서 생긴 패턴이다. 그러나 상승 곡선 자체의 가파른 기울기 때문에 식물에 의한 톱니 모양 패턴은 크게 주목을 받지 못한다. (그림 출처: The Scripps Institute of Oceanography)

섭씨 3.89도가 바꿔 놓는 것

지구에서 탄소가 순환하는 방식과 인류가 그 순환에 어떤 변화를 일으켰는지를 대략 이해했으니 이제는 그 변화의 후폭풍에 대해서 알아볼 차례다. 이번에도 과거를 먼저 돌아보면서 그 맥락을 설명하려 하는데, 다만 수십억 년, 수백만 년 전의 과거가 아니라 몇 만 년 전까지만 거슬러 올라간다. 인류보다 앞선 월드 체인저들과 마찬가지로, 인류가 대기를 변화시킨 결과는 기후변화를 통해 나타났다. 인류는 전례 없이 빠른 속도로 온실가스에 변화를 가져왔기 때문에, 전 지구적인 기후변화 역시 비슷한 속도로 따라왔다. 지구의 기온이 얼마나 빨리 변했는지를 설명하기 위해서는 앞으로 몇 쪽에 걸쳐서 이야기해야 할 것 같다.

5000만 년 동안 꾸준히 공기 중의 CO_2가 제거되면서 식어 버린 지구는 이제 온실에서 냉동실로 바뀌기에 충분했다. 지구 궤도가 조금만 출렁거려도 금방 빙하기가 덮칠 수 있었다. CO_2가 대기에서 땅과 바다로(냉각과 빙하기의 원인) 또는 땅과 바다에서 대기로(가열과 온난기의 원인) 이동하면서 발생한 연쇄 작용으로, 지구 궤도의 작은 변동에 따라 지구에는 빙하기가 오거나 반대로 따듯해지는 일이 반복되었다. 마지막 빙하기는 약 1만 년 전에 끝났고, 그 이후 지구의 평균기온은 3.89도가량 상승했다.

3.89도 차이는 빙하기에서 현재와 같이 상대적으로 따뜻한 기온으로 바꿔 놓을 수 있을 만큼 큰 차이다. 생각해 보자. 마지막 빙하기 때 대륙의 빙상氷床은 북극에서 오늘날의 뉴욕이 있는 지점에까지 이르렀다. 빙하에 휩쓸려 떠내려가던 암석이 할퀴고 간 흔적을 뉴욕 센트럴파크의 암반에서 볼 수 있다. 애디론댁산맥에서 출발해 얼음의 컨베이어벨트를 타고 천천히 움직이던 거대한 바위들이 만들어 놓은 흔적이다. 당시의 해수면은 지금보다 125미터나 낮았을 정도로 대륙 빙상에는 어마어마한 양의 물이 저장되어 있었다. 그 빙상들이 아직도 녹지 않고 그대로 있었다면, 아마도 우리는

코네티컷과 롱아일랜드 사이의 수로를 걸어서 건너갈 수 있었을 것이다. 대서양의 해안선도 지금보다 150킬로미터는 더 멀리 동쪽으로 후퇴해 있었을 것이다.

그토록 작게 보이는 변화가 이토록 큰 차이를 가져온 이유는 뭘까? 사실 하루에도 최저 기온과 최고 기온 사이 3.89도의 차이는 거의 매일 발생한다. 그런데 고작 그 정도의 차이로 어떻게 1만 년 전 남쪽의 뉴욕시 위치까지 확장되었던 빙상이 지금은 다 녹아 북아메리카에서는 더 이상 볼 수조차 없게 되었을까?

그 답은 약간 반직관적인데, 기온의 일교차 또는 계절 간 차이가 3.89도라면 큰 차이가 아닌 것처럼 보일 수 있지만, 장기간에 걸쳐서 지구의 평균기온이 그 정도의 차이를 보인다면 지구의 기후에 극적인 차이를 가져온다. 예를 들어 보자. 1815년 남태평양의 탐보라화산이 폭발해서 햇빛을 가릴 정도로 많은 양의 화산재가 분출되었다. 이때 지구 전체적으로 농사가 망했고, 기아 사태가 벌어졌다. 1816년은 '여름이 없는 해'로 기록되었다.[9] 이 화산 폭발로 지구의 평균기온은 얼마나 떨어졌을까? 고작 0.55도였다. 지구 평균기온에 아주 작은 변화만 생겨도 그 결과는 매우 크게 나타난다.

기후와 관계없는 예를 들여다보면서 위의 사례가 왜 중요한지를 조금 더 알아보자. 세상 모든 사람의 평균 키를 측정한다고 해보자. 그 결과가 162센티미터로 나왔다고 하자. 지구인의 평균 키가 작아지거나 커지려면 어떤 변화가 있어야 할까? 아주 키 큰 사람 몇 명이 더 태어나거나 아주 키 작은 사람 몇 명이 태어나는 것으로는 충분치 않다. 아동 영양 섭취와 보건 관리 시스템 전체의 대대적인 변화 등 전 세계에서 전반적인 변화가 있어야 한다. 사실 지난 몇백 년간 사람들의 평균 키가 꾸준히 커진 것이 바로 이런 이유에서였다. 마찬가지로 지구의 평균기온이 올라가려면 극지방에서 적도 지방까지 지구상 모든 장소에서 실질적으로 시스템 전체에 더 따뜻해지는 방향으로 동시적이고 심대한 변화가 있어야 한다. 수많은 구성원 또는 구성요소가 있는 집단에서 어떤 평균 수치를 변화시키려면 한 방향으로 작용하는 매우 큰 추동력이 있어야만 한다.

평균적인 수치로 보면 아주 작은 변화가 지구 전체로는 매우 큰 변화를 일으키는 또 하나의 이유는 그 평균치가 극단적인 경우의 빈도 수에 영향을 미친다는 것과 관련이 있다. 핵심을 이해하기 위해 내 고향인 로드아일랜드의 프로비던스를 예로 들어보자. 프로비던스의 1월 최저 기온은 평균 영하 5.5도였다. 내가 어렸을 때인 1970년대에는 그랬다. 그러나 그때 이후로 로드아일랜드의 겨울은 점점 따뜻해져서 최근에는 그때보다 약 2.2도 정도 상승한 영하 3.3도가 되었다. 영하 5.5도와 영하 3.3도의 차이는 그다지 커 보이지 않을 수도 있다. 영하 5.5도든 영하 3.3도든 밖에 나가려면 모자 쓰고 장갑 끼고 따뜻한 코트를 입어야 하는 것은 마찬가지다. 하지만 그 차이를 느낄 수 없다고 해서 그 차이가 중요하지 않은 것은 아니다. 〈그림 7〉은 2개의 똑같은 종 모양 그래프를 그린 것이다. 다만 하나는 평균기온이 영하 5.5도(검은 점선, 1970년대의 프로비던스 겨울 평균 최저 기온)일 때의 그래프이고, 나머지 하나는 영하 3.3도

(회색 점선 그래프)일 때의 그래프이다. 이 그래프는 특정 온도가 최저 기온인 날이 얼마나 자주 있는지를 보여 준다. 예를 들어, 검은선 그래프에서 약 영하 9.4도부터 영하 3.8도 사이에 있는 날은 매우 많지만, 영하 12.2도 이하나 영상 1.6도 이상인 날은 매우 드물다.

이번에는 그래프 오른쪽, 물이 어는 온도인 0도를 기준으로 그어 놓은 점선 바깥쪽을 보자. 일 최저 기온이 평균 영하 5.5도이던 시절에는 최저 기온이 0도 이상인 날이 매우 드물었다. 결과적으로 비가 아니라 눈이 내렸고, 겨울이면 늘 눈이 쌓이곤 했다. 그러나 겨우 2도 정도 따뜻해진 지금, 최저 기온이 0도 이상인 날이 아주 흔해졌다. 따라서 겨울에도 눈이 아니라 비가 내리는 경우가 보통이고, 오히

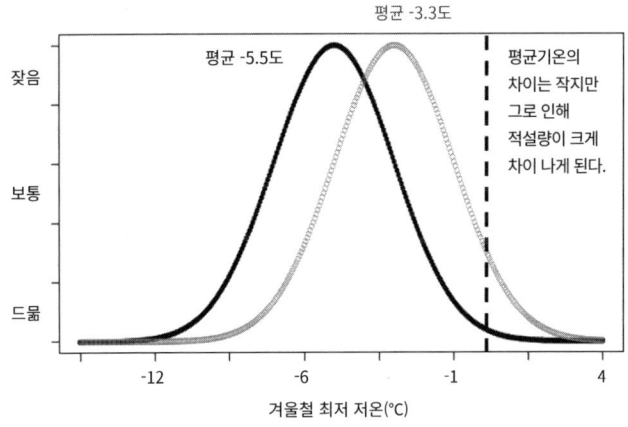

그림 7 로드아일랜드 프로비던스 지역의 평균기온. 평균기온의 아주 작은 차이가 양극단에서는 커다란 차이로 나타난다.

려 땅 위에 눈이 쌓이는 날이 보기 힘들어졌다.

내가 굳이 이 그래프를 제시한 이유는, 세상 모든 사람이 경험해서 알고 있는 것을 다시 한 번 지적하기 위해서다. 내 고향 프로비던스의 겨울 최저 기온을 실제로 그래프에 찍어 보면(내가 했던 것처럼), 20세기가 시작된 이후 평균보다 비정상적으로 따뜻한 1월의 밤이 10년 당 13일에서 34일로 늘어났다는 것을 알 수 있다. 이것을 확인하려고 기록보관소 같은 곳을 뒤질 필요는 없다. 50대가 넘은 사람—춥고 눈이 많이 오는 지방 출신으로—아무나 붙잡고 요즘 겨울 날씨가 옛날 겨울 날씨와 같으냐고 물어보자. 아마 그 대답은 '아니오'일 것이다.

요점은, 지구 표면 전체의 평균기온이 아주 조금만 상승해도 세상에 미치는 영향은 아주 크다는 것이다. 이런 맥락에서, 마지막 빙하기 이후 수천 년이나 걸리긴 했지만 지구 평균기온 3.8도 상승의 영향은 매우 크다. 1만 년 전, 캐나다와 미국 북부 대부분이 얼음으로 덮여 있었지만, 오늘날 미국에는 영구 얼음층이 없는 것(가장 높은 산맥의 정상부는 제외하고)만 보아도 알 수 있다.

인류와 지구온난화

이제 인간이 기후에 미치는 영향을 살펴보자. 인류는 이미 1900년 이후 지구 평균기온을 1.1도 상승시킨 이력이 있다. 대부분 마지막 50년에 일어난 현상이었다. 이 정도면 매우 빠른 상승 속도다. 전 지구적인 탄소 순환이 부정적으로 돌아가는 것을 막을 극적인 조치를 하지 않는다면, 21세기 말이면 지구의 평균기온이 3.8도나 상승하기에 충분한 양의 온실가스를 대기에 배출할지도 모른다. 그 정도의 온도 변화는 마지막 빙하기가 끝날 무렵부터 산업혁명기 사이에 축적된 변화와 비슷하다. 우리가 지금까지 걸어온 대로 계속 걸어간다면, 우리는 100만 년 동안 냉각되어 온 지구를 단 200년 만에 100만 년 전으로 돌려놓게 될 것이다.

그만큼의 기온 상승이 불러올 변화를 완벽하게 체감하기까지는 수백 년이 걸릴지도 모른다. 그러나 그 미래의 지구를 우리는 알아볼 수 없을지도 모른다. 언덕 위의 학교라 불리는 나의 대학은 언덕이 아니라 섬 위의 대학이 될 수도 있다. 뉴욕, 싱가포르, 도쿄, 베이징, 뭄바이, 그리고 많은 섬나라가 바다에 잠길 것이다. 땅 위에서는, 지금 많은 작물이 재배되고 있는 농지도 적어도 오늘날 우리가 농사짓는 방식으로는 더 이상 농사를 지을 수 없게 될 것이다. 100년에 한 번꼴로 닥치던 열파가 일상이 되고, 이미 지금도 더운 많은 지역은 사람이 살 수 없을 만큼 뜨거운 곳이 될 것이다. 이러한 가공할 만한 변화가 펼쳐지기까지 고작 인간 수명의 두세 배 정도의 시간밖에 걸리지 않을 것이다. 그 정도만 해도 인간에게는 매우 긴 시간이지만 지질학적으로는 눈 깜짝할 새도 되지 않는다. 인류는 지구 전체가 열대기후로 변해도 살아남을 수 있을 것이다. 물론 그렇지 못할 수도 있다. 우리가 구가하고 있는 혁신, 핵심적인 생명의 원소들에 대한 새로운 접근법에 뿌리를 둔 혁신의 결과가 불러올 변화는 그다지 달갑지도 안전하지도 않다.

여러 이유로 충분히 우려스러운 일이지만, 한편으로는 놀랍기도 하다. 지구 생명의 역사에서, 지구의 기후를 이해하기 위해 그들이 지구에 남긴 흔적을 먼저 이해해야 할 정도로 자연에 막강한 힘을 행사했던 생명체는 없었다. 지구의 기후에 대해 식물이나 그보다 훨씬 더 중요한 역할을 했던 박테리아조차도 100년 만에 지구에 변화를 몰고 오지는 못했다. 1억 년이라면? 그럴 수도 있다. 하지만 단 100년 만에? 절대로 불가능하다.

인류가 지금까지 있었던 다른 어떤 생명체보다 특이하다는 것은 다른 면에서도 발견된다. 우리는 그저 우리보다 앞선 월드 체인저들이 했던 대로 했을 뿐이다. 인류는 탄소에서 에너지를 뽑아내는 새로운 방법을 발견했고, 우리에게 필요한 대로 그 방법을 마음껏 쓰고 있는 것이다. 지금까지 우리가 이해한 것들을 바탕으로 생각해 보면, 문제는 우리가 이 행성을 변화시킬 수 있느냐 없느냐가 아니다. 문제는 이렇게 화석연료를 사용하면서도 그 부작용이 지구 기후를 변화시키지 않도록 할 수 있느냐이다. 1856년에 유니스 푸트Eunice Foote가 처음 발견한 이래, 우리는 온실가스가 열을 가둔다는 사실을 거의 두 세기 전부터 알고 있었다. 인류가 활동한 결과로 공기 중에 온실가스가 얼마나 더 많이 유입되었는지 계산해 보면 그 때문에 얼마나 많은 열이 더 갇혀 있는지도 파악할 수 있다. 그 수치는 그야말로 어마어마하다. 히로시마에 떨어진 원자폭탄보다 여

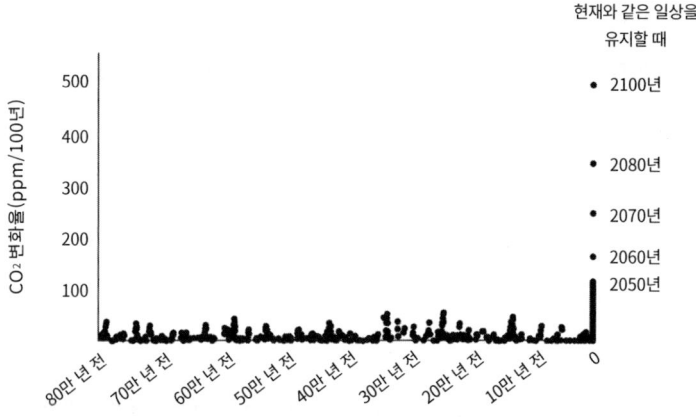

그림 8 지금까지 공기 중 CO_2 농도의 최고 기록은 남극 빙상 코어에서 나왔다. 얼음층을 뚫고 들어가 그 얼음 속에 차곡차곡 퇴적되며 갇힌 미세한 공기 방울을 분석하면, 과거 80만 년 전까지의 공기 중 CO_2 농도를 직접 측정할 수 있다. 안정적인 기후 속에서 여러 문명이 발흥할 정도로 인류의 활동이 왕성했던 1만 년 전과 지금의 뉴욕까지 얼음에 덮였을 정도로 완전했던 빙하기의 공기 중 CO_2 농도 차이는 280ppm(온난기)과 180ppm(빙하기)으로, 100ppm 차이였다. 현재 CO_2 농도는 415ppm이다. 인간에 의한 변화의 속도가 얼마나 빠른지 보여 주기 위해, 해양학자인 짐 배리Jim Barry는 빙상 코어와 현대의 CO_2 농도 측정치를 수집해 세기별 CO_2 농도의 변화를 계산했다. 지구는 그동안 빙하기에서 온난기로 아홉 번이나 '빠르게' 왕복했다. 그러나 인류는 '빠른 변화'의 의미를 새롭게 정의했고, 앞서 나타난 빠른 순환은 20세기에 진행된 변화에 비교하면 도토리 키재기에 불과하게 되었다. 인류가 화석연료를 사용하는 방식을 크게 바꾸지 않는 한, 우리 앞에 기다리고 있을 기후변화는 과거의 데이터와 비교할 수도 없을 것이다.

덮 배나 많은 에너지가 하루도 거르지 않고, 1초마다, 새롭게 갇히고 있다. 이렇게 어마어마한 에너지가 지구 표면을 새롭게 덮고 있는데 이 행성이 더 뜨거워지지 않기를 어떻게 바라겠는가? 탄소 순환의 변화, 특히 그 순환 속에서 탄소량의 변화는 언제나 지구에 변화를 가져왔다. 우리가 아는 한, 이렇게 빠른 속도로 변화한 역사는 없었다는 것뿐이다.

온실가스 배출의 주요 원인이 우리가 화석연료를 태움으로써 빠른 탄소 순환과 느린 탄소 순환 사이에 다리를 놓았기 때문이라는 것을 감안한다면, 우리가 내리는 선택이 앞으로의 상황을 바꿀 가장 큰 변수라는 사실을 어렵지 않게 이해할 수 있을 것이다. 남세균이나 식물에는 없던 선택지이지만, 만약 우리가 탄소 기반 에너지에서 빠른 속도로 벗어날 수 있다면 그래도 지구는 계속 따뜻한 행성이겠지만 지금과 크게 다른 모습은 아닐 것이다. 하지만 만약 우리가 지금까지 해왔듯이 계속 이대로 살아간다면, 세상은 지금과 같지 않을 것이다. 이미 여러 번 그려졌듯이 아주 암울하고 어두운 그림이 될 것이다. 하지만 지구의 운명이 꼭 그렇게 흘러가야만 할까? 육상 식물이나 남세균과는 달리, 인간은 꼭 해오던 대로만 해야 할 필요는 없다. 우리에게는 이 상황을 헤쳐 나갈 대안이 있다.

이 장을 시작할 때 제시한 광합성, 호흡 그리고 화석연료 연소의 화학식으로 돌아가 보자. 처음 2개의 화학식은 거의 40억 년 동안 지구 생명체의 생명 공식이었다. 몇몇 유기체들이 제 몸을 만들기 위해 CO_2를 고정했고, 다른 유기체들은 그 유기체를 먹는 방법으로 자신을 위한 에너지를 저장했다. 인간은 후자를 선택했다. 우리는 다른 유기체(식물과 동물)를 먹고, 그 유기체의 몸을 분해한 다음 CO_2와 물을 배출했다. 하지만 인간은 자신의 몸 바깥에서 생산된 에너지를 쓰는 방법도 터득했다. 제일 먼저, 우리는 불(호흡과 똑같은 공식으로 표현할 수 있다)을 사용했다. 그리고 나중에는 화석연료를 발견해 불을 이용하는 것과 똑같은 방법으로 그 에너지를 사용했다.

우리가 화석연료를 연소시켜서 에너지―차를 달리게 하고, 집을 따뜻하게 하고, 전기를 생산하고, 공장을 돌리기 위한―를 얻을 때, 우리에게 필요한 것은 에너지일 뿐 탄소는 아니다. 앞에서 이야기했지만 다시 한 번 짚어 보자. 음식을 먹는 것과 석유를 연소시키는 것 사이에는 중요한 차이가 있다. 사람은 몸의 조직을 형성하고 세포의 활동을 위해 음식으로부터 화학 에너지를 얻는다. 이 과정에 필요한 탄소를 다른 것으로 대신할 수는 없다. 다른 유기체를 에너지원으로 삼는 모든 다른 생명체들처럼, 인간도 이 화학식에 의존한다. 그러나 우리가 우리 몸 바깥에서 사용하는 에너지는 꼭 탄소를 필요로 하지 않는다. 이때의 탄소는 에너지 전달자일 뿐이다. 얼마든지 대체될 수 있다. 이미 태양광 패널과 풍차 그리고 수력발전 댐, 핵발전소 등으로 대체되고 있다. 우리는 화석연료의 연소가 아닌 다른 방법으로 에너지를 얻는 방법을 계속 탐구하고 있다. 이 방법이 우리가 나아가야 할 방향이다. 탄소 없이도 에너지를 얻을 방법은 아주 많기 때문이다.

시간당 지구에 쏟아지는 태양 에너지는 1년 동안 화석연료를 태워서 소비하는 에너지보다 훨씬 크다. 태양광은 직접적으로든 간접적으로든 에너지가 필요한 장소로 금방 수송할 수 있는 형태의 전기로 변환할 수 있다. 지구상 각 지역이 서로 다르게 가열되며 발생하는 바람 역시 지구 전체의 에너지 소비를 우습게 만들 정도로 커다란 에너지원이다. 환경에 대한 심각한 우려를 안고 있기는 하지만, 핵연료 역시 빠른 탄소 순환과 느린 탄소 순환 어느 쪽과도 상관없이 어마어마한 에너지를 공급해 줄 수 있다.

이런 대안들을 선택한다면, 남세균과 식물이 마주칠 수밖에 없던 기후의 절벽을 피하는 길로 확실하게 나아갈 수 있다. 그들과는 달리 우리는 다가올 미래를 예측할 수 있다. 그러나 에너지를 쓰는 방법을 바꾸기를 거부한다면, 앞선 두 유기체들이 맞았던 것과 비슷한 기후 절벽으로 떨어지지 않는다고 자신할 수 없다. 우리보다 먼저 세상을 바꾸었던 유기체들과는 달리, 우리는 길을 바꾸는 선택을 할 수 있다. 탄소를 기반으로 한 화석연료는 유한하다. 기후 재앙을 피하려면 화석연료가 바닥나기 한참 전에 화석연료 사용을 멈추어야 한다. 다행히 화석연료는 대체할 수 있다. 다음 장에서 보게 되겠지만, 생명의 공식에 들어 있는 나머지 원소들은 그렇지 않다.

화석연료를 다른 에너지로 대체할 수 있다 해도 그 과정은 녹록지 않을 것이다. 지금까지 겪어 보지 못한 과정이 펼쳐질 것이기 때문이다. 지구에 닥칠 장기적인 결과를 피하기 위해 지구상의 모든 사람이 단기간에 어떤 행동을 취하는 것, 이것은 인류가 아직 한 번도 해보지 않은 일이다. 막대한 비용이 발생할 것이고 과정은 어려우며 예측하지 못한 부작용이나 엉뚱한 피해도 있을 것이다. 물론 기후변화에 따른 부작용과 피해 역시 만만치 않을 것이다. 그러나 인류에게 지구 역사상 유례없는 풍요를 선물해 준 에너지원으로부터 벗어나는 거대한 전환을 피할 수는 없다. 화석연료의 사용으로부터 하루라도 빨리 전환해야 한다고 부르짖는 사람 중 하나로서, 나는 화석연료의 대안을 선택하는 것이 그만한 가치가 있는 일임을 모두가 알아야 할 필요가 있다고 생각한다. 따라서 인류가 생명의 공식에 들어 있는 다른 원소들을 어떻게 쓰고 있는지를 알아보기 전에, 세상을 바꾼 유기체들의 진화론적인 혁신에 대한 이야기를 잠시 멈추려고 한다. 다음 장에서는 인류가 화석연료로부터 신속하게 벗어날 경우와 그렇지 않을 경우 우리의 미래가 어떻게 될지 조금 더 깊이 살펴보고자 한다. 특히, 만약 우리가 탄소의 빠른 순환에서 벌어지고 있는 변화의 속도를 늦추지 않는다면 기후변화의 재앙이 우리를 덮칠 것이라고 예측하는 이유는 무엇인지 이야기하려고 한다. 그러한 끔찍한 예상이 독자 여러분들과 나의 눈앞에서 현실이 되지 않기를 바랄 뿐이다.

4

기후변화의 원인을
찾는 방법

기후변화의 과학적 증거

인류가 기후변화의 원인을 제공하고 있다는 사실을 어떻게 알게 되었는지, 미래를 예측하는 데 그 정보를 어떻게 이용할 수 있는지 설명하기로 마음먹은 계기는 브라운대학교에서 진행한 강의였다. 브라운대학교는 미국에서 가장 진보적인 지역에 있는 가장 진보적인 대학교 중 하나라고 말해도 지나치지 않을 것이다. 그러므로 이 대학의 거의 모든 학생과 교수진은 인간이 기후변화를 일으키고 있다는 주장을 열렬히 믿지만, 한편으로 같은 정도의 믿음으로 이 주장을 일축하는 사람들도 있다. 그러나 기후변화를 일으키는 주범이 인간이든 아니든, 그리고 미래를 예측하기에 충분할 만큼 많은 것을 우리가 알고 있든 아니든, 그것은 믿음의 문제가 아니다. 증거의 문제다. 하지만 그 증거는 평이한 언어로 설명된 경우가 극히 드물며, 내가 경험한 바로는 이 주장을 믿는 쪽이든 안 믿는 쪽이든 그 증거들을 제대로 이해하고 있는 사람은 극소수에 불과하다. 결과적으로 가장 열렬한 환경운동가인 내 제자들조차도 우리가 아는 것을 알게 된 경위를 광범위하게 제대로 설명하지 못하는 것이 현실이다. 인간을 비롯한 지구상 모든 유기체의 미래라는 주제가 얼마나 중요한지 감안한다면, 이 책의 중심에서 잠시 벗어나 기후변화와 관련된 과학이 어떻게 작동하고 있는지를 살펴보는 것도 충분히 가치 있는 일이다.

먼저 "인간은 화석연료를 태움으로써 기후변화를 일으키고 있다"는 주장부터 시작해 보자. 앞 장을 마치면서 내가 한 말이기도 하다. 바로 이 주장을 바탕으로, 나를 포함해서 세상 모든 사람이 신속하게 화석연료 사용을 멈추고 탄소 배출 없는 에너지원으로 전환해야 한다고 촉구한다. 이 주장은 상당히 대담한 것으로, "기후가 변화하고 있다"고 말하는 것과는 굉장히 다르다. "기후가 변화하고 있다"고 한다면, 과학자들은 이 진술을 '주장statement'이 아니라 '발견detection'이라고 부른다. 만약 인류 사회의 대대적인 변화를 두고 논쟁을 벌이는 것이라면, 그리고 그 논쟁이 화석연료의 사용에 종지부를 찍을 것을 요구하는 것이라면, 그때는 당연히 '발견'을 넘어서는 어떤 것이 필요하다. 어쨌든 비록 문제를 안고 있다고 하더라도 화석연료는 20세기의 처음부터 끝까지 인류 사회에 엄청난 혜택을 준 것이 사실이니까. 만약 우리(환경을 걱정하는 대중들)가 화석연료의 사용을 중지해야 한다고 강력히 주장하려면, 우리에게는 화석연료가 초래하는 위험이 화석연료로부터 발생하는 이익보다 현저히 크다는 것을 증명할 책임이 있다. 기후는 변하고 있으며, 다른 어떤 것도 아닌 인류의 화석연료 사용이 우리가 지금 목격하고 있는 기후변화의 원인임을 합리적인 의심의 여지가 없을 만큼 분명하게 증명할 필요가 있다. 기후가 변화하고 있다는 것을 분명하게 감지하는 데서 더 나아가 그 원인을 찾아야 한다. 기후변화의 원인이 인간에 의한 온실가스 배출이라는 것이 이번 장의 처음부터 끝까지 반복될 나의 첫 번째 주장이다.

두 번째 주장은 첫 번째 주장을 바탕으로 성립된다. 원인을 제대로 찾기 위해서는 먼저 기후가 어떻게 작동하며 기후를 제어하는 것은 무엇인지 제대로 이해해야 한다. 그것을 제대로 이해한 후에야 기후를 제어하는 요소들이 변함에 따라 어떤 미래가 다가올지 예측하는 데 우리가 아는 것들을 활용할 수 있다. 그렇게 해서 우리는 인류보다 앞서서 세상을 바꾸었던 유기체들이 갖지 못했던 통찰을 가질 수 있다. 우리는 앞으로 펼쳐질 미래를 예측할 수 있다. 먼저 나의 첫 번째 주장—인간의 온실가스 배출이 오늘날 우리가 겪는 기후변화를 일으키고 있다—에서 출발해 보자.

이번 장의 이야기를 풀어 나가기 위해 '기후climate'를 어떤 한 장소에서 장기적으로(10년 단위로) 측정한 날씨의 평균치라고 정의하자. 바로 앞 장에서 겨울 최저 기온에 대해 이야기했다. 그런 것이 바로 한 장소의 기후에 대한 설명이다. 사우디아라비아 리야드의 여름은 덥고 건조하다거나 브라질 리우데자네이루의 기후는 캐나다 캘거리보다 온난하다는 등이 기후에 대한 설명이다. 리야드에서 여름 어느 하루 또는 한 주의 기온이 뚝 떨어졌다든가 리우의 8월 어느 날 기온이 캘거리보다 추웠다든가 하는 것은 중요하지 않다. 주어진 어느 날 또는 어느 주의 기상은 '날씨weather'라고 말한다. 수많은 날씨의 평균값이 기후다.

이런 맥락에서, 기후과학은 기후와 강수량의 장기적인 패턴과 그 변화에 대해 설명한다. 나는 과학을 범죄소설에 비유하곤 하는데, 기후과학이 이 비유에 딱 맞는 과학이다. 기후과학의 경우, 우리는 이미 범죄의 증거—지구 전체에서 기후가 변하고 있다—를 발견했다. 1800년 이래 지구가 가장 더웠던 스무 해는 지난 22년 안에 들어 있다. 2010년대는 가장 빨리 더워진 10년이고, 2000년대가 그다음, 그리고 1990년대와 1980년대로 이어진다. 기온계로 직접 측정한 데이터 외에도, 특정 장소의 기후가 어떻게 변하고 있는지를 탐구하는 개별적인 연구도 수만 가지에 달한다. 그 모든 지역의 기후가 한결같이 똑같은 방향을 가리킨다. 지구는 점점 더워지고 있다! 온난화는 히말라야산맥의 얼음을 녹이고 거의 수십억 인구에게 필요한 물 공급을 위협한다. 지구상의 거의 모든 빙하가 그 어느 때보다 빠른 속도로 후퇴하고 있다. 봄의 해빙은 점점 더 일찍, 가을의 서리는 점점 더 늦게 찾아온다. 해빙과 서리, 둘 중 하나 또는 둘 모두가 발생하는 지역 어디서나 마찬가지다.

조금 더 주관적으로 확인하자면, 아무나 나이가 50대 이상인 사람에게 요즈음 겨울이 그 사람의 어릴 때 겨울과 같은지 물어보자. 아마 아니라고 대답할 것이다. 버몬트주에서 자라 이제 갓 50세를 넘긴 나도 그들의 이구동성에 내 목소리를 보탤 수 있다. 알래스카와 시베리아의 유전과 광산에서 쓰이던 임시 빙판 도로는 얼음과 그 밑의 영구동토층이 녹으면서 통행할 수 없는 위험 지역이 되고 있다. 오스트레일리아 북동쪽, 인공위성에서도 보이는 가장 큰 살아 있는 구조물인 그레이트배리어리프는 너무나 빨리 수온이 상승하는 바람에 점점 죽어 가고 있다. 과학자들은 일회성 사례를 두고 논쟁하지 않는다. 그러나 수만 개의 비슷한 일화가 쌓이면 그때는 무시할 수 없게 된다. 나의 경우 무시할 수 없는 기후변화의 사례는 고전적인 크리스마스 캐럴인 〈징글벨〉이다. 사실 이 노래는 1850년대에 매사추세츠에서 크리스마스가 아니라 추수감사절에 썰매 경주를 할 때 불렀던 노래다. 매사추세츠와 가까운 버몬트에서 살았지만 내 평생 추수감사절에 썰매 경주는 본 적이 없다.

그렇다. 지구는 더워지고 있다. 우리가 풀어야 할 미스터리다. 그렇다면 이제 '범인이 누구'인지 찾아내야 한다.

기후 모델과 플래닛 B

형사들은 사건을 어떻게 해결할까? 어떻게 용의자를 가려 내고, 그 리스트 중에서 누구를 제외하고 누구에게 집중해 끝끝

내 범인을 잡아낼까? 영화나 드라마에서는 형사들이 용의자를 심문한다. 형사들은 모든 용의자에 대해서, 그들이 어떻게 행동하며 무엇을 언제 왜 어떻게 했는지 파악하고 정보를 쌓아 간다. 그런 다음, 범죄를 재구성해 보고 범인을 특정한다. 만약 혐의자가 자백하지 않을 경우, 사건은 배심원의 판결에 맡겨진다. 배심원에게 범죄 사건과 관련된 사실과 정보—누가 언제 무엇을 했는지—가 제공되고, 배심원은 '합리적 의심을 뛰어넘는' 결론을 도출해야 한다.

기후 과학도 똑같은 방법으로 이루어진다. 온실가스가 기후변화에 주된 역할을 하고 있음이 이미 밝혀졌고, 인간에 의한 화석연료의 연소가 대기 중의 온실가스 농도를 40퍼센트 가까이 증가시켰다(그리고 숲의 남벌과 경작도 증가의 한 원인이다)는 것도 알고 있으니, 합리적인 의심을 하기에 충분하다. 용의자가 유죄라는 강력한 정황 증거도 있다고까지 말할 수 있다. 그러나 훌륭한 형사라면 그러하듯이, 우리도 인과관계를 명백하게 밝혀야 한다. 즉 온실가스 배출이 지구를 점점 더 따뜻하게 하고 있다는 직접적이고 확실한 증거를 내놓아야 한다. 연관되어 있다는 정황 증거만으로는 만족할 수 없다. 누군가가 범죄 현장에 있었다고 해서 그 사람이 그 범죄를 저지른 범인이라고 단정할 수 없기 때문이다. 합리적인 의심의 여지를 불식시킬 수 있을 정도로 명백히 하기 위해서는 우연의 요소를 철저히 배제해야만 한다. 하지만 어떻게?

고등학교나 대학교의 과학 수업 시간에 했던 것처럼 평범한 실험 방법을 따른다면 아무 어려움도 없을 것이다. 어떤 항생제가 특정한 박테리아 변종을 죽인다는 것을 확인하려 한다고 하자. 실험실에서 똑같은 박테리아 무리를 10개의 플라스크에 따로따로 나누어 기른다. 그런 다음 5개의 플라스크에는 항생제가 든 액체를 주입하고, 나머지 5개의 플라스크('대조군'이라고 한다)에는 항생제가 들어 있지 않은 액체를 똑같은 양으로 주입한다. 일정한 시간이 지난 후, 항생제 처리를 한 플라스크에서는 더 이상 박테리아가 발견되지 않고 대조군 플라스크에서는 살아 있는 박테리아가 우글거린다면, 상당한 정도의 신뢰도를 가지고 항생제가 박테리아를 죽였다고 말할 수 있다. 바로 옆 실험실의 연구자가 다른 플라스크에 항생제의 농도나 양을 달리해서 실험한 결과도 똑같이 나왔다면, 해당 항생제의 박테리아 살균 효과는 훨씬 더 신뢰할 수 있게 된다.

이 실험에는 두 가지의 핵심적인 요소가 있다. 첫째, 실험군과 대조군의 유일한 차이는 항생제 처리의 유무이다. 둘째, 각 집단에서 실험에 쓰인 플라스크는 (하나가 아닌) 5개다. 실험 개체를 여러 개로 하면 대조군에서는 일어나지 않은 우연한 사건에 의해 항생체 처리와는 상관없는 이유로 박테리아가 죽어 버리는 사고가 발생하여 실험 결과가 오염되는 것을 막을 수 있다. 실험군과 대조군 사이에서 실험 결과의 차이는 항생체 처리라는 결론을 더 신뢰할 수 있게 된다. 실험에 사용되는 플라스크의 수를 늘려서 실험군에 10개, 대조군에 10개를 썼는데 똑같은 패턴을 얻었다면, 그 결과가 우연으로부터 비롯되지 않았다고 믿을 근거는 더욱 확실해진다.

이런 고전적인 실험 설계는 기후변화를 연구할 때는 문제가 된다. 인류는 지구에서 온갖 종류의 변화를, 그것도 동시에 일으키고 있다. 게다가 지구의 기후는 외부의 개입 없이 스스로 어느 정도 패턴을 따라 변화하는 경향이 있다. 태평양에서는 10년에도 몇 번씩 주기적으로 해류와 대기 순환이 동쪽 또는 서쪽으로 천천히 이동하면서 엘니뇨 또는 라니냐라는 기후 변동이 발생한다. 설상가상으로, 지구는 오직 하나만 존재한다. 사람이 사는 지구 5개(실험군)와 사람이 살지 않는 지구 5개(대조군)를 가지고 실험할 수가 없다. 오직 하나뿐인 지구에서 대조군도 없고 단 하나의 대상으로 실험을 진행해야만 한다. 이런 상황에서 어떤 것이 원인이고 어떤 것이 결과인지 어떻게 확신할 수 있을까?

그 해결책은 컴퓨터로 시뮬레이션한 지구에서 실험을 설계하는 것이다. 최근에 해양학자이자 기후과학자이며 나의 동료이기도 한 베일러 폭스-켐퍼Baylor Fox-Kemper와 기후 솔루션에 대한 인터뷰를 했는데, 그는 그 과정을 이렇게 요약해 주었다. "기후활동가들은 '행성 B(플래닛 B)는 없다'고 말하는데, 우리가 기후 모델에서 만들어 내는 게 바로 그겁니다. 컴퓨터 안에는 원하는 만큼 몇 개든지 지구를 만들 수 있어요." 언뜻 보기에는 지나친 과장 같기도 하다. 컴퓨터는 그냥 강력한 계산기 아닌가? 어떻게 계산기 안에서 실험을 할 수가 있지? 그런 실험의 결과를 신뢰할 수 있나? 이 장이 끝날 때쯤이면 그것이 가능하다고, 그래야만 한다고 독자들이 믿게 만들 수 있기를 바란다. 그래야만 이 범죄 스토리가 계속 펼쳐질 수 있으니까.

컴퓨터 안에서 기후 실험을 하려면 지구의 기후가 작동하는 방식에 대해, 적어도 그 과정을 실제와 가깝게 수학적으로 표현할 수 있을 만큼 잘 알아야 한다. 사람들은 우리가 생각하는 것보다 훨씬 일찍부터 그렇게 해왔다. 상당히 오래전인 1896년, 스웨덴의 화학자 스반테 아레니우스Svante Arrhenius는 빙하의 생성 원인을 조사하기 위해 기후 모델을 만들었다. 「대기 중 탄산carbonic acid이 지표면의 온도에 미치는 영향」이라는 제목의 논문(여기서 탄산은 CO_2의 옛 용어이다)에서 그는 우리가 앞 장에서 이야기한 탄소의 빠른 순환과 느린 순환에 대해 자세히 설명했다. "지구의 탄생부터 지금까지 대기에서 탄산[CO_2]을 제거하는 가장 중요한 과정, 즉 규산염 광물[암석]의 화학적 풍화작용은, 그와 반대되는 영향을 미치는 과정과 거의 같은 규모로 이루어지고 있다. 반대의 과정은 우리 시대에 이루어지고 있는 산업의 발전[석탄의 연소]에 의해 일어나고 있지만, 석탄이라는 연료의 본질상 영구적일 수는 없다고 보아야 한다."[18] 다시 말하자면, 화석연료의 연소는 공기 중 CO_2의 양을 증가시키지만 화석연료 자체가 언젠가는 모두 고갈되고 말 것이라는 뜻이다.

같은 논문에서, 아레니우스는 놀라울 정도의 선견지명을 보여주는 계산을 제시하면서 이렇게 말했다. "이 문제에 비상한 관심이 집중되지 않았다면, 이렇게 지루하고 장황한 계산을 직접 하지는 않았을 것이다." 그는 공기 중의 CO_2 농도가 200ppm까지 떨어지면 마지막 빙하기 때처럼 대륙의 빙하가 육지를 온통 뒤덮을 정도로 추워질 것이라고 계산했다. 그로부터 한 세기 후, 남극대륙에서 시추한 얼음 코어를 통해 마지막 빙하기의 대기 중 CO_2 농도가 정확히 200ppm이었음이 확인되었다. 아레니우스는 빙하기가 오는 것을 걱정한 나머지, 석탄을 많이 연소시키는 것이 혹시나 다시 올 빙하기를 막는 좋은 방법이라고 말하기까지 했다. 그는 공기 중의 CO_2 양을 두 배 늘리면 지구 표면의 평균 온도가 2.7도에서 3.8도 높아질 것이라고 예측했다. 특히 비非극지의 온도 상승보다 극지의 온도 상승이 두 배 가까이 될 것이며, 낮보다는 밤, 여름보다는 겨울의 온도 상승이 더 클 것이라고 주장했다.

아레니우스가 논문을 쓰던 당시와 비교해서 대기 중의 CO_2 농도가 아직은 두 배까지 이르지 않았다. 그러나 그는 또한 CO_2 농도가 50퍼센트 높아지면 지구는 얼마나 더 따뜻해질지도 계산했다. 그 계산 결과는 대략 지금의 수준이며, 그가 제시한 수치는 우리가 현재 관찰하고 있는 온도 변화와 놀랍도록 일치한다. 그뿐만 아니라 그는 어디서(적도보다는 극지) 언제(여름과 낮보다는 겨울과 밤) 온난화의 영향이 더 분명하게 드러나는지를 정확히 지적했다.

아레니우스가 극히 적은 양의 정보만으로도 이렇게 정확한 계산을 해낼 수 있었던 것은 지표면의 온도를 결정하는 요소가 몇 가지에 불과하기 때문이다. 우선, 지표면의 온도는 지표면이 흡수하는 에너지에 의해 결정된다. 즉 들어오는 햇빛의 양과 지표면에 의해 반사되는 햇빛의 양의 차이이다. 이렇게 들어오는 에너지가 지구 표면을 따뜻하게 하면서 대신에 에너지를 복사(방출)한다. 지구 표면은 흡수되는 에너지의 양이 복사되어 나가는 에너지의 양에 의해 상쇄될 때까지 가열된다. 다른 모든 조건이 동일할 때, 난로에 가까이 놓인 물건은 멀리 놓인 물건보다 더 따뜻해진다. 모든 물체는 열원으로부터 에너지를 흡수하면 흡수하는 에너지의 양과 방출되는 에너지의 양이 같아질 때까지 복사 에너지를 방출하면서 온도가 상승하기 때문이다. 행성도 마찬가지이다.

사실 이 간단한 에너지 평형 이론이 수성, 화성, 달의 표면 온도를 계산할 때 필요한 전부이다. 그러나 지구의 경우에는 사정이 다르다. 지구에는 대기가 있다. 이미 길게 설명했듯이, 대기 중의 온실가스—이산화탄소, 메탄, 산화질소, 수증기—는 가시광선을 통과시킨다. 따라서 대부분 가시광선인 햇빛은 온실가스를 곧바로 투과한다. 그러나 햇빛 스펙트럼 중에서 지표면이 방출하는 빛의 파장인 자외선 부분의 빛은 온실가스에 흡수된다. 자외선 복사의 파장은 우리 눈이 감지할 수 있는 범위보다 약간 더 길다. 그러나 우리 눈에 보이지 않는 다른 빛들(이를테면 라디오파 또는 엑스선)처럼, 자외선도 에너지원으로부터 전달받은 에너지를 가지고 있다. 자외선 복사의 일부는 대기 중에서 온실가스에 의해 흡수되고, 이 에너지 때문에 대기는 가열된다. 따라서 온실가스는 투명한 담요가 되어 그 담요가 없다면 우주로 탈출했을 열을 가두게 된다.

아레니우스가 이 논문을 썼을 당시, 사람들은 열을 가두는 CO_2의 효과가 얼마나 좋은지를 측정했고, 아레니우스는 이 측정값을 이용해 대기 중 CO_2 농도가 상승하면 대기가 얼마나 더 따뜻해질지(또한 CO_2 농도가 낮아지면 얼마나 냉각될지)를 계산했다. 개념상 그리 어려운 계산은 아니다. 다른 모든 조건이 동일하다면, 대기 중 온실가스 농도가 상승하면(지금처럼 빠른 속도로), 지표면까지 도달하는 햇빛의 양이 변하지 않아도 다시 지구 밖으로 탈출하는 열의 양은 감소한다. 이렇게 되면 방출되는 에너지보다 들어오는 에너지가 더 많아지기 때문에 불균형이 발생하고 표면이 가열되기 시작한다. 담요를 덮고 소파에 누워 있는 것과 비슷하다. 그냥 누워 있으면 달아날 열을 담요가 가두어서 내 몸이 따뜻해지는 것과 같다. 새로운 열평형에 도달할 때까지 내 몸은 계속 데워진다. 온실가스가 공기 중에 퍼져 있으면 이와 똑같은 현상이 일어난다.

간단한 원리를 이해하는 것도 아주 좋은 출발이지만, 기후 탐정이라면 미묘한 차이까지 이해할 필요가 있다. "이론상 대기중 온실가스가 증가하면 지구가 뜨거워진다"고 말하는 것으로는 부족하다. 우리는 우리가 지금 목격하고 있는 지구온난화가 온실가스 배출의 결과임을 증명하려고 하는데, 단순히 매우 빠른 속도로 증가하는 온실가스가 원인이라고만 설명해서는 곤란하다. 또한 아레니우스는 미처 알지 못했던 수많은 연쇄반응도 있다. 하나만 예로 들자면, 지구의 평균기온이 높아지면 해수면에서 수분 증발이 증가하고, 따라서 구름이 더 많이 생긴다. 이 구름은 햇빛을 차단해서 지구를 시원하게 해줄까, 아니면 구름을 형성하고 있는 수증기 자체가 온실가스이기 때문에 지구를 뜨겁게 할까? 이렇게 단순한 기록이나 추론만으로는 지금 우리 지구에서 벌어지고 있는 현상들을 자세하게 설명할 수 없다. 아레니우스보다 더 고차원적으로 기후를 이해해야 한다.

다행히 우리에게는 데이터를 수집할 방법이 아레니우스보다 훨씬 더 많다. 지금은 지상에서, 바다 위에서, 하늘에서, 심지어는 우주에도 관측 장치를 두고 하루 24시간 365일 쉬지 않고 지구 대기를 관측할 수 있다. 여기서 얻어지는 막대한 데이터를 신속하게 분석할 수 있을 만큼의 컴퓨팅 파워도 가지고 있다. 1970년대에 구축된 컴퓨터 기후 모델은 펀치 카드를 이용해서 방 하나 크기의 컴퓨터에 한 장 한 장 입력하는 방식이었다. 당시의 컴퓨터는 덩치만 컸지, 성능은 요즈음 우리 손에 들린 휴대전화만도 못했다. 요즈음의 컴퓨터는 아레니우스가 종이와 펜을 가지고 했던 계산보다 수조 배 빠른 속도로 연산을 처리한다. 따라서 우리는 아레니우스보다 훨씬 많은 변수들을 수학적 모델에 포함할 수 있다.

사실 요즘의 기후 모델은 너무나 복잡해서, 수백만 행의 컴퓨터 코드로 만들어진다. 슈퍼 컴퓨터로도 한 세트의 시뮬레이션을 돌리려면 몇 달이 걸린다. 이런 시뮬레이션은 지구 대기와 바다를 수천 개의 층으로 잘게 나누어 온도와 기압, 운동량 그리고 화학적 성분까지 매초 연속적으로 계산한다. 기후 모델에는 수학적으로 표현된 표면의 반사도, 일정한 시점에서 대기의 특정 부분에 들어오는 햇빛의 양, 기온차와 기압차를 만들어 내고 결국은 공기의 움직임까지 일으키는 각 지표면의 차등 가열, 바다와 땅 위로 공기가 흘러가는 길과 그 과정에서 발생하는 마찰, 그 영향으로 일어나는 해수의 움직임 등 수많은 변수가 고려된다. 기후 모델에 동원되는 변수들을 연결 짓는 방정식은 고사하고 그 변수들의 목록만 모두 언급해도 이 책을 몇 페이지나 넘겨 가며 열거해야 할 것이다.

듣다 보면 기후 모델이란 참 대단하구나 싶겠지만, 그 모델이 복잡하다고 해서 반드시 좋은 모델이라고 할 수는 없다. 어떤 모델을 믿고 싶다면, 그 모델이 정말로 현실을 제대로 표현하는지 테스트해 보아야 한다. 명심하자. 기후 컴퓨터 모델은 인간의 온실가스 배출이 기후변화를 일으킨다는 가설을 입증하기 위한 실험을 도와줄 수 있다. 그저 멋진 컴퓨터 프로그램이면 배심원을 설득할 수 있을까? 이 모델이 우리가 범인으로 지목한 용의자가 진짜 범인이라고 판결하는 데 충분한 증거를 내놓을 수 있다고 믿을 근거는 무엇인지 생각해 보자. 그러기 위해서는 모델이란 실제로 무엇인지, 좋은 모델은 어떤 모델이며 나쁜 모델은 무슨 모델인지 먼저 알아야 한다. 우리의 경우, 우리가 아직 풀지 못한 미스터리를 풀고 무엇이 기후변화를 일으키는지를 찾는 데 도움을 줄 모델을 찾고 있다.

이 이야기를 따로 떼어 내 다루려는 이유는 기후 모델에 구체적으로 들어가기 전에 모델과 모델링에 대해 약간 철학적인 이야기를 하고 싶기 때문이다. 꼭 수학적인 모델은 아니더라도 누구나 모델이라고 인식할 수 있는 어떤 것으로부터 시작해 보자. 여기 비행기 모델이 있다. 어린아이들이 갖고 노는 그런 장난감 비행기다. 언뜻 보면 이런 비행기 모델은 수백 년 후의 기후를 예측하고 기술하는 데 필요한 연속적인 수학 방정식과는 사뭇 다르다. 그러나 조금만 더 깊이 생각해 보면, 아주 중요한 몇 가지 공통점을 발견할 수 있다.

비행기 모델은 비행기의 핵심적인 부분들을 묘사하지만 (어린아이에게는) 필요하지 않은 부분은 빠져 있다. 예를 들면, 장난감 비행기에 제트 연료는 필요하지 않다. 연료가 없어도 아이들은 상상으로 그 비행기를 날게 할 수 있다. 장난감 비행기는 수십 미터 길이로 만들 필요가 없다. 그런 장난감 비행기라면 부모에게는 악몽이다. 그러나 장난감 비행기에 멋진 스티커는 빠질 수 없다. 그러니 많이 붙여 주자.

이렇게 하면 좋은 모델일까? 그건 어떤 관점에서 보느냐에 따라 달라진다. 이 모델이 아이가 갖고 놀기에(이게 중요한 점이다) 충분할 정도로 실제 비행기를 적절히 모방하고 있다면 좋은 모델이다. 실제 비행기를 완벽하게 모방하지는 못했지만, 평범한 가정집에 실제 비행기는 더욱 큰 골칫거리다. 이 장난감 비행기는 '틀린' 모델이지만 유용한 것은 분명하다. 더 정교하게 만들면 더 좋은 모델일까? 더 정교하게 만들면 진짜 비행기와 더 비슷해지겠지만, 만들기는 더 어려워지고 실수로 망가지기라도 하면 원래대로 돌려 놓기도 더 어려워진다. 더 복잡한 모델이 반드시 더 좋은 모델이 아니라는 것은 선험적으로 알 수 있다. 모델은 모방의 목적에 합당할 만큼 그 원본을 쓸모 있게 모방하고 있느냐의 여부에 따라 판단할 필요가 있다.

반면에 더 성능 좋은 진짜 비행기를 만들기 위해 일하는 항공 엔지니어에게 위에서 말한 장난감 비행기 모델은 아무런 쓸모가 없다. 멋진 스티커도 (아마) 필요하지 않을 것이고, 전쟁놀이를 하면서 내 동댕이를 쳐도 깨지지 않도록 만들어야 할 필요는 없겠지만 각종 기계 장치의 작동 방식은 자세히 구현되어야 할 것이다. 승객들이 어떠한 기내 공간을 원하는지 알기 위해 비행기 내부도 정확하게 만들어져야 한다. 추력과 날개 각도, 양력도 정확하게 묘사되어야 한다. 엔지니어에게는 이 모든 요소가 수학적으로 표현되어 있는 컴퓨터 속의 모델이 더 유용할 수도 있다. 그렇다면 이런 비행기 모델이 더 좋은 모델일까? 엔지니어에게는 그렇겠지만 아이들에게는 그렇지 않다. 유명한 과학철학자의 말을 빌리면, "모든 모델은 틀렸고, 일부 모델은 유용하다."[11] '유용하다'의 여부는 사용자에게 달려 있다.

장난감 비행기에서 물리학, 화학 그리고 어느 정도는 생물학에도 바탕을 두고 있는 오늘날의 기후 모델과 조금 더 비슷한 것으로 넘어가 보자. 유명한 과학적 모델을 완성한 두 과학자 아이작 뉴턴Isaac Newton과 알베르트 아인슈타인Albert Einstein으로부터 시작하자. 이 두 사람은 우주가 어떻게 돌아가는지를 수학적으로 설명하는 모델을 만들었다. 뉴턴은 운동과 중력의 모델을 만들었고, 그의 모델은 수백 년 동안 최첨단 과학으로 여겨졌다. 뉴턴의 모델은 '법칙'이라 불릴 만큼 훌륭했다. 법칙이란 과학자들이 완전히 증명된 것이나 다름없는 어떤 것을 일컬을 때 붙이는 말이다. 뉴턴의 법칙 중 하나인 중력의 법칙에 따르면, 두 물체 사이에 작용하는 중력은 그 두 물체의 질량에 비례한다. 따라서 지구가 사람을 끌어당기는 힘, 즉 인력(우리가 보통 '무게'라고 부르는 것)은 달이 사람을 끌어당기는 힘보다 세다(달의 질량이 지구의 질량보다 작으므로).

내 고향과 가까운 뉴욕의 미국 자연사박물관에는 별자리 투영관이 있는데, 거기에는 커다란 저울이 있다. 그 저울에 올라서면 달에서의 내 몸무게를 알 수 있다. 나는 그 저울을 좋아했다. 지금은 다른 저울로 바꿔 놓았는데, 새 저울은 (자주 고장 나는 것은 말할 것도 없고) 옛날 저울에 비해 멋이 없다. 이런, 잠깐 얘기가 샛길로 빠졌다. 뉴턴의 모델은 단순함 때문에 빛이 나는 모델이다. 게다가 믿을 수 없을 정도로 유용하기까지 하다. 뉴턴의 다른 운동법칙과 함께, 이 중력의 법칙 덕분에 천문학자들은 해왕성 같은 행성의 존재를 눈으로 관측하기도 전에 그 존재를 예측할 수 있었다. 뉴턴의 법칙들 덕에 공학자들은 다리를 짓고 롤러코스터를 만들고 비행기를 제작할 수 있게 되었다.

아인슈타인은 20세기 초에 중력의 새로운 모델을 개발했다. 그리고 이 모델을 기반으로 아주 깜짝 놀랄 만한 예측을 내놓았다. 빛(질량이 0인)도 중력의 영향을 받아야 한다는 것이었다. 뉴턴의 모델에서는 불가능한 주장이었다. 인력이 작용하기 위해서는 두 물체 모두 질량이 있어야 했다. 하지만 빛에는 질량이 없다. 뉴턴은 이 문제에 대해서 아주 확고했다. 그러나 아인슈타인이 이렇게 예측하고 몇 년이 지난 후, 개기일식이 일어난 동안 관측된 천문학 데이터에서 중력이 빛에 미치는 영향이 감지되었다.[12] 이제 실증적인 데이터가 나타난 것이다. 질량이 없는 빛이 태양의 중력에 의해 휘고 있었다. 따라서 중력은 끌어당기는 물체와 끌어당겨지는 두 물체 사이의 질량에 의존하지 않는 것이었다. 뉴턴이 틀렸고 아인슈타인이 맞았다.

그렇다면, 아인슈타인의 모델이 뉴턴의 모델보다 더 훌륭한 모델이라는 의미일까? 꼭 그렇지는 않다. 아인슈타인의 모델은 다리를 놓고 비행기를 제작하고 롤러코스터를 만들 때 쓰기에는 너무나 복잡하다. 이런 문제에는 뉴턴의 모델이면 충분하다. 때로는 더 간단한 것이 더 훌륭하다. 모든 모델은 특별한 목적을 위해 환원주의적 관점에서 재현된 현실 또는 원본이다. 우주가 어떻게 돌아가는지를 알아보고 싶다면 아인슈타인의 모델이 필요하다. 그러나 다리를 놓고 싶다면 뉴턴의 모델이 적합하다. 모든 모델은 틀린다. 다만 일부 모델이 유용하다. 이제 우리가 만든 기후 모델이 우리의 추리소설에 유용한지를 다시 들여다보자.

과거를 대상으로 하는 테스트

우리는 지금 인간이 배출한 CO_2와 그외 온실가스가 기후변화의 원인이라는 것을 증명할 방법을 찾는 중이다. 그러기 위해서 우리는 기후를 표현하기에 유용한 모델이 필요하다. 그렇다면 인간의 온실가스 배출이 있는 모델과 없는 모델을 가지고 실험을 해서, 그 조건의 차이가 기후의 행동에서도 차이를 불러오는지 확인해야 한다. '박테리아와 항생제' 실험과 똑같다. 다만 기후 모델 실험은 실험대가 아니라 컴퓨터에서 이루어진다는 점이 다르다.

컴퓨터로 기후 모델을 만들기 위해서는 기후와 중요한 관련이 있는 물리학, 화학 그리고 수학을 이용하여 우리가 기술할 수 있는 모든 과정들을 포함해야 한다. 예를 들면, 지구의 각 지점에 얼마나 많은 양의 햇빛이 떨어지는지, 시간이 지나면서(하루 동안, 1년 동안 또는 여러 해 동안) 그 햇빛의 양이 어떻게 변하는지 알아야 할 필요가 있다. 대기 중의 온실가스 농도를 알아야 하고, 그 농도가 시간에 따라 어떻게 변해 왔는지도 알아야 한다. 지표면이 햇빛을 얼마나 잘 반사하는지에 대한 정보도 필요하다. 그 반사율에 따라 지구에 흡수되어 지표면을 달구는 햇빛의 양이 얼마나 되는지 알 수 있기 때문이다. 우리가 알아야 할 정보의 목록은 끝이 없을 것이다. 또한 우리가 알아야 할 각각의 정보에 대해서, 다른 모든 것이 변할 때 그 정보가 어떻게 변할지를 방정식으로 기술할 수 있어야 한다. 예를 들면, 어느 날 지구의 온도가 올라갔다고 하자. 그렇다면 해수의 온도는 인접한 육지에 비해 얼마나 오를까? 그 차이가 바람과 구름이 만들어지는 데 중요할까? 얼마나? 그 차이는 바로 다음 순간에 지구에 떨어지는 햇빛의 양에 영향을 미칠까? 가장 복잡한 기후 모델의 컴퓨터 코드는 매우 방대하다.

그러나 기후변화가 중요한 관심사가 된 이후 수십 년 동안 점점 복잡해지고 점점 발전했는데도 기후 모델은 세 가지 문제를 안고 있다. 우리는 중요한 모든 것을 다 알지 못하며, 지구상의 모든 곳으로부터 완벽한 데이터를 얻지도 못한다. 또한 그 모든 방정식을 처리하기에는 컴퓨터가 너무 느리다. 특히 공간 해상도를 높여서 모든 방정식을 풀려고 하면 더욱 그렇다. 예를 들어, 대부분의 현대적인 기후 모델에서는 지구 표면을 사방 100킬로미터의 정사각형으로 분할해 지점마다 기온과 햇빛의 양, 대기 온도, 기압, 대기 성분 등을 매초 연속적으로 업데이트한다. 사방 100킬로미터의 정사각형은 굉장히 좁은 면적이다. 최초의 기후 모델에서는 사방 160킬로미터로 지표면을 분할했다. 그러나 사방 100킬로미터도 구름, 부서진 해빙 또는 숲과 도시에 둘러싸인 경작지 등의 크기와 비교하면 너무 크다. 이들은 받아들이는 햇빛의 양이나 반사하는 햇빛의 양이 모두 제각각이다. 그러므로 이런 모델은 잘 맞지 않는다. 어떤 모델이 인간이 배출한 온실가스가 기후변화의 원인이라는 논리를 합리적인 의심을 뛰어넘을 정도로 증명하는 데 유용한지를 우리가 어떻게 알 수 있을까?

어떤 모델이 유용한 모델인지를 알 수 있는 테스트는 사실 딱 두 가지뿐이다. 첫째 테스트는(이 테스트가 가장 이상적이기는 하다) 해당 모델로 예측을 한 후 어떻게 되는지 지켜보는 것이다. 예를 들면, 에드먼드 핼리Edmund Halley는 뉴턴의 법칙을 이용해 어느 혜성이 76년 후에 지구로 돌아올 것이라는 예측을 내놓았다. 그 혜성은 비록 에드먼드 핼리가 죽은 뒤였지만 정말로 돌아왔다. 만약 뉴턴의 법칙이 틀렸다면, 그 혜성이 정확히 어느 시점에 돌아올 것이라고 예측하는 건 도박에 가까웠을 것이다. 아인슈타인의 이론 역시 과학자들로 하여금 아주 오랜 시간이 지난 후에야 옳았는지 틀렸는지를 증명할 수 있는 매우 모험적인 예측을 수없이 하게 만들었다. 과학계는 위험한 예측을 우려하지만, 나는 결국 사실로 판명되는 위험한 예측이야말로 모델을 테스트하는 가장 확실한 방법이라고 생각한다. 그러나 미래의 기후변화를 모델링하는 것은 진정 골치 아픈 일인데, 우리는 그 모델이 현실이 되기 전에 예측이 맞는지 틀리는지지를 알고 싶기 때문이다. 문제의 핵심은 바로 이런 것이다. 우리는 미래를 미리 예상하고, 너무 위험해지기 전에 우리의 행동을 바꿀 수 있기를 바란다. 만약 독자들이 절벽을 향해 달려가고 있다면, 여러분은 당연히 그 절벽의 가장자리에 도달하기 전에 중력 이론이 맞는지를 알고 싶을 것이다.

우리가 만든 모델이 맞는지 아닌지 판가름 날 때까지 기다릴 수 없다면, 기후 모델은 어떻게 테스트할까? 가장 직관적인 대답은 '과거를 대상으로 테스트한다'는 것이다. 방법은 이렇다. 기후를 이해하는 데 필요한 중요한 변수들을 모두 결합해 기후 모델을 만든다. 그 변수들의 길고 긴 리스트 중 몇 가지 사례를 바로 몇 쪽 앞에서 언급한 바 있다. 그다음에, 과거 데이터로 모델링을 시작한다. 예를 들어 1900년 데이터로 시작하는 것이다. 어떤 특정 시점에서 지구는 어떠했는지를 기술하는 이 모델의 초기 조건을 1901년 1월 1일 00시 00분 01초라고 하자. 그다음에는 그 시점에서 지구에 떨어진 햇빛의 양, 햇빛이 떨어진 위치, 그 순간 대기의 구성 성분, 숲과 바다, 대륙과 산맥의 위치 등을 입력한다. 이렇게 주어진 데이터를 가지고 모델은 1901년 1월 1일 00시 00분 02초의 대기와 바다의 온도(와 기압, 모멘텀, 화학적 상태)를 계산한다. 그 시점에서 지구는 초기 상태보다 1초 동안 자전했고 그에 따라 각 지점에 떨어진 햇빛의 양이 미세하게 달라졌으므로, 00시 00분 03초에는 어떻게 될지를 파악하려면 모델은 모든 방정식을 다시 계산해야 한다. 이런 식으로 현재(이 책을 쓰고 있는 2022년)까지 계산은 계속 반복된다. 그

다음 모델이 예측한 2022년(또는 1901년부터 2022년 사이의 어느 시점)과 그 당시 실제로 관측된 지구의 모습을 비교해 보는 것이다.

하지만 잠깐! 1901년 1월 1일 00시 00분 01초에 지구가 진짜 어땠는지 어떻게 알 수 있을까? 그때는 지구를 관측하는 전 지구적인 위성 네트워크도 없었는데. 그렇다면 문제가 되지 않나? 하지만 모델의 초기 조건을 달리한 다음에 예측이 얼마나 달라지는지를 봄으로써 모델을 테스트하는 방법이 있다. 기후 모델에는 다행스럽게도, 기후는 날씨와 달리 초기 조건에 크게 민감하지 않다. 예를 들면, 뉴잉글랜드의 7월은 1월보다 따뜻하다고 확실하게 말할 수 있다. 따뜻하거나 추운 1월의 초기 조건은 7월이 덥거나 시원한 것에 미치는 영향이 거의 없다. 또한 특정 해의 1월이 다른 해보다 더 따뜻했다고 해도 중요하지 않다. 그다음에 올 7월이 1월보다 더운 것만은 분명할 테니까. 이렇듯 기후는 초기 조건에 그다지 민감하지 않다.

모든 기후 모델이 열역학의 법칙에 의존하는 반면, 각각의 기후 모델은 그 법칙으로 어떻게 지구 전체를 기술하느냐에 대한 여러 과학자의 서로 다른 생각을 반영한다. 그 결과 세계의 과학 공동체가 이용하는 기후 모델은 10여 가지에 달하며, 각각의 기후 모델에는 지구를 기술하는 그 모델만의 수학적인 방식이 있다. 현실을 완벽하게 표현하는 것을 기준으로 삼는다면, 그들 중 어떤 것도 '맞지' 않다. 또한 어떤 것이 다른 것보다 '더' 훌륭하다고 말할 수도 없다. 그러나 모두를 함께 놓고 보면, 그들 모두가 우리의 추리소설에 아주 유용하다.

만약 모든 모델에 1901년을 초기 조건으로 하여 그 후에 변화된 모든 변수—화석연료의 연소, 화산 폭발, 태양 활동의 변화 등—를 입력하면, 그때부터 지금까지 지구 기후의 변화를 아주 훌륭하게 예측해 낸다. 지구 각 지역의 평균기온도 제대로 계산해 낸다. 우리가 이미 관측한, 서로 다른 대기층의 온도 변화도 잘 예측한다. 큰 화산 폭발, 예를 들면 1991년 필리핀의 피나투보 화산의 폭발과 관련된 지구의 기온 하강도 정확하게 예측한다. 기온이 올라갈 때 관측된 극지방 바다 얼음의 감소도 시뮬레이션한다. 이런 예측을 통해 이들이 지구의 기후 시스템을 시뮬레이션하는 데 아주 훌륭한 모델이라는 것이 증명된다.[13] 다시 말해 이 모델들이 충분히 유용하다는 증거가 되는 것이다.

불행히도 우리가 기후변화에 대응하기 위한 행동을 너무나 지연시킨 바람에 모델의 유용성을 테스트할 새로운 방법이 생겼다. 몇 쪽 앞에서, 결국 사실로 판명되는 위험한 예측이야말로 모델을 테스트하는 가장 확실한 방법이라고 말한 바 있다. 그러나 그것이 기후 모델을 테스트하는 좋은 방법은 아니라고도 말했다. 만약 그 모델이 우리가 기후를 위험한 방향으로 바꿔 놓고 있다고 예측한다면, 아마도 우리는 그 정보를 고려해 우리의 행동을 바꿀 것이고, 그렇게 되면 그 모델이 예측한 것과 실제 상황은 달라지게 될 테니 말이다. 그러나 안타깝게도, 1990년대 중반 기후 모델의 예측을 이런 방법으로 테스트하는 것이 가능하다. 거의 30년의 세월 동안 인류는 그 모델의 예측에 귀를 기울이지 않았기 때문이다. 1990년대 모델은 지난 30년간 아주 훌륭하게 기후변화를 예측해 왔다. 내가 선택하고 싶은 테스트는 아니지만, 슬프게도 지금 매우 설득력 있는 테스트 중 하나다. 지난 30년 동안 있었던 인간의 온실가스 배출을 놓고 보면, 우리는 그 모델들이 예측했던 바로 그 상황에 처해 있다. 한마디로, 그 모델들은 앞으로의 미래를 예측하는 데 아주 유용하다고 아주 확실하게 믿을 수 있을 만큼 아주 훌륭하게 작동하고 있다.

이렇게 해서, 우리는 결국 범죄 현장으로 돌아왔다. 기후는 변하고 있다. 인간의 온실가스 배출 혐의는 고발당해 마땅하다. 우리의 기후 모델이 현실을 매우 잘 표현하고 있다고 자신할 수 있다. 실제 데이터로 이 모델들을 테스트했고, 지난 20세기와 21세기 초에 일어난 현상들을 정확하게 재현한다는 것을 확인했다. 이제는 인간의 온실가스 배출이라는 변수를 제거해서, 우리가 화석연료를 태우지도, 삼림을 남벌하지도 않은 모델을 만들어 볼 수 있다. 다시 1901년 1월 1일 00시 00분 01초를 초기 조건으로 하고 인간의 개입이 전혀 없이(화석연료의 연소나 삼림의 남벌로 대기 중에 온실가스를 배출하지 않는) 자연 그 자체의 가변성(태양 활동의 변화, 화산 폭발 등)만을 변수로 하여 모델을 돌려 보자. 여기서 우리는 이렇게 질문할 수 있다. 오로지 자연의 변수만 존재하는 모델로도 1901년과 현재 사이에 일어난 기후의 변화를 제대로 예측할 수 있을까?

대답은 분명하다. '아니오'이다. 자연의 변수만으로는 지난 50년 동안 있었던 극적인 온난화 경향을 설명할 수 없다. 그러나 온실가스 배출이라는 변수를 포함하면, 기후 모델들은 지구의 기후 궤적을 더할 나위 없이 훌륭하게 그려 낸다. 이게 바로 스모킹건이다. 인간의 온실가스 배출이라는 변수가 없이는 지구의 기후에 일어난 변화를 설명하는 신뢰할 만한 방법이 없다. 이 범죄에 연루된 듯 보이는 다른 어떤 용의자도 찾을 수 없다. 그러나 단 하나의 용의자, 인간의 온실가스 배출이라는 용의자만 등장시키면, 우리는 지금 우리 눈으로 보고 있는 것들을 설명할 수 있다. 사건은 해결되었다.

다른 미래를 위하여

나는 두 가지 목표를 가지고 이 장을 시작했다. 첫째는 모델링 실험을 통해 인간의 온실가스 배출이 우리가 현재 경험하고 있는 기후변화의 주범이라는 사실을 독자들에게 확실하게 보여 주는 것이었다. 이제 우리의 모델이 확실히 유용하다는 것을 증명했으니, 이 모델을 가지고 두 번째 목표에 도전해 볼 수 있다. 둘째 목표는 우리가 온실가스 배출에 어떤 변화를 가져올 경우와 그렇지 않을 경우 미래가 어떻게 될지를 탐구하고 예측하는 것이었다. 지금까지의 현상을 결정지은 것과 똑같은 물리학과 화학이 앞으로 벌어질 현상도 결정할 것이므로 이와 같은 탐구와 예측은 충분히 설득력이 있다. 지금까지 불확실성이 가장 큰 변수는 우리가 무엇을 선택할 것인가였다.

우리는 서로 다른 시나리오를 모델링해 봄으로써 앞으로 펼쳐질 가능성이 있는 또 다른 미래를 탐색할 수 있다. 한 가지 시나리오에서는, 지난 수십 년간 그래 왔던 것처럼 점점 더 빠른 속도로 계속 화석연료를 태운다. 그 결과, 지구는 3.88도 정도 더 더워진다. 하지만 이보다 더 더워질 가능성도 배제할 수 없다. 또 다른 시나리오에서는 향후 20~30년 동안 화석연료의 연소와 삼림의 남벌로 인한 온실가스 방출을 중단하고, 테스트 중인 CO_2 포집 기술의 개발을 완료하여 대기 중의 CO_2를 포집해 지하에 저장하기 시작한다. 이 시나리오에서는 지구가 산업혁명기보다 1.6~2.2도 정도 따뜻해지는 선에서 안정된다. 이 정도만으로도 지구는 상당히 더워질 것이고 지구는 달라질 것이다. 해안 도시들과 작은 섬나라들은 면적이 줄어들거나 아예 사라질 수도 있다. 주민들은 이주해야 할 것이고 다수의 동식물이 멸종될 것이다. 기후 온난화를 이 정도 선으로 억제하는 것도 정말 어려운 일이다. 인류는 1850년 이래 지금까지 약 2조 5000억 톤의 CO_2를 배출했는데, 그 대부분이 지난 수십 년 사이 배출되었고 지금은 매년 500억 톤가량을 배출하고 있다. 지구온난화를 1.6~2.2도 수준에서 머무르게 하려면, 앞으로 인류에게 허용된 CO_2 배출량은 약 5000억 톤 정도에 불과하다, 현재 배출량으로 따지면 10년밖에 시간이 없다. 10년은 아주 짧은 시간이다.

    그럼에도 불구하고, 나는 이 목표를 향해 매진할 가치가 있다고 확신한다. 앞서 설명한 두 시나리오의 차이는 막대하다. 첫째 시나리오의, 평균기온이 3.8도 상승한 지구는 현재의 지구와는 상상할 수 없을 만큼 달라진다. 둘째 시나리오의 지구는 오늘날의 지구와 어느 정도 비슷한 모습을 유지한다. 둘째 시나리오가 현실이 된다 해도 지구가 정확히 얼마나 더워질지, 지구의 모습이 정확히 어떻게 변하게 될지는 많은 부분이 불확실하다. 그러나 1도 더워질 때마다 지구는 점점 더 알아볼 수 없는 모습으로 변할 것이다. 게다가 지구가 빨리 뜨거워질수록 변하는 지구에 인간이 적응하기도 더 어려워진다.

우리의 모델은 매우 훌륭하다. 그러므로 그들의 경고에 귀를 기울여야 한다. 바로 앞 장에서 이야기했듯이, 우리가 탄소 순환에 가한 변화는 거의 전적으로 우리 몸 밖에 있는 에너지에 대한 수요에서 발생하므로, 우리에게는 아직 미래를 조금 덜 암울하게 바꿀 기회가 있다. 그 실낱같은 희망에 대해서는 이 책의 후반부에서 다시 이야기하겠다. 먼저, 더 중요한 이야기로 돌아가 인간이 다른 원소들을 쓰는 방식에 대해서 생각해 보려고 한다. 그러므로 지금은 탄소를 잠시 뒤로 미루어 두고 생명의 공식 중 나머지 부분으로 들어가 보자.

5
질소, 마법의 골디락스 원소

반응성 질소와 생명의 폭발

오늘날 지구의 인구는 거의 80억 명에 가까워졌다. 내가 태어난 1971년에는 그 절반 수준이었다. 우리 아버지가 태어난 1933년에는 또 그 절반 수준이었으니 약 20억 명이었다. 20세기 처음부터 끝까지, 화석연료가 이 다종다양하고 수많은 사람의 거의 모든 활동에 필요한 에너지를 제공해 주었다. 사람들은 화석연료를 써서 더 먼 거리를 더 빨리 이동했고, 과학과 의학을 발전시켰으며, 전쟁도 일으키고 평화도 일구었다. 탄소 기반 화석연료—석탄, 석유, 가스—가 20세기의 호황을 가능케 한 핵심이었다. 그러나 탄소와 에너지만이 생명에 필수적인 요소는 아니었다. 20세기의 폭발적인 인구 증가는 새로운 에너지원의 약탈적인 남용에만 힘입지 않았다. 세상을 바꾼 다른 유기체들처럼 인류가 지구를 지배하는 데도 한 가지 이상 생명의 핵심 원소가 필요했다. 이 장에서는 탄소를 기반으로 한 인류의 혁신적인 에너지 사용으로부터 잠시 눈을 돌려 어떻게 질소가 감추고 있던 힘의 빗장을 풀 수 있었는지 설명하고자 한다. 인구가 단 두어 세대 만에 20억 명에서 80억 명으로 증가할 수 있었던 것은 생명의 공식에 들어 있는 다른 원소들보다도 바로 이 원소, 바로 질소 덕분에 가능했다.

질소 이야기에는 탄소 이야기와 다른 점도 있고 닮은 점도 있다. 첫째, 핵심적인 차이는 이렇다. 화석연료와 화석연료에서 얻어지는 탄소 기반 에너지는 유한하다. 인류에게 아무리 좋은 기술이 있어도 지금 땅속에 묻혀 있는 석유와 석탄, 가스에 한해서만 발굴하고 채굴해서 쓸 수 있다. 질소는 그 반대다. 남세균에 관해 다룬 1장에서 보았듯이, 대기 중의 질소는 사실상 불활성 기체다. 2개의 질소 원자가 너무나도 단단하게 결합해 있어서 그 결합을 깨뜨리려면 많은 에너지가 필요하다. 그렇다 하더라도 대기 중에는 지구상 모든 생명체가 영원히 쓰고도 남을 만큼의 질소가 들어 있다. 게다가 지구상의 유기체 중 어떤 것들은 다른 유기체가 쓴 질소를 재활용해서 대기 중으로 돌려보내기까지 한다.

탄소 기반 화석 에너지와 질소 사이에는 또 다른 차이가 있다. 질소는 대체가 절대적으로 불가능하다. 탄소 기반 화석 에너지는 그렇지 않다. 우리는 탄소를 몸 밖에서, 주로 에너지원으로 쓴다. 그러나 질소는 우리 몸 안에서 세포를 만드는 데 쓴다. 모든 단백질의 기초 재료인 아미노산amino acid은 아민기(NH_2)와 약간의 탄소, 약간의 산소가 포함되어 있기 때문에 그렇게 불린다. 생명의 화학은 모든 생명체가 기본적으로 똑같기 때문에, 유기체가 많을수록 질소도 많이 필요해진다. 유기체의 몸 안에서 질소를 대신할 수 있는 것은 없다. 정확히 말하자면, 우리 몸 안의 탄소 역시 대체할 수 있는 것은 없다. 다만 인류가 사용하는 탄소의 대부분은 우리 몸 밖에서 에너지로 쓰인다. 그러나 우리가 필요로 하는 질소는, 적어도 그 대부분은 우리 몸과 우리가 먹는 것의 몸 안에서 필요하다.

탄소와 질소의 차이도 중요하지만, 이 원소 사이에는 공통점도 있다. 두 원소 모두 환경에 장기적인 영향을 끼치는 무기물(비생물적)의 형태를 띠고 있다는 것이다. 탄소의 가장 중요한 두 가지 존재 형태는 CO_2와 메탄(CH_4)인데, 둘 다 우리가 앞에서 다룬 온실가스에 속한다. 질소의 존재 형태를 열거하자면 매우 길다. 이 형태에서 저 형태로 (그리고 또 그 반대로) 순식간에 변신하는 고반응성 분자의 목록이 눈앞이 아찔할 정도로 길게 이어진다. 그중에서 가장 대표적인 것 몇 가지만 적어 보자.

암모니아(NH_3)는 아미노산과 단백질의 기본 재료이자 식물에 필요한 핵심 영양소이면서 또한 해로운 대기오염의 원인이다. 질산염(NO_3^-)도 역시 식물에 필요한 핵심 영양소지만, 사람에게는 발암물질이면서 산성비의 주요 성분이다. 산화질소(NO)와 이산화질소(NO_2)는 기체이며 스모그와 오존에 대한 반응성이 높은 전구물질이다. 질소 기체는 공기의 질에 영향을 줌으로써 사람의 건강에 큰 악영향을 끼치고 매년 전 세계에서 발생하는 약 600만 건의 조기 사망에 주요한 원인이 된다. 또 다른 기체인 아산화질소(N_2O)는 CO_2보다 300배나 강력한 효과를 발휘하는 온실가스이다(또한 웃음가스라는 별명으로 불리며 마취제로 쓰이기도 한다). 질소는 이 외에도 수없이 많은 형태로 존재하지만, 환경과 관련해서는 이 정도가 중요한 형태들이다. 이 이름을 다 기억할 필요는 없다. 화학식도 마찬가지다. 이 모든 형태의 질소들을 묶어 반응성 질소라고 부를 생각이다. 단단하게 결합한 2개의 질소 원자, 즉 지구 대기의 대부분을 차지하는 N_2가 태생적으로 불활성이라는 것과 대비하기 위해서다.

딱 잘라 말해, 질소가 가진 문제는 이렇다. 인간과 인간의 생명 유지에 필수적인 작물들은 모두 자신의 몸을 구성할 단백질을 만드는 데 반응성 질소가 필요하다. 질소는 공기 중에 풍부한 기체지만, 반응성이 낮다. 사실 지구가 탄생한 이래 처음 40억 년 동안은 단세포 유기체들만 존재했는데 그중 하나인 남세균은 공기 중의 비활성 질소에 접근할 수 있었다. 나머지 생명체들은 남세균을 이용해 새로운 반응성 질소를 먹이사슬에 끌어들였다.

이 장에서는 인류의 혁신이 어떻게 지구의 평형을 깨고 반응성 질소가 희귀했던 행성에서 반응성 질소가 넘쳐나는 행성으로 바꿔놓았는지 이야기하고자 한다. 반응성 질소는 식물의 생장에 핵심적인 영양소이므로 식량 생산에도 중요하다. 따라서 질소가 많다는 것은 좋은 일이다. 그러나 질소는 또한 해로운 오염물질이기도 하므로 너무 많은 것은 나쁜 일이다. 이런 이유로 질소의 골디락스 이론에는 흥미로운 우여곡절이 많다. 내 어릴 적 보모 이야기부터 시작해 제1차 세계대전 당시 독일의 전쟁 수행에 이르기까지 그 얽히고설킨 길을 충실히 따라가서 마지막에는 미국 중서부의 산업형 농업까지 가 보겠다. 마지막에는 독자들도 이 과정을 충분히 이해하게 될 것이다.

질소고정이라는 마법

어렸을 적 나의 보모였던 애디 애덤스는 내 부모님이 직장에서 일하시는 동안 나를 데리고 나가 네잎 클로버를 찾으며 시간을 보내곤 했다. 어쩌다 네잎 클로버를 하나라도 발견하면—네잎 클로버를 발견하는 사람은 늘 애디였다. 나는 한 번도 발견한 적이 없었다—애디는 그걸 나에게 주며 집에 가지고 가서 책갈피 사이에 끼워 두라고 했다. 행운을 가져다줄 것이라며. 애디는 네잎 클로버가 아주 강력한 행운의 상징이라고 믿어 의심치 않았다.

클로버의 이파리 수가 아니라 뿌리에 더 관심을 가졌더라면, 우리는 클로버(꼭 네 잎짜리가 아니더라도)에 대해 정말로 놀라운 사실을 발견할 수 있었을 것이다. 클로버의 뿌리에는 작은 옹이가 박혀 있는 경우가 많다. 반투명한 흰색 구슬이 머리카락처럼 가느다란 뿌리에 달라붙어 있는 모양새다. 눈에 잘 보이지도 않을 정도로 작은 이 구슬 안에 지구의 질소 순환과 인류의 농경 역사에서 가장 중요한 요소 중 일부가 들어 있다. 공기 중의 질소를 고정해 식물이 이용할 수 있는 질소 그리고 최종적으로는 우리 인간이 이용할 수 있는 반응성 질소로 바꿔 주는 박테리아 종류가 들어 있는 것이다.

클로버는 콩과 식물이다. 완두콩, 강낭콩 그리고 루핀 같은 예쁜 야생화도 콩과에 속한다. 콩과에 속하는 많은 식물과 다른 과에 속하는 몇몇 식물은 질소고정 능력을 가진 박테리아와 공생관계를 맺는다. 편의상 이들 모두를 묶어 콩과 식물이라고 부르기로 하자. 물론 질소고정 박테리아와 공생하는 식물 중 몇몇은 엄밀히 말해 콩과는 아니고 성격도 약간 다르기는 하지만 말이다. 콩과 식물은 박테리아의 집이라 할 수 있는 뿌리혹을 만들고 광합성으로 얻은 탄수화물을 박테리아에 제공한다. 박테리아는 생명을 유지하는 한편 질소를 고정(즉 공기 중으로부터 포획)하는 데 그 탄소를 이용한다. 광합성으로 얻은 탄소를 박테리아에 주는 대신 식물은 박테리아 세포가 죽으면 질소를 가져다 더 많은 광합성 기계를 만드는 데 쓴다. 식물과 박테리아 양쪽이 손해 보지 않는 윈윈 게임이다.

박테리아는 진화의 우연 덕분에 이 특별한 집을 필요로 하게 되었다. 남세균을 이야기하면서 다루었듯이, 질소고정 과정은 니트로게나제라는 효소, 즉 일종의 생물학적 기계에 의존한다. 니트로게나제는 공기 중의 질소 분자(N_2)와 결합해 분자를 이루고 있는 질소 원자 2개를 쪼갠 다음, 수소와 결합시켜 반응성 질소로 재조합한다. 많은 유기체가 이렇게 재조합된 반응성 질소를 이용해 아미노산과 단백질을 만든다. 문제는 니트로게나제가 대상을 가리지 않

그림 9 열대 식물의 뿌리혹은 질소고정 박테리아를 위해 식물이 지어 준 집이다. (사진 출처: Joy Winbourne.)

고 마구 반응하는 무분별한 효소라는 것이다. 니트로게나제가 반응하는 원소는 질소만이 아니다. 산소와도 매우 단단하게 결합한다. 공기의 21퍼센트는 산소이므로 니트로게나제의 무분별한 반응성은 실제로 문제가 된다. 일단 산소와 결합해 버리면 모든 활동을 멈추어 버리기 때문이다. 현대 세계에서는 이런 특성이 진짜 문제가 된다. 그러나 니트로게나제가 등장한 약 30억 년 전, 대산화사건이 발생하기 오래전이었던 그때는 지구 환경에 자유산소가 없었다. 그러나 우연히 이 효소 덕분에 남세균이 지구를 산소로 충만한 행성으로 만들었으므로, 질소고정 유기체와 그 공생 파트너들은 20억 년 동안 니트로게나제가 산소와 결합하지 못하도록 막느라 애써 왔다.

진화생물학자 스티븐 제이 굴드Stephen Jay Gould는 일반 대중을 위한 진화론 관련 도서와 논문을 셀 수 없이 많이 썼는데, 그는 간단한 일을 구태여 복잡하게 수행하는 걸 일컫는 '루브 골드버그 장치' 같은 진화론적인 해법을 제안하곤 했다. 요점은 진화가 반드시 완벽을 향해 행진하지는 않는다는 것이다. 오히려 생명의 나무는 진화의 시점에서 후손에게 물려주기에 딱 좋을 만큼만 진화된 유기체, 유전자 그리고 생물학적 기관들로 가득 차 있다.[14] 니트로게나제는 '딱 좋을 만큼만'의 가장 좋은 사례. 니트로게나제는 진화의 과정을 거쳐 자유산소가 없는 세상에 등장했고, 따라서 자유산소에 의해 비가역적으로 파괴될 걱정은 할 필요가 없었다. 지구가 산소화된 후에도 20억 년 동안, 니트로게나제는 더 이상 완벽해지지 않았다.[15] 진화는 '딱 좋을 만큼만' 이루어진다.

'딱 좋을 만큼만' 진화된 이 효소는 질소만 계속 받아들이고 산소는 차단하는 귀찮은 일을 자신을 만드는 박테리아(즉 질소고정 박테리아)와 그 공생 파트너들에게 떠넘겼다. 이 일을 떠맡은 남세균은 자신의 세포 안에 정교한 구조를 만들어 (그 세포 안에서) 광합성으로 만들어진 산소로부터 니트로게나제를 차단시켰다. 그리고 식물, 적어도 질소고정 박테리아와 공생관계를 맺고 있는 식물들은 박테리아를 산소로부터 지켜 내기 위해 자신의 뿌리에 작은 집을 만들었다. 이뿐만 아니라 그 집의 내벽에도 산소와 미리 결합해 산소가 박테리아에 닿지 못하도록 막아 주는 분자의 층을 쌓았다. 박테리아를 보호하는 장치를 만들기 위해 자신의 자원을 상당 부분 쓰는 것이므로, 식물의 입장에서 보면 이것은 아주 큰 투자다. 그러나 이 투자는 생명을 지켜 주는 질소를 얻을 기회를 제공하므로 충분히 값어치가 있다.

식물과 상관없이 사는 질소고정 박테리아는 아주 오래전부터 땅속에 존재했을 것이다. 그러다 7000만 년 전 박테리아와 육상 식물 사이 공생관계의 진화가 이루어졌다. 식물이 대륙을 점령하고 3억 년이 지난 뒤였다. 오늘날 이 공생관계는 보통 생태계에 질소의 대부분을 공급한다. 박테리아가 가장 먼저 질소를 가져가고 그다음에는 그 숙주가 가져간다. 얼마 후 그 숙주가 잎을 떨어뜨리고 죽거나 먹히면, 그 질소는 인간을 포함한 다른 유기체에 이용된다.

인류가 과학적으로 질소고정법을 발견한 것은 19세기 중반에 이르러서였다. 그러나 농부들은 이미 수천 년 전부터 밭에 콩을 심어 열매를 수확한 후 줄기와 뿌리를 그대로 갈아엎어 이듬해 농사지을 토양을 더 비옥하게 만들었다. 콩과 식물과 박테리아가 흙에 질소를 공급하는 비료 역할을 하는 것이다. 앞 장에서 공기를 탄소의 은행 계좌라고 상상해 보자고 이야기했다. 식물의 광합성은 공기의 탄소 계좌에서 탄소를 인출해 가는 것이고, 호흡과 화석연료 연소는 공기에 탄소를 다시 예치하는 것과 같다. 이번에는 토양의 질소 계좌를 상상해 보자. 흙에는 농작물이 자라는 데 필요한 질소(그리고 다른 영양분)가 저장되어 있다. 작물이 토양으로부터 질소를 흡수해 고정해 버리면 토양 계좌의 질소가 인출된다. 작물이 죽어 밭에서 분해되면, 질소는 다시 토양에 예치된다. 그러나 작물이 수확되면, 그 작물이 가지고 있던 질소 중 일부, 작물을 이루는 단백질을 만드는 데 이용된 질소는 토양 계좌에서 인출된다. 이렇게 인출된 질소가 토양 계좌에 다시 채워지지 않으면 언젠가는 질소가 고갈된다. 계좌의 잔고를 유지하기 위해 농부들은 콩을 심어 공기 중의 질소를 고정하고, 작물을 수확하면서 인출해 간 질소를 토양에 다시 채워 놓는다.

오늘날 콩은 전 세계에서 중요한 단백질 공급원으로 쓰인다. 질소를 고정하는 능력 덕에 콩에는 단백질이 풍부하기 때문이다. 지구에서 가장 많이 경작되는 작물 중 하나인 대두는 모든 작물 중에서 여섯 번째로 생산량이 많은 작물이다. 동부콩, 렌즈콩 등과 같은 다른 콩과작물과 그 외의 모든 콩이 많은 문화권에서 주식으로 쓰인다. 사실 이제는 콩과작물을 너무 많이 심어서, 그 작물들이 지구상에서 순환하는 반응성 질소의 총량에 미치는 영향을 감지할 수 있을 정도가 되었다. 콩과작물을 심는 것이 인류의 웰빙에 혁신적이고 결정적인 영향을 끼치기는 하지만, 최근에 우리가 질소의 은행 계좌에 미친 영향에 비하면 상대적으로 작은 변혁이다. 20세기 초에 인류는 40억 년 동안 모든 다세포 유기체가 풀지 못한 퍼즐을 드디어

풀어냈다. 인간을 위한 질소고정법을 알아낸 것이다.

이 이야기를 위해, 애디와 함께 행운의 상징인 네잎 클로버를 찾던 이야기는 잠시 뒤로 미뤄 두고, 질소의 역사를 살피는 다음 이정표를 찾아보자. 바로 제1차 세계대전이다. 이번 이야기는 영국 해군의 독일 봉쇄에서 시작된다. 해상 봉쇄가 이어지자 독일로 들어오던 질산염의 공급도 끊어졌다. 질산염은 특정 암석에 보존된 반응성 질소의 일종인데, 당시 독일은 이 화학물질을 대부분 칠레에서 수입하고 있었다. 독일에 들어온 질산염은 세계 최고의 산업시설에서 질산암모늄으로 가공되었다. 폭발성이 아주 높은 질산암모늄은 독일군의 가장 중요한 군수품이었다. 칠레산 질산염을 구하지 못한다면, 독일의 전쟁 수행에는 커다란 차질이 생길 수밖에 없었다.

독일군은 생명의 역사 40억 년 동안 다른 유기체들이 직면한 것과 똑같은 딜레마에 빠졌다. 공기 중에는 질소가 거의 무한히 존재했지만, 그 화학적인 형태가 불활성이므로 활용할 방법이 없었다. 먹을거리로든 화약으로든 활용 가능한 형태로 가공하는 것이 난제 중 난제였다. 콩은 박테리아의 집을 짓는 것으로 이 문제를 해결했다. 콩과 식물의 질소고정 외에는 30억 년 이상의 시간이 흐르는 동안에도 질소를 활용하는 방법에 어떠한 혁신도 일어나지 않았다. 영국의 해상 봉쇄는 독일에 절체절명의 위기였다.

사실 독일은 프리츠 하버Fritz Haber라는 과학자가 제1차 세계대전 발발 직전에 이 문제를 해결했다. 실험실에서 수소와 질소를 결합해 암모니아(NH_3)를 만든 것이다. 니트로게나제가 일으키는 반응의 결과와 똑같은 산물이었다. 이로써 하버는 자연의 가장 큰 퍼즐을 풀었다. 이 발견은 화학계에 엄청난 파장을 일으켰다. 또한 독일의 전쟁 수행에 너무나도 중요한 혁신이었다. 하버는 카를 보슈 Carl Bosch와 손잡고 실험실에서 진행한 과정을 산업화함으로써 독일의 질산염 부족 사태를 해결했다. 실험실에서 산업 시설로 옮겨 가면서 하버-보슈 공정이라 불리게 된 하버의 실험은 독일의 전투에 결정적인 역할을 했다. 이 공정으로 생산된 반응성 질소는 칠레산 질산염을 대신해 화약 제조에 쓰였다. 그러나 이 당시에도 이 혁신은 화약 제조 외에도 수많은 곳에 쓰였다. 전쟁이 끝나자, 하버는 질소고정법을 발견한 공로로 1918년에 노벨 화학상을 받았다. 하버는 전쟁 중에 독일과 연합군 모두에게 치명적인 사상자를 낸 독가스 개발에서도 핵심적인 역할을 했기 때문에, 그에게 노벨상을 수여한 것에 문제가 없다고 할 수는 없었다. 독일계 유대인이었기 때문에 결국 독일을 떠나 1933년에 다른 나라에서 생을 마감한 하버는 복잡한 인물이었다. 그러나 그는 죽음의 유산뿐만 아니라 생명의 유산도 남겼다.[16]

제2차 세계대전 이후 비록 위태롭기는 해도 평화가 유지되자 하버-보슈 공정은 화약을 제조하려는 원래의 목적이 아닌 그보다 훨씬 중요한 역할을 하게 되었다. 암모니아 합성은 산업적인 규모의 질소비료 생산을 향한 첫 단계였다. 질소비료의 산업적인 생산은 그 규모나 속도에서 인류의 화석연료 이용과 맞먹는 극적인 변화를 가져왔다. 변화의 속도는 사실 훨씬 더 빨랐다.[17] 그 영향은 기

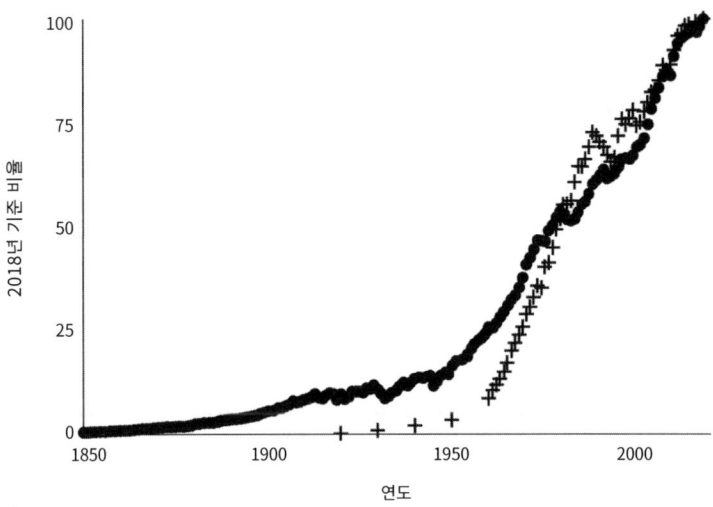

그림 10 인간이 일으킨 가장 커다란 지구의 변화 중 두 가지의 경쟁: 1850년대부터 지금까지 탄소 배출량의 증가(점)와 질소비료 사용(십자 표시). 각 값은 현재 기준 백분율로 표시되었다. 제2차 세계대전 이후 구간을 보면, 질소 사용량 변화의 기울기가 이산화탄소 배출량 변화의 기울기보다 가파르다. 하지만 21세기에 들어서면서 이산화탄소 배출량이 그 속도를 따라잡았다. (자료 출처: the Food and Agriculture Organization, and Smil, *Enriching the Earth*.)

후변화로 인한 해안선 소실, 산호의 떼죽음, 기록적인 홍수와 가뭄처럼 현실적으로 다가오지는 않는다. 그러나 그렇다고 해서 그 영향이 더 작다고 할 수는 없다.

애디와 내가 네잎클로버를 찾아다니던 1970년대, 지구의 인구는 40억 명이었다. 1800년까지 지구 전체의 인구가 10억 명에도 한참 못 미치는 수준이었다는 것을 생각하면, 40억 명은 엄청난 숫자였다. 1920년대에 인구가 20억 명에 도달하기까지는 겨우 100년 남짓 걸렸을 뿐이었다. 그리고 30년 후, 인구는 40억 명에 도달했다. 이 책을 쓰고 있는 지금, 지구 인구는 80억 명에 가까워지고 있다. 2050년이면 100억 명에 달할 것이 확실하다. 제2차 세계대전 이전의 인구 증가는 주로 위생 개선과 의학 발전에 힘입은 것이었다. 물론 그 두 분야 모두 지금도 여전히 개선되고 발전하는 중이다. 그러나 제2차 세계대전 이후 증가한 인구의 대부분은 더 많은 인구를 먹여 살릴 수 있게 된 덕분이었다. 그 공의 일정 부분은 하버-보슈의 질소에게 돌아가야 할 것이다.

질소비료는 축복인가, 재앙인가?

질소의 현대사는 3부에서 다룰 예정인데, 질소는 미국 중서부의 산업형 농장과 유럽을 비롯한 세계 곳곳의 곡창지대에서 중요한 역할을 하고 있다. 하버-보슈 공정으로 생산된 질소의 세례를 받은 여러 지역 중에서 내가 최근에 가본 곳은 미국의 중서부에 위치한 아이오와였는데, 옥수수와 대두를 기르는 밭들이 끝없이 펼쳐져 있었다. 대두 역시 콩과 식물인데, 이 작물은 질소비료가 없이도 잘 자란다. 옥수수는 대두만큼 운이 좋지 못해서, 옥수수밭 주인들은 엄청난 양의 하버-보슈 질소비료를 밭에 뿌려 주어야 한다. 옥수수는 세계 최다 경작 작물이다.*

과학자들은 하버-보슈 공정으로 생산된 질소비료가 없다면, 오늘날 지구상의 인구 중 절반이 굶주릴 것이라고 추측한다. 간단히 말해, 모든 인구를 먹여 살릴 만한 식량을 생산할 수 없을 거라는 이야기다. 결과적으로, 질소고정과 식량 생산의 증가는, 우리가 지금껏 들어본 적 없는 가장 중요한 발명일 것이다.** 질소고정(종자 개발과 함께)은 이른바 녹색혁명의 핵심이었다. 질소고정법은 제2차 세계대전 이후 이 나라에서 저 나라로 마치 들불처럼 퍼지면서 식량 생산량을 증가시켰고, 영양실조에 시달리는 사람들의 수를 급속하게 줄였다. 처음에는 미국과 유럽에서, 그다음에는 멕시코, 그다음에는 전 세계에서 질소비료가 전무후무한 인구 증가의 길을 닦아 주었다.

농업 생산량의 증가에 비료 사용이 동반되는 이유를 은행 계좌의 비유로 이해해 보자. 앞에서 말했듯이, 작물을 수확하고 그것을 먹는 순간마다 그 작물에 들어 있던 질소(그리고 다른 영양분들까지)는 흙에서 인출되어 어디든 우리가 있는 곳으로 옮겨 온다. 만약 성장기에 있는 사람이라면 그 영양분의 일부는 몸 안에 축적되지만, 그렇지 않으면 대부분 체외로 배출된다. 어느 쪽이든 우리와 우리 몸에서 나오는 폐기물들이 흙으로 돌아가지 않는다면, 흙 속의 질

---

* 옥수수는 중량으로 따지면 사탕수수에 이어 세계에서 두 번째로 생산량이 많은 작물이다. 가장 많이 재배되는 작물 종류는 곡물인데, 곡물은 그 씨앗을 수확하여 식량으로 쓰는 개량된 초본식물이다. 곡물로는 옥수수 외에도 밀, 쌀, 보리 등이 있다.
** 누가 처음으로 이런 표현을 썼는지는 잘 모른다. 하지만 나는 지속가능성 과학자인 바츨라프 스밀Vaclav Smil로부터 처음 들었다.

소는 순손실을 기록할 수밖에 없다. 질소 계좌에서 순인출이 일어나는 것이다. 인구가 지금보다 적고, 농장이나 그 근처에서 살면서 화장실도 가고 죽으며, 밭에서 한두 해쯤 경작을 쉬거나 콩을 심었다가 밭을 갈아엎거나 하는 것은 건설적이고 지속가능하다. 하지만 80억 명? 100억 명? 그 모든 사람을 먹여 살리는 데 필요한 식량을 생산하려면 흙에서 엄청난 양의 질소를 인출해야 하며, 한편으론 반드시 질소를 돌려놓아야 한다. 그렇지 않으면 토양의 질소 계좌는 언젠가 바닥이 날 것이다. 즉 세계 인구를 먹여 살리려면 적어도 가까운 미래까지는, 사람이 빼서 쓴 질소를 그것이 원래 있던 장소인 흙으로 돌려놓을 안전하고 효과적인 방법을 찾을 때까지는 산업적으로 생산된 질소비료가 필요하다는 뜻이다. 다시 말하자면, 우리는 지금 질소를 포획하는 획기적인 방법 덕분에 번영을 구가하고 있다는 뜻이다. 그리고 이 방식을 바꾸는 것은 결코 만만한 과정이 아닐 것이다.

    이 논의를 조금 더 멀리 끌고가 보자. 하버-보슈 질소에 의존하는 것은 나쁜 방식이라고 주장하는 환경론자들이 상당히 많기 때문이다. 질소비료 제조 공정에는 약 460도의 고온이 필요한데, 현재로서는 화석연료를 태워서 이 온도를 얻는다. 게다가 암모니아를 얻기 위해서는 공기 중의 질소와 또 다른 공급원으로부터 수소를 가져다가 결합시켜야 한다. 현재 하버-보슈 공정에 쓰이는 수소의 공급원은 천연가스이다. 천연가스는 주로 온실가스이자 유한한 화석연료 중 하나인 메탄(CH_4)으로 이루어져 있다. 질소비료 생산에 쓰이는 천연가스는 천연가스 총소비량 중 1퍼센트에 불과하지만, 유한한 화석연료를 이용해 비료를 만드는 것은 본질적으로 지속가능하지 않다. 그럼에도 지구에는 너무나 많은 사람이 살고 있고, 그들에게는 모두 식량이 필요하므로 우리가 예측할 수 있는 미래 안에서는 하버-보슈 질소의 필요성을 부인하거나 외면할 수 없다. 산업적인 비료 생산은 이미 고착화되었고, 나는 이것이 꼭 나쁜 일이라고 생각하지 않는다. 비료 덕분에 세계식량기구(WHO)가 식량이 충분치 못한 다양한 범주의 상태들을 포괄하는 명칭인 '영양부족undernourishment'의 비율이 1970년 이래 여러 빈곤 국가에서 절반으로 떨어졌다. 지구상에서 아직도 기아로 고통받는 지역들(예를 들면 아프리카의 사하라 이남)은 질소비료를 얻기가 매우 힘든 곳이다. 지난 반세기 동안 기아에서 해방되는 데 엄청난 도약을 이룬 지역들은 매우 빠르게 질소 사용이 증가한 지역(예를 들면 동남아시아)이다.

하버-보슈 질소가 세계에 축복을 가져다주었다고 해서 개선할 필요가 없다거나 개선할 수 없는 것은 아니다. 화석연료를 태워 고온을 얻는 것은 영원히 계속될 수 없는 과정이다. 저렴하고 풍부한 재생에너지를 이용해 우리에게 필요한 질소비료를 만들 방법을 찾아야 한다.[18] 하버-보슈 비료를 만들면서 지구온난화의 과정에 남긴 발자국은 인류가 지구의 질소 순환에서 질소를 거둬들이는 방법이 갖고 있는 가장 큰 두 가지 문제 중 첫 번째 문제다. 두 번째 문제는 이보다 훨씬 추적이 어렵다. 하버-보슈 질소의 또 다른 큰 문제는 적어도 이 질소가 요즘 쓰이는 대부분의 비료에 들어 있는 한, 이 질소를 우리가 원하는 곳에 붙잡아 두기가 매우 어렵다는 것이다. 식물에 필요한 정확한 시기에 정확한 양을 뿌려 주지 않으면 질소는 빗물에 씻겨 나가거나 토양 박테리아에 먹혀 기체로 돌아가 버린다. 작물에 필요한 질소의 양을 정확히 파악하기는 어렵다. 강수량, 기온, 일조량 외에도 농부들로서는 대강 짐작만 할 수 있는 여러 요건들이 있다. 그 결과 농부들은 비료를 구할 여력만 충분하다면 일단 밭에 과다한 양의 질소비료를 뿌리고 본다. 일종의 보험인 셈이다. 기후 조건이 잘 맞아 작물이 쑥쑥 자라고 있는데 비료가 모자라 수확량이 줄어드는 불상사는 원치 않으니 농부의 입장에서는 충분히 일리가 있는 행동이다. 하버-보슈 질소는 여러 나라에서 (비록 모든 나라는 아니지만) 다른 비료에 비해 저렴한 가격에 구할 수 있기 때문에 필수적으로 필요한 최소량보다 조금 더 뿌린다고 크게 손해를 볼 일은 아니다. 그러나 매년 이렇게 과도하게 질소비료를 뿌린다면 작물에 쓰이지 못한 여분의 비료는 자연환경 속으로 흘러가 소실되어 버린다.[19]

제2차 세계대전 이후, 인류는 지상에서 순환되는 질소의 양을 두 배 이상으로 증가시켰다. 그 대부분은 지구상 육지의 15퍼센트를 차지하는 농토에 질소를 마구 쏟아부은 탓이다. 이렇게 뿌려 대는 질소 중에서 실제로 그 역할을 다하는 비율은 놀라울 정도로 작다. 미국에서 경작지에 뿌려지는 질소비료 100 단위당 식량 속 영양분 (우리 몸이 필요로 하는 아미노산과 단백질)이 되어 사람의 입에 들어가는 질소의 비율은 13퍼센트 남짓에 불과하다. 이 13퍼센트는 식물성 식량에 해당하는 계산이고, 육류 생산에서는 더욱 비효율적이다. 비료에 쓰인 질소의 고작 4퍼센트만이 우리가 고기를 먹을 때 우리 몸으로 들어간다. 나머지는 인간의 몸을 거치지 않고 곧장 환경으로 되돌아간다. 물론 우리 몸으로 들어왔던 질소도 결국에는 환경으로 되돌아간다.

비료로 뿌려졌던 질소가 환경 속으로 소실되는 것을 '새는 파이프'[20]라고 빗대어 말하곤 한다. 건물의 배관에 누수가 발생할 때처럼 새어 나가 버리는 질소도 금방 눈에 띄지는 않지만 매우 큰 손실을 입힐 수 있다. 화학적으로 어떤 형태인가에 따라 질소 기체는 지구온난화와 산성비의 원인이 될 수도 있고, 스모그를 일으킬 수도 있다. 질산염이 물에 녹으면 발암물질이 되고, 강과 하구에서 해로운 녹조의 성장을 부추긴다. 최종적으로는 얕은 바다에서 거대한 무산소 구역을 만든다(미시시피 삼각주를 둘러싼 멕시코만에 이런 바다가 있다). 질소는 화학적으로 변화무쌍하기 때문에, 그때그때 변신하면서 사정없이 해로운 영향을 끼친다. 토양 박테리아는 남아도는 비료를 만나는 족족 질산염으로 바꿔 놓는데, 이 질산염은 변신의 귀재다. 경작지의 흙에서 새어 나온 질산염이 계속 지하수에 스며들면, 결국은 그 물을 마실 수 없게 된다. 캘리포니아의 센트럴밸리와 미국 중서부, 그리고 곡창지대로 알려진 여러 지역의 지하수는 종종 질산염 농도가 식수 기준치를 초과하곤 한다. 이 질산염이 최종적으로 강이나 해안선에 도달하면, 여기서는 조류의 성장을 부추긴다. 이 조류가 부패하는 과정에서 수중의 산소를 소비하기 때문에 물고기를 비롯한 다른 생물들에게는 산소가 부족한 '죽음의 지역'이 된다. 무산소 환경은 아산화질소의 생성을 촉진한다. 강력한 온실가스인 아산화질소는 대기 중에서 수백 년 동안이나 그대로 존재할 수 있다. 심지어는 성층권까지 도달해서 자외선으로부터 지구를 지켜주는 오존층을 파괴한다. 아산화질소도 성층권에서 영원히 머물 수는 없다. 결국 질소는 강우와 섞여 질산nitric acid(HNO_3)의 형태로 지구에 떨어져서 다시 순환을 시작한다. 따라서 반응성 질소의 원자는 박테리아에 의해 N_2 기체로 돌아가게 될 때까지 지구를 빙빙 돌면서 온갖 분탕질을 한다. N_2로 돌아간 질소 분자는 다시 대기 중의 불활성 기체가 된다.

환경에 미치는 이러한 악영향을 원하는 사람은 없다. 우리가 원하는 것은 저렴하고 풍부한 식량이지 조류로 뒤덮인 수로나 발암물질로 범벅이 된 식수, 오염된 공기가 아니다. 그러나 우리보다 앞서서 세상을 바꿔 놓은 유기체들처럼 우리가 만든 혁신으로부터 원치 않는 부작용의 고통 없이 그 달콤한 결실만 즐길 방법을 아직은 찾아내지 못했다. 지금 우리가 활용할 수 있는 최고의 기술을 충분히 잘 쓰기만 한다면, 우리는 어쩌면 낭비되는 질소의 양을 4분의 1 또는 많으면 4분의 3까지도 줄일 수 있다. 미래에는 그보다 더 잘해야겠지만, 아직은 과학이 거기까지 미치지 못했다. 좋든 나쁘든 우리는 탄소뿐만 아니라 생명의 공식에서 가장 변덕스러운 원소인 질소의 흐름도 지배하고 있다. 남세균이 그랬던 것처럼 우리도 달콤한 열매를 거두는 대신 그 부작용까지 감당하고 있다.

이 책의 마지막 부분에서 다시 그 부작용과 그것을 최소화할 수 있는 방법으로 돌아가 보기로 하겠다. 하지만 그전에, 또 하나의 비교를 하려고 한다. 남세균처럼 인간도 생명의 공식을 이루는 두 원자인 탄소와 질소에 쉽게 접근하는 방법을 찾아냈다. 하지만 인류는 이 단세포 유기체가 하지 못한 것까지 해냈다. 우리는 인과 물을 얻을 혁신적인 방법까지 찾아낸 것이다. 이제 다음 이야기는 우리와 비슷한 혁신을 일구어 낸 또 다른 유기체, 육상 식물과 우리를 비교해 볼 순서다.

6

인, 대체 불가능한 하얀 금

인류 사회를 지탱하는 기둥

내 박사학위 논문 주제는 숲이 주변 지형으로부터 받는 영향에 관한 연구였다. 박사학위 논문이 대개 그렇듯이, 거창하면서도 이해하기 어려운 제목을 달았다. 「열대 지역에서의 영양소 가용성: 새로운 규모에서의 기존 패러다임 탐구」가 제목이었는데, 아내 베스는 지금도 내가 야외 연구에서 돌아오면 이제는 '기존 패러다임에 대한 탐구'를 끝냈는지 물으며 놀린다. 허세 가득한 제목은 제쳐두고, 연구는 세밀하고 복잡한 문제들을 아주 세세한 부분까지 다뤄야 했다. 덕분에 부모님이나 내 연구의 하위 분야 바깥에 있는 사람들에게 지구를 위해 우리가 그렇게 자잘한 문제까지 신경을 써야 하는 이유를 설명하느라 애를 먹곤 했다. 산비탈의 침식작용이 내 연구 분야에서는 아주 중요한 역할을 하기 때문에, 나는 내 논문이 "언덕 위에서 돌멩이가 어떻게 굴러 내려가는지"를 연구한 논문이라고 설명하기에 이르렀다. 물론 농담이었다.

여러 해 동안 배운 것도 있겠지만, 지금 와서 돌이켜 보면 이제는 더 큰 그림을 보는 눈이 생긴 것 같기도 하다. 그때 내가 실제로 연

그림 11 과학이라는 이름으로 우리가 저지르는 이상한 일들. 똑바로 서 있기조차 힘든 산비탈, 그것도 아주 높은 곳에서 자라는 나무의 잎을 수집하기 위해, 망원경처럼 길이를 조절할 수 있는 봉 끝에 배관용 테이프로 가위를 붙이고 그 밑에 그물주머니를 달아 나뭇잎 '낚시질' 했다. 필요는 발명의 어머니라지만, 나뭇잎 낚시질은 재미도 있었다. 나는 이 사진의 오른쪽 바깥에서 '나뭇잎 낚싯대'를 들고 있었다. (사진 출처: 저자)

구하던 주제, 물론 지금도 여전히 잡고 있는 주제는 생명의 공식 중에서 가장 드문 원소이자 지구의 온도와 직접적인 상관이 없는 인이 지구의 운명에 어떻게 그렇게 중요한 원소가 되었는가 하는 것이었다. 사람이 인을 얻어 낸 과정은 나무가 인을 얻어 낸 과정만큼이나 흥미진진하다는 것을 알게 되었다.

현대의 인간 사회는 서로 매우 다른 몇 개의 기둥 위에 세워졌다. 각각의 기둥에는 나름의 강점과 약점이 있지만, 우리는 그 모든 기둥에 동시에 의존하고 있다. 에너지를 제공하는 탄소 기반 화석 연료는 유한하지만 대체 가능하다. 식량을 마련해 주는 질소는 무한하지만 대체 불가능하다. 세 번째 원소, 인은 어떤가? 인은 불행하게도 유한하면서 대체 불가능하다. 따라서 아무 대책 없이 의존하기에는 위험한 기둥이다. 하지만 생명의 공식에 쓰여 있으니 우리는 이 기둥에 의존하지 않을 수 없다.

탄소, 질소와 더불어 모든 살아 있는 유기체가 유기 분자를 만들려면 인이 필요하다. 인은 DNA의 척추를 형성한다. 세포는 아데노신삼인산adenosine triphosphate(ATP)을 아데노신이인산adenosine diphosphate (ADP)으로 변환시킴으로써 스스로 에너지를 얻는다. ATP와 ADP에서 P가 바로 인이다. 탄소, 질소와는 달리, 인은 지구상에 풍부하게 존재하는 원소가 아니다. 안정적인 기체 상태로는 존재하지 않는다. 따라서 대기에서는 찾을 수 없다. 생물학적 수요가 커 바다와 호수, 강을 채우고 있는 물속에서는 농도가 매우 낮다. 암석에는 물보다 더 많이 존재하지만, 그래도 매우 희귀한 원소다. 평균적으로 암석에서 인의 함량은 0.1퍼센트 이하에 불과하다. 모든 생명체의 생명 유지에 필수적인 원소지만 구하기는 어렵다. 인류가 어떻게 인을 얻을 수 있게 되었는지를 깊이 따져 보기 전에, 먼저 육상 식물은 어떻게 그 난제를 해결했는지 알아봄으로써 우리의 이야기를 펼칠 무대를 만들어 보자.

인을 얻기 위한 식물의 분투

다른 사람들도 다 그렇겠지만, 학교를 다니는 동안 나는 단 한 번도 인에 대해 생각해 본 적이 없었다. 내가 기억하는 한, 고등학교 시절 나를 가르친 과학 선생님들 중에서도 인에 대해 언급한 선생님은 없었다. 9학년* 때 생물 선생님이 세포의 에너지 전달자라며 ATP를 언급한 적은 있었던 것 같다. 하지만 고백하건대, 나는 그 수업을 제대로 듣지 않았다. 하지만 또한 단언하건대, 그 수업 시간에 그 선생님이 '인'을 언급하기는 했지만 그것을 어디서 얻는지, 생명체들은 그것을 돌에서 짜내기 위해 어떤 노력을 하는지 말한 적이 없다. 대학 시절 나를 가르친 지질학 교수님들은 암석의 역사를 연구하신 분들이지 생명의 역사를 연구하신 분들이 아니었다. 그들에게 인은 그다지 관심 가는 원소가 아니었다. 그 결과 나

---

* [옮긴이] 우리나라의 중학교 3학년에 해당한다.

는 박사학위를 시작하고 ATP라는 축약어를 처음 만났을 때 그 의미가 프로테니스협회Association of Tennis Professionals의 머리글자 조합인 줄 알았다(페더러만은 내 마음을 알아주기를). 모든 생명체의 조직에 골고루 존재하는 어느 원소가 생명학적인 수요에 비해 공급이 그토록 모자라서 지구상의 생명 구축에 기본적인 요소가 되었다는 생각은 해본 적이 없었다.

박사학위 과정을 시작한 첫 해 여름, 나는 운 좋게도 지도교수였던 피터 비토섹과 그의 부인인 패멀라 맷슨과 함께 하와이에서 생활할 수 있었다. 그들은 우리 세대에 가장 뛰어난 과학자들이었고, 그들이 많은 연구를 진행한 곳이 바로 하와이였다. 바로 그 여름, 직거래 농수산물 장터, 초록색·빨간색·까만색·하얀색이 어우러진 해변, 바다로 쏟아져 들어갈 듯 버티고 선 초록빛 절벽을 돌아다니던 중에 어느 순간 인의 중요성을 마치 손에 잡힐 듯 생생하게 느꼈다.

그해에 함께 연구했던 학생들 중에 박사학위 과정을 시작한 학생이 넷이었다. 우리 모두 논문 주제를 찾기 위해 하와이에 모였다. 우리는 각자 알아서 계획을 세우고 할 일을 찾아다녔다. 지도교수가 뭔가 신비한 부분이 있다고 이야기한 찻잎을 연구해 보기도 하고, 각자 연구하려고 하는 것들이 어떤 의미가 있는지도 고민했다. 그 와중에도 피터와 패멀라는 우리를 몰고 이 섬 저 섬을 돌아다니며 그들이 논문에서 다룬 장소들을 보여 주었고, 우리는 그들로부터 과학자답게 생각하는 법을 배웠다. 과학자로서 경험하고 성장할 수 있었던 훌륭한 기회였다. 생명의 공식이 얼마나 중요한지를

이해하기에 하와이보다 더 좋은 천연 실험실은 없다는 것을 깨닫게 해준 현장 연구였다.[21]

하와이는 생명 유지에 핵심적인 여러 원소를 얻으려는 유기체의 도전과 그 도전이 지질학적 시간을 거치면서 어떻게 변화하는지를 이해하기에 최적의 장소다. 하와이Hawai'i라는 이름은 '큰 섬'이라는 뜻이다. 그래서 하와이섬을 '빅아일랜드'라고 부르기도 한다. 빅아일랜드는 하와이주의 남동쪽 끝에 있는데, 하와이주의 섬들 중 가장 젊다. 이 섬에는 5개의 화산이 있는데, 킬라우에아Kilauea 화산은 지금도 간간이 시뻘건 용암을 토해 낸다. 용암이 식어서 생긴 새로운 땅은 암석 함유 원소(예를 들면 인)는 풍부하지만, 공기 중에 존재하는 원소(탄소와 질소)는 부족하다. 나의 지도교수와 그의 학생들은 이 젊은 숲에 자주 비료를 주곤 했다. 질소비료를 주면 더 잘 자라니까. 하지만 이런 숲에 인이 섞인 비료는 도움이 되지 않는다. 따라서 이 젊은 숲은 '질소 제한적'이라고 말할 수 있다. 질소가 생장의 제한요소라는 뜻이다.

빅아일랜드는 활화산이지만 북서쪽에 있는 다른 섬들은 그렇지 않은 이유는 빅아일랜드가 현재 지구 속 깊은 곳으로부터 솟아 올라오는 매우 뜨거운 암석의 기둥 위에 앉아 있기 때문이다. 그 뜨거운 암석은 솟아 올라오다가 용암으로 분출되어 지표면 위를 흐른다. 시간이 지나면서 빅아일랜드가 위치한 태평양 지각판도 천천히 북서쪽으로 움직이면서 고정된 열점으로부터 화산을 하나씩 하나씩 밀어낼 것이다. 언젠가는 빅아일랜드의 활화산도 열점으로부터 멀리 벗어나 사화산이 되고, 아주 오랜 세월 동안 천천히 바다 밑으로 가라앉을 것이다. 가장 젊은 섬부터 늙은 섬 순서로 마우이Maui, 몰로카이Molokai, 라나이Lanai, 오아후Oahu(호놀룰루가 있는 곳), 카우아이Kauai가 겪은 운명이다.

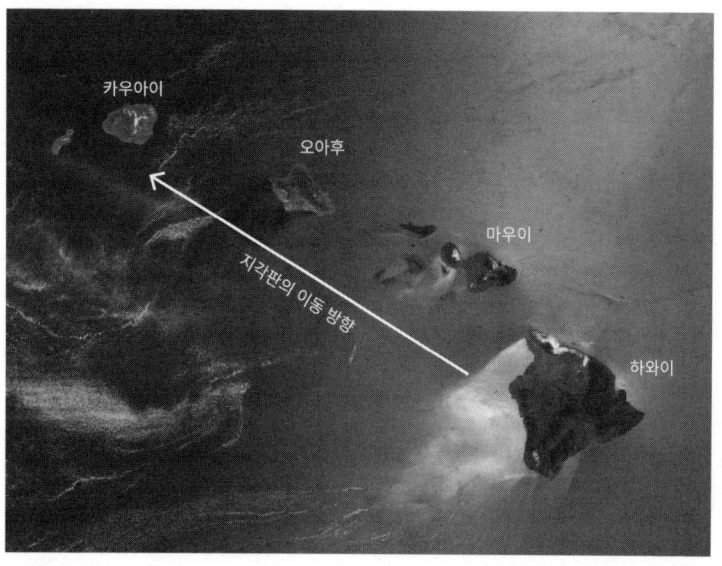

그림 12 구름이 거의 없을 때 찍은 하와이 섬들의 타임머신 사진. 남동쪽에 세계에서 가장 활발한 활화산 중 하나인 킬라우에아 화산을 품은 빅아일랜드가 있다. 현재의 화산 중심에서 북서쪽으로 가면서, 수십만 년 전에 화산 활동이 최고조였던 마우이, 200~400만 년 전에 최고조였던 오아후, 500만 년 전에 가장 활발했던 카우아이가 보인다. 이들 모두 현재의 빅아일랜드 위치, 지각 아래 깊은 곳에 고정된 열점 위에 있었을 때 화산 활동이 가장 활발했다. (사진 출처: NASA)

미래의 과학자를 꿈꾸던 우리가 하와이의 여러 섬 중에서 북서쪽으로 가장 멀리 있고 또한 가장 나이가 많은 섬인 카우아이로 여행을 간 것도 바로 이런 이유 때문이었다. 500만 년 전, 카우아이는 지금의 빅아일랜드 자리에 있었다. 그때 카우아이의 화산 높이는 지금의 두 배였고, 활발하게 용암을 분출하는 활화산이었다. 지금 빅아일랜드의 화산이 그때 카우아이의 화산과 높이가 비슷하다. 그러나 카우아이가 위치한 지각판이 아주 천천히, 거의 손톱이 자라는 속도로 북서쪽을 향해 이동하자 카우아이는 열점으로부터 멀어져 갔다. 비행기를 타고 빅아일랜드에서 카우아이까지 가려면 한 시간 반 정도가 걸린다. 그러나 지질학적인 관점에서 보자면, 우리는 따뜻하고 습한 열대기후에서 500만 년을 지낸 후, 빅아일랜드의 미래를 보러 간 것이었다. 9/11 테러 이전에는 주유소에서도 이 타임머신 탑승권을 살 수 있었고, 비행기에 탄 후 승무원이 주는 주스 한 잔을 마시고 나면 500만 년을 날아 미래의 섬에 도착할 수 있었다.

빅아일랜드의 젊은 숲에는 어떤 미래가 기다리고 있을까? 카우아이의 토양은 그보다 젊은 섬들보다 깊고 질소 함유량도 많다. 질소는 질소고정 과정을 통해 공기 중에서 토양으로 유입된다는 것을 기억하자.* 질소는 오랜 세월과 함께 천천히 토양에 축적된다. 이와는 반대로, 카우아이의 토양은 그 토양의 원래 출발지였던 화산암

---

* 최근 연구에서 질소가 암석으로부터 공급되기도 한다는 사실이 밝혀졌다. 그러나 하와이의 용암으로부터는 질소가 공급되지 않는다. 하와이의 용암에는 질소가 전혀 없다.

에는 풍부했던 인이 거의 고갈되어 있다. 따뜻하고 습한 열대기후 속에서의 500만 년이 풍화 과정을 겪은 두터운 토양층을 만들었고, 원래의 용암 암반은 더 깊숙한 곳에 묻혀 버렸다.

카우아이의 식물은 더 이상 얻을 방법이 없는 인을 어떻게든 얻어 내기 위해 분투하는 중이다. 하지만 인을 얻을 수 있는 육지로부터 수만 킬로미터 떨어진 대양 한가운데 있는 광합성 세포에 비하면 훨씬 나은 편이다. 녀석들은 바다로 흘러드는 강물과 거기에 실려 오는 흙에서 아주 천천히 방울방울 스며드는 인에 의지하는 수밖에 없다. 하와이의 암석에서는 생겨나지 않는 미네랄을 추적한 뒤 멋진 지질학적 분석을 거쳐, 내 동료들은 아시아의 고비사막에서 불어온 바람 속의 흙먼지가 인을 공급해 카우아이 숲의 붕괴를 막았다는 사실을 보여 주었다.[22] 카우아이의 옛 토양은 인을 거의 대부분 잃었기 때문에, 이 섬의 숲에서 식물의 성장을 촉진하는 것은 질소비료가 아니라 인 비료다. 따라서 우리는 이 숲을 '인 제한적'이라고 부른다. 지구상의 어떤 곳이든, 풍화작용이 일어날 수 있을 만큼 따뜻하고 습한 기후라 풍화의 속도가 침식의 속도보다 빠른 지역에서는 인이 식물의 생장을 제한하는 원소가 된다.

중앙 아마존과 콩고의 따뜻한 저지대 우림에서 수백만 년 동안 내린 비는 심하게 풍화된 깊은 토양을 남긴다. 지질학적으로 조용한 지역에는 경사가 밋밋한 구릉 지형이 생기는데, 이런 지형에서는 토양이 벗겨지면서 인을 품고 있는 아래쪽 암반이 드러나는 침식 작용이 잘 일어나지 않는다. 풍화작용이 일어나면서 토양에 생기는 지질학적 변화도 또 하나의 장벽이 된다. 토양에 남아 있던 소량의 인마저 토양 속의 다른 미네랄, 특히 풍화 과정에서 생성된 산화철과 결합해 버리기 때문이다. 녹슨 쇠처럼 붉은 산화철은 앞에서 한 번 언급한 적이 있다. 수십억 년 전 대산화사건이 일어났을 때 고대의 암석을 붉게 물들인 것도 산화철이었다. 바로 그 산화철이 인과 사람 사이의 관계에서도 중요한 역할을 하는데, 지금부터는 그 이야기로 넘어가겠다.

미국 남동부의 열대기후 지역에서는 먼지가 많이 날리는 날이면 신발과 자동차는 물론 거의 모든 물건의 표면에 붉은 먼지가 달라붙는다. 카우아이의 관광상품점에서는 100퍼센트 하와이의 붉은 흙만을 사용해 염색한 '붉은 먼지 셔츠red dirt shirts'를 판다. 영화 〈바람과 함께 사라지다Gone with the Wind〉에 나오는 타라의 풍경을 그린 티셔츠도 있다. 그 모든 붉은색, 대산화사건 이후 암석을 물들인 것과 똑같은 그 붉은색은 모두 산화철, 즉 녹이 내는 색이다. 산화철은 모암 속의 철을 함유한 미네랄이 뜨겁고 습한 기후에서 분해·재구성되면서 형성된다. 오늘날 우리가 살고 있는 지구처럼 산소가 풍부한 곳에서는 산화철이 쉽게 생성된다. 시간이 걸릴 뿐이다. 일단 형성된 산화철은 지구 표면 위에서는 가장 안정적인 원소 중 하나다. 그 상태로 변하지 않고 수백만 년을 견딜 수 있다. 이는 인과 관련해서도 매우 중요한 성질인데, 인에 달라붙은 산화철은 웬만해서는 인을 놓아 주지 않기 때문이다.

산화철이 풍부한 아주 오래된 토양에서 자라기 위해 열대의 숲

그림 13 균의 자실체子實體인 버섯. 마나우스 근처 아마존의 숲에 떨어진 나뭇잎에서 자라고 있었다. 이 균은 나뭇잎에서 여러 영양분, 특히 인이 토양에 흡수되기 전에 먼저 흡수해 버린다. (사진 출처: 저자)

은 인을 고도로 효율적으로 재활용해야 했다. 그렇지 않으면 살 수가 없다. 잎이 땅에 떨어지고 그 잎에서 흘러나온 인이 토양에 흡수되면, 산화철과 너무나 단단히 결합해 식물이 다시 돌려받을 수 없게 된다. 안 그래도 인이 귀한 판국에 이렇게 되면 정말로 큰일이 아닐 수 없다. 그래서 열대 식물은 땅속에 머리카락처럼 가느다란 뿌리와 그보다 더 가는 균사로 아주 촘촘하고 빽빽한 그물을 만드는 방법으로 이 문제를 해결했다. 이 그물을 이용해 죽은 나뭇잎에서 흘러나온 인이 흙에 닿기도 전에 포획하여 재활용하는 것이다.

이 방법은 재활용이라기보다는 재사용에 가깝다. 흔히 알듯이, 재사용이 훨씬 더 효율적이다. 저지대 열대우림 대부분의 식물과 토양 사이에서 순환되는 인의 99퍼센트는 이전에 식물들이 이미 사용한 것들이다. 이 순환의 바퀴에서 빠져나가는 인은 거의 없고 유입되는 인도 사실상 없다. 아마존에서 땅에 떨어진 나뭇잎에는 늘 버섯이 자란다. 그 나뭇잎이 분해되는 과정이 우리 눈에 보이기도 전에 그렇게 된다. 나뭇잎에 있던 인과 양분들은 땅에 닿기도 전에 버섯에 흡수된다. 나뭇잎 위의 버섯은 이 균들이 나뭇잎으로부터 아주 빠르게, 효율적으로 인을 비롯한 영양분을 흡수한다는 증거다.

유한하고 대체 불가능한 '하얀 금'

내가 연구를 처음 시작했을 무렵 초점을 맞춘 것은 숲과 그 안에서 순환하는 인이었다. 사람이 세상을 변화시킨다는 것—기후변화, 산림의 남벌과 전용, 질소비료 등—은 알고 있었지만, 나는 '자연의 시스템'에 훨씬 더 집중하고 싶었다. 그러다가 조교수로 출발한 지 2~3주 만에 모든 것이 바뀌었다. 그때는 2007년이었는데, 나는 이제 막 내 연구실을 배정받아 정리하면서 어떻게 연구를 진행하고 어떤 연구 경력을 쌓아 갈까 계획하고 있었다. 대학원 신입생이었던 셸비 리스킨Shelby Riskin(결혼 전 성은 헤이호Hayhoe)이 내 연구실 문을 열고 들어왔다. 셸비는 이미 아마존의 산림 전용과 숲의 목초지 전환을 연구하고 있었는데, 열대 지역의 토양 연구에서 내 도움을 원하고 있었다. 솔직히 내가 도움이 될지 자신이 없었다. 나는 열대 산림에 대해 연구했을 뿐, 토양에 대해서는 잘 몰랐다. 경작에 대해서도 아는 게 없었고, 아마존에는 가 본 적도 없었다. 하지만 나는 짐짓 자신 있는 척, 기꺼이 도와주겠다고 말했다.

그러자 셸비는 나에게 사진 몇 장을 보여 주었는데, 그 사진을 보고 아마존에 대한 생각이 완전히 뒤바뀌었다. 처음에는 아이오와의 어딘가를 찍은 사진인 줄 알았다. 몇 그루 나무를 배경으로 저 멀리 지평선까지 펼쳐진 초록색의 콩밭. 하지만 그곳은 아이오와가 아니었다. 브라질의 한 주인 마투그로수Mato Grosso, 세계에서 가장 큰 우림의 남쪽 가장자리에 있는 지방이었다. 셸비는 사진 속의 장소가 1980년대 이전까지 수천 년, 어쩌면 수백만 년 동안 숲이었을 거라고 말했다. 그러다가 소를 기르기 위해 목초지로 바뀌었고, 지구상 어느 땅보다 효율적으로 영양분을 재활용하며 살아남은 숲이 영원히 사라져 버렸다며 안타까워했다. 하지만 그 땅은 목초지로 쓰기에는 그다지 좋은 땅이 아니었다. 토양이 비옥하지 않아 소를 충분히 먹일 만큼 풀이 자라지 못했기 때문이다. 아마존에서 벌어지는 전형적인 산림 전용의 결말이었다. 숲을 그렇게 없애고도, 농작물을 경작하는 농부나 소를 기르는 목장 주인이나 생계를 꾸려 나가기에는 빠듯했다. 농작물과 소들은 토양으로부터 영양분을 빼앗아 가기만 할 뿐인데, 그 땅에는 이미 빼앗아 갈 영양분도 거의 남아 있지 않았기 때문이다.

이 사진에서 정말 기이한 것은, 풍경 전체가 무척 비옥하게 보인다는 것이었다. 잘 보존된 열대림을 보고 배운 것들, 그리고 하와이에서 겪은 일들을 바탕으로 보면, 사진 속의 그 땅은 지질학적으로 아주 평온했던 남아메리카 한가운데서 수천만 년을 보낸 땅이었다. 즉 암석에 함유된 인을 비롯한 다른 영양분들이 그동안 비에 녹아 흘러가 버리고, 아무것도 안 남은 토양만 두껍게 쌓였으리라는 것이 뻔히 보였다. 나는 숲이 얼마나 놀라운 재활용의 달인인지 누구보다 잘 알고 있었다. 숲은 성장에 필수적인 영양분인 소중한 인을 단단히 지키고, 한번 달라붙으면 절대로 떨어지지 않는 산

그림 14 셀비 리스킨이 한때 아마존 열대우림의 남쪽 끝이었던 콩밭 한가운데에서 토양 시료를 채취하고 있다. 멀리 작은 하천 근처에 남은 숲의 흔적이 보인다. (사진 출처: 셀비 리스킨)

화철이 인에 달라붙지 못하도록 감시했다. 그런데 지금 그 자리에는 농작물이, 그것도 엄청난 양의 농작물이 자라고 있었다. 다 자란 농작물은 흙에서 빼앗은 인을 잔뜩 품은 채 외국으로 팔려 나갔다.

셀비가 연구를 시작할 즈음, 아마존 남부는 세계에서 가장 비옥한 곡창지대로 급성장했다. 사실은 가장 영양분이 부족한 땅에서 엄청난 양의 콩을 생산하고 있었다. 셀비는 이 곡창지대를 연구하고자 했고, 당시의 상황을 바탕으로 이 지역 농경의 미래를 조망하려 했다. 셀비의 관심은 내 연구 경력의 방향을 설정하는 데 두 번째로 큰 동기가 되었다. 내 연구는 월드 체인저로서 인간의 등장과 인간의 등장을 가능케 한 배경으로서 인의 역할에 초점을 두게 되었다.

뙤약볕을 견딜 수만 있다면, 셀비의 사진 속 농장은 달리기를 하기에 딱 좋은 장소였다. 밭은 완벽한 정사각형으로 분할된 바둑판 모양이었고, 따라서 붉은 흙길을 따라가면 거리를 가늠하기도 쉬웠다. 근처 숲에서 밭으로 숨어든 맥貘과 재규어의 발자국도 드물지 않게 볼 수 있었다. 밭은 어디서 끝나는지 감을 잡을 수 없을 정도로 넓었다. 콩밭의 한쪽 끝에서 반대쪽 끝까지 차로 달려도 몇 시간을 가야 하는 거리였다. 대부분의 농장들이 너무 커서, 북쪽 끝에서부터 남쪽 끝까지 가는 동안 서로 다른 종류의 콩을 심어야 했다. 수확기가 같으면 미처 수확하지 못한 콩이 한쪽에서 썩어 가는 일도 있다. 셀비가 연구를 시작한 농장은 남아메리카를 찍은 구글 어스 이미지로도 볼 수 있는데, 뉴욕시와 맞먹는 크기(뉴욕시의 5개 자치구를 모두 포함한)였다.

브라질의 농부들은 지구상에서 가장 심한 불모의 땅을 어떻게 그렇게 강력한 농경의 발전소로 만들 수 있었을까? 그 답은 비료였다. 특히 인 비료였다.

앞에서 질소비료와 하버-보슈 공정 그리고 인간이 어떻게 그 공정을 활용해 지구의 질소 순환에서 지배적인 역할을 하게 되었는지 이야기했다. 그러나 아마존 남부의 주요 작물인 콩을 기르는 데는 질소비료가 필요하지 않다. 콩은 말할 것도 없이 콩과 식물에 속하며, 질소고정 박테리아의 집인 뿌리혹을 갖고 있다. 브라질뿐 아니라 전 세계 어디서나 콩 농사가 성공을 거두기 위해서는 콩에 필요한 인을 공급해야 한다.

하버-보슈의 질소처럼, 오늘날의 인 비료는 자연에서 취한 다음 공장에서 정제 과정을 거쳐 만들어진다. 공기 중에서 취하는 질소와는 달리, 인 비료의 원료는 인 광석이 풍부하게 매장된 광맥에서 채굴한다. 인은 지질학적 과정에 의해 지구상의 몇 곳에만 집중된 광물 자원이다. 모든 광물과 광석이 그렇듯이 인 광석도 유한한 자원이다. 지금은 충분하고 따라서 가격도 저렴하다 보니, 현대 농업 시스템은 자연 세계가 선호하는 보존적인 농경과 재활용 지향적인 시스템마저 외면한 채 일방통행 시스템으로 일관하고 있다.

내가 굳이 '일방통행 시스템'이란 표현을 쓴 이유는 이렇다. 셸비와 내가 연구하던 브라질의 콩 농장으로 들어오고 나가는 인을 생각해 보자. 광물 격자 속에 인을 10퍼센트 이상 함유한 고품질 인 광석은 상대적으로 드물다. 이런 인 광석은 대부분 모로코에서 나는 데, 전 세계 인 광석 매장량의 70퍼센트가 모로코에 묻혀 있다. '세계에서 가장 긴 컨베이어벨트'를 인터넷으로 검색해 보라. 끝이 보이지 않는 서아프리카 사막을 가로지르는, 마치 뱀처럼 가늘고 구불구불한 90킬로미터 길이의 선을 볼 수 있다. 그 선 남쪽의 모래는 마치 표백이라도 한 것처럼 하얀데, 모로코의 부크라Bou Craa 광산에서 사하라를 가로질러 바다까지 이어진 컨베이어에서 날린 하얀 인 광석 가루 때문이다.* 인이 풍부한 광석은 먼저 용해시켜야 인을 분리해 낼 수 있다. 2장에서, 식물이 산을 분비해 바위를 녹인 다음 인을 얻어 낸다고 설명한 적이 있다. 인간은 황산을 이용한다. 하지만 기본적인 과정은 똑같다.

비료를 생산하려면 고품질 인 광석이 필요하다. 인간은 식물과 달라서, 흙에서 인을 뽑아내는 데 그다지 효율적이지 못하기 때문이다. 식물은 인을 단 0.004퍼센트만 함유하고 있는 흙에서도 잘 자란다. 하지만 인간은 적어도 30퍼센트의 인에서 시작한다. 인 함유량이 30퍼센트가 아니라 10퍼센트로 떨어지면, 생산 비용은 두세 배까지 올라간다. 인 함유량이 그보다 떨어지는 광석이라면 식량 생산에 사용할 인을 얻는 비용이 너무 높아진다.

생산된 인은 브라질로 실려 가고, 거기서 트럭에 실려 흙먼지 나는 도로를 12시간쯤 달려간 뒤 농장의 밭에 뿌려진다. 얇은 담장처럼 남은 초록색 숲에 둘러싸인 흙에서 황토 빛이 나는 건기에 주로

* 서사하라 지역은 모로코와 사라위아랍민주공화국 양쪽에서 영유권을 주장하고 있다.

인 비료를 수송한다. 비가 오면—기후변화로 강우 예측도 점점 힘들어진다—콩에서 싹이 난다. 쑥쑥 자라서 몇 달이면 맥이 우적우적 씹어 먹거나 날지 못하는 새 레아가 쪼아 먹는다. 콩밭에는 비료뿐만 아니라 무시무시한 살충제도 뿌려진다. 이 이야기에서 가장 중요한 부분은, 농부가 뿌린 비료의 인 중에서 일부분만 콩이 흡수한다는 것이다. 인을 먹고 자란 콩은 집채만 한 콤바인이 수확한다. 콤바인은 거둬들인 콩을 덤프트럭에 실어 주고, 덤프트럭은 농장의 건조장이나 저장 시설로 콩을 수송한다. 수확기는 보통 몇 주씩 계속되는데, 이때는 덤프트럭이 10여 대씩 동원되기도 한다. 콩을 가득 싣고 건조장으로 들어간 덤프트럭이 콩을 다 내려놓는 데는 1분도 걸리지 않는다. 유압식 리프트가 작동하기 때문이다. 아이들이 장난감 트럭에 모래를 싣고 내리는 것보다 빠르다. 콩을 말리는 건조장의 크기는 웬만한 운동경기장과 맞먹는다.

이 농장에서는 중국으로 갈 GMO 작물과 유럽으로 갈 비GMO 작물을 구분해 기르는데, 그 규모가 상상을 초월한다. 그런데 여기서 아주 큰 인지부조화를 경험했다. 한때 아마존 열대우림이었던 자리에 지어진 축구경기장 크기의 콩 저장 시설 앞에 선명하게 색칠을 한 5개의 재활용 쓰레기통이 있었다. 금속(노란색), 플라스틱(빨간색), 종이(파란색), 유리(초록색), 음식물(갈색) 쓰레기통과 함께 일반쓰레기통(회색)을 구분했는데 이렇게 말하는 듯했다. "우리는 환경을 소중하게 생각합니다. 지구상에서 생물다양성이 가장 풍부했던 자리를 깎아 만든 대도시 크기의 농장에서 여러분이 마신 음료

수 캔을 재활용하세요!"

건조 과정이 끝난 콩과 그 콩 속의 인은 농장에서 트럭에 실려, 인 비료가 뿌려진 곳에서 멀리 떨어진 대서양의 어느 항구까지 수송된다. 항구에서 배에 선적된 콩은 아시아나 유럽으로 실려 간다. 목적지에 도착한 콩은 사람이 먹을 동물의 사료가 된다. 콩의 여행은 편도로 끝난다. 원래 생산된 곳으로 돌아가지 않는다. 아무리 소량이라 해도, 모로코에서 채굴된 대체 불가능한 인은 지구를 돌고 돌아 결국은 하수구로 스며들어 강물에 섞이고, 최종적으로는 유럽과 아시아의 먼 바다로 흘러간다. 이 여행은 시작부터 끝까지 대략 1년 정도 걸린다. 그러나 화석연료가 그렇듯이, 우리가 1년 동안 써버린 것들이 다시 그만큼 생성되려면 수천만 년이 걸린다.

화석연료의 경우와 비슷한, 인에 관한 또 다른 이야기도 있다. 인을 얻기 위해 무진 애를 쓰고 있음에도 인간의 투자는 그만한 성과를 거두지 못한다. 가장 효율이 높은 엔진도 휘발유가 갖고 있는 화학 에너지 중에서 실제로 차를 굴리는 데 활용하는 부분은 고작 40퍼센트에 불과하다. 나머지는 환경에 버려진다. 인도 비슷하다. 앞에서 언급했듯이 흙이 붉은색을 띠는 것은 산화철 때문이다. 산화철은 인과도 결합하는데, 이들의 결합은 매우 단단해서 웬만해서는 깨지지 않는다. 인 비료가 한때 아마존 우림이었던 붉은 땅에 뿌려지면, 그중 절반은 흙 속의 미네랄과 결합한다. 그 결합이 매우 단단해서 식물은 인을 흡수할 수 없다. 우리 연구진은 이 문제를 더 깊이 파고 들어가 보았다. 토양 미네랄은 결합력이 워낙 강하기 때문에, 농부는 밭에 필요한 인보다 두 배나 많은 양을 비료로 주어야 한다. 지금은 인의 가격이 상대적으로 싸기 때문에 토양 미네랄에 상당한 정도의 '세금'을 지불하고도 경작을 계속할 수 있지만, 아무리 저렴한 가격이라 해도 인 비료에 드는 비용은 농장 운영 비용의 4분의 1을 차지한다.

인 광석이 고갈되어 버리면 어떻게 될까? 가격이 천정부지로 치솟으면? 우리는 이미 여러 번의 등락을 경험한 적이 있다. 최초의 인 비료는 구아노guano에서 얻었다. 구아노는 새와 박쥐의 배설물을 의미하는 안데스산맥 지역의 단어에서 온 말이다. 안데스산맥 근처에 사는 사람들은 아마도 이미 1000년 전부터, 유럽 사람들이 아메리카 대륙에 발을 들여놓기 훨씬 전부터 구아노를 비료로 사용했다. 유럽 사람들도 19세기 초쯤 알렉산더 폰 훔볼트Alexander von Humboldt라는 당대의 유명한 과학자가 페루로 여행을 갔다가 구아노로 만든 비료를 보고 와서 쓴 글을 읽고 구아노의 중요성을 깨닫게 되었다.[23] 그러자 구아노를 더 많이 발견하고 더 많이 차지하기 위한 경쟁에 불이 붙었다. 구아노는 바닷새의 군락지가 있는 외딴 섬에서 채굴되었다. 바닷새들은 너른 바다 위를 날아다니면서 인을 풍부하게 함유한 물고기와 조류를 먹고 제 집 주변의 바위 위에 인이 농축된 배설물을 남겼다. 수천 년 동안 쌓인 새들의 배설물은 농작물에 필요한 양분을 제공해 주었다. 그러나 대부분의 골드 러시(구아노는 '하얀 금white gold'이라고 불렸다)가 그렇듯이, 구아노를 얻으려는 경쟁은 바닷새의 개체수를 급감시키는 결과를 가져왔고, 구아노 경쟁에 끼었던 거품도 꺼져 버렸다.

다행히 농축된 형태의 인이 구아노에만 들어 있는 것은 아니었다. 1841년, 빅토리아 시대의 과학자 존 베넷 로우스John Bennet Lawes가 잉글랜드 로덤스테드에 있는 자기 영지의 양배추 밭에서 인산암모늄을 비료로 뿌려 주면 양배추가 훨씬 잘 자란다는 사실을 발견했다. 그는 재빨리 뼈(동물의 뼈에는 인이 많이 들어 있다)를 황산으로 가공해 과인산염super phosphate을 얻는 공정에 관한 특허를 얻었고, 1847년부터 인 비료를 생산하기 시작했다. 뼈에 함유된 인은 결국 흙으로부터(식물이 흙 속의 인을 흡수하고, 동물이 그 식물을 먹는다) 나오므로, 다른 모든 유기물질과 마찬가지로 뼈는 물질의 순환을 도울 뿐 물질의 총공급량을 증가시키지는 않는다. 사람들이 배설 장소로부터 점점 더 멀리 떨어져 살게 되면서 자연계를 지배하던 인의 순환은 그 순환성을 잃고 점점 직선으로 변해 가고 있다.

지구상에는 아직도 곳곳에 농축된 인 광석이 산재해 있다. 미국에서는 남북전쟁 직후에 처음으로 사우스캐롤라이나에서 인 광석 광맥이 발견되었고, 19세기 말엽에는 서아프리카의 주요 인 광산에서 인 광석 채굴이 진행되고 있었다. 인 광석도 영원히 파내서 쓸 수는 없다는 사실에는 눈 감은 채 우리는 지금도 그 광맥에 의존하고 있다.

인류가 구아노 남획으로부터 얻은 교훈, 즉 인 역시 유한한 자원이라는 사실을 벌써 잊어버렸다는 것은 슬픈 일이다. 인류는 구아노와 구아노를 배설하는 새가 대부분 지구상에서 사라질 때까지

구아노를 남획했다. 그러고는 새로운 자원으로 눈길을 돌렸다. 지질학적 우연으로 몇몇 장소에서 수백만 년에 걸쳐 농축된 인 광석이었다. 모로코의 인 광산(세계에서 가장 크다)은 1922년에 상업적인 채굴이 시작되었지만, 생산량이 폭증한 것은 제2차 세계대전 후였다. 전후에 식량 수요가 급증하면서 1945년부터 1980년 사이에 인 광석 채굴량은 14배나 증가했다. 미국과 소련이 그 붐을 주도했지만, 이 두 나라의 인 광석 매장량은 서아프리카의 매장량에 비하면 초라했다. 사막을 가로질러 이어지는 길고 긴 컨베이어 벨트는 인류 모두를 기아로부터 지켜 주는 인 공급 기반시설의 일부이다. 다른 광산의 매장량이 바닥을 보이기 시작하면 서아프리카에 대한 의존도는 점점 더 높아질 것이다.

  석유나 천연가스, 석탄이 나지 않는 나라는 물론, 나는 나라들조차도 재생에너지에 투자하면서 매장량이 유한한 화석 에너지로부터 벗어나고 있다. 그러나 인으로부터 벗어나는 것은 불가능하다. 따라서 고농축 인 광석이 매장되어 있는 소수의 나라는 미래의 식량 공급과 그 공급망을 통제하는 힘에 대한 의미심장한 질문을 던진다. 지구에서 고품질 인 광석이 고갈되기 한참 전부터 인 광석 광맥이 가지는 지정학적 의미는 점점 더 중요해질 것이다. 아직은 지구상에 충분한 매장량이 있다. 그러나 언젠가는 직선형 농경 시스템에서 물러나 대체 불가능하고 유한한 이 원소가 소비되자마자 재활용되는 방식으로 돌아가야 한다. 우리는 생명의 공식이 우리에게 가하는 제약에서 벗어날 수 없다. 그러나 그 제약을 조금 유연하게 완화할 수 있는 방법은 있다. 그 방법에 대해서는 이 장의 말미에서 다시 논하기로 하자.

인간의 시간과 지구의 시간

화석연료에 대한 장에서 이야기했듯, 인류는 화학적으로는 그렇지 않지만, 세상을 바꾸는 속도에서는 그 어떤 생명체와도 비교할 수 없는 독특한 존재다. 인과 관련해서도 마찬가지다. 일방통행인 인의 고속도로는 그 통행량이나 속도에서 전례가 없다. 그러나 전혀 없는 것은 아니다. 어떤 측면에서 보면, 인간의 인 광석 채굴은 육상 식물의 전략을 현대판으로 옮겨 놓은 것과 비슷하다. 식물과 균은 육지로 올라와 햇빛을 받기 시작했는데, 그것은 다른 유기체들은 해보지 않은 일이었다. 새롭게 얻은 이 풍부한 에너지를 활용하기 위해, 식물과 균은 영양분과 물을 찾아 땅속으로 파고들었고, 산성 물질을 내보내 바위를 녹이고 인을 해방시켰다.

사실 그 전략은 그들이 4억 년 전 육상에서의 생존에 성공을 거둔 이유 중 하나이기도 했고, 인 같은 영양분이 훨씬 더 희귀한 해양보다 육지에서 광합성이 더 효율적인 이유이기도 했다. 바위에 산을 부으면 암석이 녹으면서 암석에 들어 있던 생명의 조절자들이 풀려난다. 이 전략은 수천만 년 동안 성공을 거두면서 최초의 열대림을 형성할 수 있게 해주었지만, 결국 열대림은 그 성공의 덫에 걸린 희생양이 되고 말았다. 지난 70여 년간 계속된 인간의 성공도 마찬가지이다. 그러나 인류가 그동안 거둔 숱한 성공과 마찬가지로, 아주 먼 과거로부터 얻은 교훈이 있다. 인류에게는 잠시 멈춤이 필요하다는 것이다. 생명의 공식과 관계된 혁신에는 반드시 커다란 위기가 따라온다.

인과 관련하여 가장 큰 장기적 위협은, 인간은 인간의 시간 척도에 따르지만 지구는 지질학적 시간 척도를 따른다는 것이다. 그러나 오늘날 우리가 인을 소비하는 방식은 더 절박한 위협이 되고 있다. 인류는 지구상에서 이동하는 인의 양을 엄청나게 증가시켜 놓았다. 5장에서 질소 이야기를 하며 보았듯이, 그전까지는 희귀했던 중요한 원소들을 환경 속에 대량으로 풀어 놓으면 반드시 대혼란이 찾아온다. 인도 마찬가지다.

1950년대와 1960년대 미국 중서부에서 그 사례를 찾을 수 있다. 당시는 수질오염과 대기오염이 극심하던 때였다. 강도 오염의 절정에 있었다. 중서부 북부 지역에 점점이 흩어진 아름다운 호수의 맑고 푸른 물이 걸쭉한 초록색 수프처럼 되어 버렸다. 도대체 어디서 나타났는지, 무엇에서 시작되었는지 알 수 없는 남세균과 조류가 극성을 부렸기 때문이었다. 도대체 왜?

고인 물에 막처럼 나타나는 조류도 그렇게 난데없이 퍼지는 일은 없다. 조류가 그렇게 극성을 부린다면, 그동안 그들의 확산을 막던 제약 원소들을 어디선가 얻어 내는 데 성공했다는 뜻이었다. 그 당시에는 토양 침식이 심하게 일어나고 있었고, 한 연구 집단이 토양에 저장되어 있던 탄소와 질소가 농장에서 침식되어 나가면서 조류의 성장을 촉진한 것이라는 주장을 내놓았다. 하지만 그들의 연구는 세제 회사들의 지원을 받아 진행되고 있었다. 조류 비상사태의 또 다른 원인으로 지목된 인은 세제의 중요한 원료였다. 이와 관련한 최초의 과학적 연구는 아주 작은 규모로 진행되었다. 작은 유리병에 호수의 물을 담은 다음 어떤 병에는 탄소를, 어떤 병에는 질소를, 그리고 또 어떤 병에는 인을 투여했다. 그리고 그중 어느 병의 물이 생명 가득한 초록색으로 변하는지 관찰했다. 이들의 실험은 기후 모델링을 다룬 장에서 설명했던 이상적인 실험과 매우 비슷했다. 실험군과 대조군이 구분된 간단하고 분명한 실험이었다. 《네이처》에 이런 실험 중 하나의 결과가 실렸는데, 그 논문이 지목한 범인은 인이 아니라 탄소였다. 이 논문 역시 뉴욕비누세제협회 Soap and Detergent Association of New York의 지원을 받아 완성된 것이었다. 연구 자금의 출처 외에도 이 논문에는 비판할 점이 너무나 많았기 때문에, 사람들을 설득하지는 못했다.

인생에서도 그렇듯이, 과학에서도 확증은 언제나 증거의 축적을 기반으로 한다. 그러나 이 경우, 미스터리를 푼 것은 오직 한 건의 실험뿐이었다. 1970년대 초반, 데이비드 쉰들러David Schindler라는 과학자는 이 의문을 다른 각도에서 풀어 보려 했다. 녹조로 덮인 호수는 커다란 이슈로 떠올랐고, 쉰들러는 이렇게 큰 문제를 해결하려면 소규모 실험으로는 어림없다고 판단했다. 캐나다 출신인 그는 운 좋게도 호수로 둘러싸인 지방에 살았다. 그의 연구팀은 유리

병 따위는 제쳐 두고 호수 전체에 비료를 뿌렸다. 여러 건의 실험을 진행했지만, 가장 기억할 만한 실험은 호수가 좁아지는 구역에 불투과성 장벽을 설치해 호수를 아래위로 나누는 실험이었다. 이렇게 호수를 나누어 한쪽에는 질소와 탄소를, 그리고 반대쪽에는 질소와 탄소 그리고 인을 뿌렸다. 그 결과는 누가 보아도 명백했다. 탄소와 질소를 트럭으로 부은 쪽의 호수는 맑고 깨끗했다. 탄소와 질소 그리고 인을 투입한 쪽은 마치 완두콩 수프처럼 초록색으로 변했다. 남세균이 탄소와 질소는 쉽게 얻을 수 있지만, 인은 얻기 힘들기 때문이라는 것이 분명해졌다.

쉰들러의 실험 덕분에 세계 대부분 나라에서 세제를 제조하는 원료에서 인을 제외하도록 규제했고, 상황은 호전되었다. 그러나 오늘날 지구상의 담수 대부분이 다시 초록색으로 물들기 시작했다. 이번에는 세제가 아니라 논밭과 가축을 기르는 시설에서 흘러나온 비료가 더 큰 원인이었다. 어떤 곳에서는 인이 핵심적인 원인이고, 다른 곳에서는 질소가 인과 비슷하거나 더 큰 원인이다. 어느 원소 탓이 더 큰지는 담수의 성질이나 물살, 주변 환경 같은 세부사항에 달려 있다. 그러나 여기서 가장 중요한 그림은 분명하다. 호수, 강, 더 크게는 바다의 광합성 유기체에게 햇빛과 물은 거의 무한히 풍부하다. 그들에게 필요한 나머지 원소가 주어지면, 어떤 유기체든 개체수가 폭증할 수 있다는 것이다.

불행히도 조류와 박테리아의 개체수 증가는 단순한 문제가 아니다. 눈으로 보기에도 물이 망가졌다는 걸 알 수 있다. 남세균은

그림 15 흑백사진으로 보아도 인을 투여한 쪽의 호수에서는 조류의 폭증이 확실하게 드러난다. 인은 투여하지 않고 탄소와 질소만 투여한 위쪽 호수의 물은 여전히 맑고 투명하다(사진에서는 검게 보인다). 실험을 위해 설치한 인공 장벽이 호수를 둘로 갈라놓았다. (사진 출처: IISD Experimental Lakes Area)

위험한 독소를 만들어 내기 때문에 그 물에서 수영을 즐길 수 없는 것은 물론이고 그 물과 그 물에 들어 있는 어떤 것도 먹을 수 없다. 한술 더 떠서 현미경을 들이대야 겨우 볼 수 있을 만큼 작지만 확산해서 물이 독성을 띠게 하는 미생물들은 심지어는 죽었을 때도 살아 있을 때와 똑같이 위험하다. 영양분이 불시에 대량으로 유입되면 물속의 생명체들이 폭발적으로 늘어나는데, 그 영양분의 공급이 감소하면 생명체의 폭증 뒤 죽음의 폭증이 따라온다. 갑자기 증가한 영양분을 먹어 대던 미세한 생물체들도 결국은 죽음을 피할 수 없고, 죽어서 바닥에 가라앉으면 광합성 과정의 역방향으로 분해가 시작된다. 다시 한 번 상기시키자면, 광합성은 산소를 만들어 내고 그 역반응인 호흡은 산소를 소비한다. 생명체가 죽어서 강이나 호수의 바닥에서 분해될 때 만약 수질이나 기타 조건이 적합하다면, 그 과정에서 산소가 소비된다. 물결에 실려 오든지 해서 어떻게든 산소가 충분히 새로 공급되지 않는다면, 그곳에서는 물고기, 조개, 벌레 등 모든 다세포 유기체가 살아가기 힘들어진다. 어떤 생명체들이 너무 많이 살다가 갑자기 너무 많이 죽어서 생기는 이런 구역을 '데드존dead zone'이라고 부른다.

 이런 데드존 중에서 어떤 곳은 아주 작은 영역에 그치지만, 감당하기 힘들 만큼 넓게 형성되는 경우도 있다. 경작지에서 흘러나와 담수에 섞인 과량의 질소와 인에 의해 형성된 멕시코만의 데드존은 거의 뉴저지 면적(약 2만 2000제곱킬로미터)과 맞먹는다. 지금 지구상에서 대규모 영농 지역을 돌아 나온 물길의 끝에는 거의 모든 곳에서 일시적이거나 때로는 영구적인 데드존이 형성되어 있다. 바다에서 어업으로 생계를 꾸려 가는 어민들에게 데드존은 막대한 영향을 끼친다. 데드존은 생명의 공식에 있는 원소에 인류가 점점 더 많이, 점점 더 크게 접근하고 있음을 상징한다.

오늘날 이런 데드존은 멕시코만 연안 같은 얕은 바다에서만 생긴다. 그러나 논밭에서 흘러 나가거나 인간을 거쳐 나가서 바다로 흘러드는 인의 양이 계속 증가한다면, 먼 바다까지 데드존이 되어 버릴지도 모른다고 경고하는 과학자들도 있다. 상상하기조차 힘든 재앙이지만, 지질학적 역사를 되짚어 보면 이런 일이 종종 일어난다. 남세균에 대해 다룬 장에서, 암석의 풍화작용으로부터 얻어지는 영양분(인과 철 같은)이 바다에서의 광합성을 제한하는 주요 요소일 거라고 말했다. 해수면에서 충분히 얻을 수 있는 요소는 햇빛이 유일하므로, 너른 바다 위에서의 광합성은 흙과 강물에 한 방울씩 실려 오는 암석 기원 원소들에 의존할 수밖에 없다.

그러므로 대륙에서 깎이거나 녹아서 흘러 들어온 인을 비롯한 다른 영양분들의 양이 폭증한다면 무슨 일이 벌어지겠는가? 인의 경우, 바다까지 도달하는 속도는 200~300년 전에 비해 두세 배로 증가했을 것이다. 지금의 상황은 바다를 근본적으로 변화시키기에 충분할까? 지금 우리가 절벽 끝에 얼마나 가까이 다가갔는지는 솔직히 아무도 모른다. 그러나 이미 말했듯이, 세상을 바꾸는 변화에는 그에 걸맞는 후폭풍이 따른다. 인류가 그 모든 후폭풍을 빠짐없이 예견하고 대비할 수 있다고 믿어서는 안 된다.

최근 들어 기후변화를 연구하는 과학자들은 그 분야에서 지구 위험 한계선planetary boundaries, 대안적 평형 상태alternative stable state 라 부르는 것들에 대해 많은 이야기를 하고 있다.[24] 이들의 주장을 설명하기 위해 한 가지 비유를 들어보자. 지구를 커다랗고 평평한 탁자 위에 놓인 공이라고 생각하자. 그 공을 그 탁자 위에서 아무리 이리저리 굴린다 한들 큰일이 일어나지는 않는다. 그러나 그 공을 가장자리 너머까지 밀어버리면, 그 공은 바닥으로 떨어지고 새로운 평형 상태가 된다. 바닥에 떨어진 공이 저 혼자 탁자 위로 다시 올라갈 수는 없다. 세상의 모든 인을 몽땅 바다에 쏟아부으면 지구가 다시 무산소 상태가 될지 어떨지 장담할 수 없다. 그러나 우리가 시스템, 즉 자연계 자체를 이리저리 마구, 과거에 비해 점점 더 빠른 속도로 밀어 대고 있다는 것은 분명하다. 이 탁자의 끝이 어디인지 우리는 알지 못하므로 매우 신중할 필요가 있다. 인의 경우, 지금보다 훨씬 더 많이 재활용함으로써 바다에 폐기물로 유입되는 것을 크게 줄여야만 한다는 뜻이다.

기후변화와 탄소 순환의 변동은 그 속도를 크게 줄일 수 있고, 정치적인 의지만 있다면 완전히 멈출 수도 있다. 인류가 정말 그렇게 할지 말지는 두고 볼 일이지만, 이미 행동할 시점이 너무 오래 지났다는 건 분명하다. 그러나 다행히 전부 그런 건 아니지만 지금 시점에서 이미 멈출 수 없게 되어 버린 문제도 있다. 질소에는 이중의 문제가 있다. 어떤 곳에는 너무 적고 어떤 곳에는 너무 많다. 그렇지만 질소는 최소한 고갈의 위험은 없다. 고정된 질소 중에서 남아도는 것들은 미생물에 의해 결국 대기로 되돌아간다. 인은 사정이 다르다. 유한하고 대체 불가능하다. 그럼에도 우리는 계속 낭비하고 있다. 다시 한 번 말하지만, 인류가 거둔 화학적 성공에는 반드시 후과가 따른다. 언제나 모든 경우에. 그러나 가능성 있는 해법을 열거하기 전에 탐색해 볼 원소가 두 가지 더 있는데 그 둘은 하나의 묶음으로 볼 수 있다. 이제 물의 이야기로 들어가 보자.

7

물, 육상 생명체의 핵심

가장 중요한 수소와 산소의 형태

나는 20대 중반에 지질학으로 석사학위를 따기 위해 몬태나대학교 대학원에 진학했다(학부에서는 역사를 전공했다). 와이오밍에서 1년 동안 스키를 즐기고 나니 로키산맥 북부가 살면서 본 최고의 자연경관이라는 확신이 들었다. 그래서 그토록 경치가 아름다운 곳에서, 실험실이 아닌 바깥에서 과학을 연구할 기회를 덥석 잡았다. 석사학위 과정이 끝날 무렵, 내 아내 베스는 뉴욕에 있는 의과대학으로부터 합격통지서를 받았다. 아름다운 산맥을 남겨두고 다시 뉴욕으로 가야 한다고 생각하니 무척 아쉬웠다. 그 아쉬움을 달래자는 생각에, 우리 둘이 자란 도시의 빌딩 숲으로 돌아가기 전에 6주 예정으로 함께 미국 서부 여행을 떠나기로 했다.

로키산맥 북부는 자주 여행해 보았지만, 남서부의 사막지대는 처음이었다. 닫힌 차창 밖으로 스치듯 지나가는 풍경 속에서 끝없이 이어진 메마른 협곡은, 과거 물이 흐르던 계곡이었음을 암시하는 흔적이 더러 있었을 뿐 이제는 바싹 말라 자갈만 굴러다니고 있었다. 동부 해안 도시에서 자라 로키산맥 북부에서 산 지 얼마 되지 않은 우리에게 그 메마른 땅의 풍경은 낯설고 불안했다. 아내도 나도 하이킹 마니아였지만, 그곳에서 함부로 나섰다가는 위험할 듯 보였다. 곰 같은 맹수나 추위, 가파른 지형 때문이 아니라 갈증이 걱정됐기 때문이다. 목마름에 대한 공포는 전혀 새로운 느낌이었다. 우리는 물을 쉽게 마실 수 있는 환경에 익숙해서, 물이 없다는 현실은 매우 두려웠다. 어떻게 보면 그 공포는 아주 처음부터 생명의 공식에 각인되어 있는 감정이다.

이번 장에서는 우리 모두에게 가장 중요한 형태의 수소와 산소, 즉 물에 대해 이야기하고자 한다. 하지만 물과 인간에 대한 진짜 이야기는 우리가 마실 물이 충분한지에 대한 걱정이 아니다. 황당한 이야기처럼 들릴지도 모르겠지만, 우리가 마시는 물은 우리에게 필요한 물의 극히 일부분에 불과하다. 지금부터 할 이야기는 식물과 식물의 생리학 그리고 그 생리학이 우리가 마시는 물이 아닌 우리가 '먹는' 물에 영향을 주는 방식에 대한 설명이다.

'먹는 물'이 무슨 뜻인지 설명하기 위해, 먼저 육상 식물로부터 시작해 보자. 식물은 인간을 비롯한 모든 육상 생명체가 의존하는 먹이사슬의 기반이다. 우리가 가장 많이 먹는 작물은 개량된 화본과禾本科

식물(옥수수, 밀, 쌀, 보리)과 콩류(대두) 또는 전분이 많은 뿌리작물(감자) 등이다. 이들 모두 맛을 좋게 하거나 생산성을 높이거나 질병에 대한 적응력을 높이기 위해 수천 년 동안 의도적인 선택 교배를 통해 유전학적으로 변형되었다. 최근에는 현대적인 유전학 기술로 더 많은 변형이 가해진 작물도 많아졌다. 그러나 이런 모든 변형에도 불구하고, 우리가 먹는 모든 작물은 과거 그들의 조상들과 똑같은 광합성 과정에 의존하고 있으며, 그 조상들의 광합성 과정 또한 남세균과 남세균의 친척으로부터 물려받은 것이다. 모든 식물은 햇빛으로부터 얻은 에너지를 사용해서 CO_2와 물을 결합하고, 이 반응을 통해 우리가 먹는 탄소 기반 분자를 만들어 낸다.

 앞에서 질소와 인이 특정한 장소에서 일어나는 광합성의 양을 어떻게 제한하는지 설명했지만, 땅에서 광합성의 가장 큰 제한요소는 물이다. 사막에서 식물이 얼마나 잘 자랄 수 있는지 묻는 질문에 답하기 위해 사막의 땅이 얼마나 비옥한지 따져보는 사람은 없을 것이다. '물이 충분한 땅에서보다 훨씬 덜 자란다' 같은 정답이 있기 때문이다. 앞에서도 설명했듯이, 육상 식물이 물이 풍부한 계곡과 늪을 떠나서도 생존할 수 있도록 진화하기까지는 수천만 년이 걸렸다. 이제 인류는 그 식물의 후손들이 지구상의 모든 곳에서, 어떤 곳에서든 잘 자라도록 유도하고 있다. 사우디아라비아의 사막에서도 브라질의 열대우림과 캐나다 중서부 서스캐처원의 얼어붙은 평원에서도 작물을 기르고 있다. 비가 충분히 내리는 곳에서는 비에 기대 농사를 짓고, 그렇지 않은 곳에서는 물을 끌어와서라도 댄다.

물이 없으면 식량도 없다.

식량과 물의 연결고리를 조금 더 세밀하게 탐색해 보자. 그 연결고리가 생명의 공식이 어떻게 가능한 것과 불가능한 것을 가르는 중대한 제한요소가 되었는지를 보여 줄 좋은 사례이기 때문이다. 우리에게 필요한 작물은 우리가 제일 먼저 살펴본 화학적 반응, 즉 광합성을 통해 성장한다. 여기서는 강조점을 달리하기 위해 약간 변형된 형태의 광합성 과정 반응식을 제시해 보겠다.

이산화탄소 + 물 + 햇빛 → 식물의 조직 + 산소

CO_2가 충분히 녹아 있는 바다에서 사는, 현미경적 크기의 광합성 유기체에 물은 전혀 제한요소가 되지 못한다. 그러나 육상 식물에는 더 풀기 어려운 문제가 있다. 물은 땅속에 있고 광합성은 잎에서 일어난다. 식물은 땅속에 있는 물을 뿌리에서 잎까지 끌어올려야 한다. 어떻게?

식물이 뿌리에서 잎까지 물을 끌어올리는 과정은 경이롭다. 그 신비로운 과정의 열쇠는 모든 잎의 밑면에서 (현미경으로) 볼 수 있다. 잎에는 아주 미세한 구멍이 있다. 기공氣孔이라 불리는 이 구멍을 통해서 대기 중의 CO_2가 잎 안으로 확산된다. 왜 이런 일이 일어나는가? 식물이 광합성을 하면, 잎에 있던 탄소가 식물 조직으로 전환되기 때문에 잎의 탄소 농도가 낮아진다. 즉 잎 내부의 탄소 농도가 외부 공기의 탄소 농도보다 낮아진다. 따라서 기공이 열리면 공기 중의 탄소가 잎 안으로 들어가 확산되는 것이다. 기체가 농도가 높은 곳에서 낮은 곳으로 이동하는 것은 자연의 법칙이다. 농도의 차이가 클수록 더 많은 확산이 일어난다.

그렇다면, 물을 잎까지 끌어올리는 과정은 어떻게 일어날까? 과학자들이 이 과정을 밝히는 데는 시간이 좀 걸렸다. 그러나 지금은 나무를 긴 빨대에 비유함으로써 쉽게 이해할 수 있다. 빨대의 한쪽 끝을 (상대적으로) 습한 땅속에서 자라고 있는 뿌리라고 생각하자. 반대쪽 끝은 (상대적으로) 건조한 공기 속에서 하늘하늘 흔들리는 잎이라고 생각하자. 잎에서 수분이 증발(과학자들은 식물을 통하지 않고 일어나는 증발과 구분하기 위해 '발산發散'이라는 용어를 쓴다)하면 젖은 뿌리와 마른 잎 사이에서 압력 차이가 생긴다. 모든 물질은 압력이 높은 곳에서 낮은 곳으로 흐르므로, 물은 나무를 타고 올라간다. 빨대로 물(또는 밀크셰이크)을 빨아 마시는 것과 비슷하다. 빨대의 아래쪽은 압력이 크고, 위쪽은 압력이 작은 '압력의 기울기'가 생기는 것이다. 키가 120미터에 달하는 미국삼나무가 땅속의 뿌리에서 꼭대기에 있는 잎까지 이렇게 단순한 방법으로 물을 끌어올린다니 믿기지 않는다. 하지만 그게 사실이다.

요약하자면, CO_2를 흡수하기 위해서 식물이 잎에 있는 기공을 열면 CO_2는 식물 안으로 확산되어 들어가고 수분은 발산되어 나간다. 식물이 기공을 통해 CO_2 분자 하나를 포획할 때마다 수천 개의 물 분자가 똑같은 기공을 통해 빠져나간다. 나아가 수분을 채우거나 비울 때 기공을 열거나 닫는 일은 특별한 문지기 세포guard cell*

가 담당한다. 만약 나뭇잎에 수분이 충분하면, 문지기 세포에도 수분이 가득 차서 통통하게 부풀어 오르면서 마치 휘파람을 불 때의 입술 모양처럼 동글게 기공이 열린다. 나뭇잎이 마르면, 세포가 찌부러지면서 기공이 닫힌다. 기공이 닫히면 밖으로 발산되는 수분의 양이 크게 줄어들지만, CO_2가 식물 안으로 확산될 수도 없다. 따라서 기공이 닫힌 채 너무 오랜 시간이 흐르면 식물은 탄소 부족에 시달리게 된다.

이렇게 해서 육상 식물의 광합성에서 물은 두 가지 근본적인 방향과 연계된다. 첫째, 진화는 육상 식물이 광합성을 할 때 물을 이용하도록 진행되었다. 그러므로 물이 없다면 화학반응도 일어나지 않는다. 둘째, 식물이 물에 얼마나 많이 의존하느냐와 관련해서 더 중요한 측면인데, 식물은 CO_2가 확산되어 들어오도록 하기 위해 기공을 열 때마다 수분을 잃는다. 식물은 CO_2를 필요로 한다. CO_2가 없다면 성장하지 못한다. 그러나 CO_2가 들어오는 바로 그 기공을 통해 물을 잃지 않으면 CO_2를 얻을 수도 없다. 그리고 물을 너무 많이 잃으면 기공이 닫히기 때문에 CO_2를 더 얻을 수 없다. 물이 더 많은 장소에 식물이 더 많은 게 당연한 일이다.

땅 위로 올라온 이후로 식물은 CO_2를 흡수하는 대신 수분을 잃는 교환 방식을 개선할 진화론적인 혁신을 이루기 위해 수많은 장치들을 시도해 왔다. 옥수수처럼 인류에게 아주 중요한 작물을 포

---

* [옮긴이] 정식 명칭은 공변세포이지만, 이해를 돕기 위해 '문지기 세포'로 옮겼다.

함해 몇몇 화본과 식물들은 잎에서 CO_2를 농축하고 수분을 내보내는 광합성 경로가 약간 다르다. 선인장을 비롯한 여러 다육 식물은 훨씬 더 극단적인 시도를 통해 상대적으로 서늘하고 수분 손실이 적은 밤에 CO_2를 흡수했다가 덥지만 햇빛이 좋은 낮에 광합성을 진행한다. 이러한 혁신에도 불구하고, 흙이 너무 오랜 시간 동안 메말라 있으면 식물은 살아남을 수 없다. 물과 광합성은 끊으려야 끊을 수 없게 연결되어 있다. 이런 점에서 인간이 쓰는 물의 80퍼센트가 농경에 쓰인다는 사실을 이해할 수 있다. 이것이 우리가 먹는 작물이 지나온 진화의 역사가 우리에게 청구한 대가다.

인간은 어디에서 물을 얻는가

진화를 통해 물과 광합성이 결합한 결과, 인간 사회는 (육상 식물이 처음 등장했을 때 그랬던 것처럼) 인류 역사의 대부분을 물과 가까운 곳에서 머물렀다. 그러나 육상 식물과 아주 똑같지는 않더라도, 인간도 육상 식물처럼 수원지와 멀리 떨어진 아주 건조한 장소에도 물을 끌어올 수 있는 정교한 관개 시스템을 만들어 냈다. 인류는 애리조나의 사막처럼 건조한 땅에서도 아주 먼 강으로부터 수로를 통해 물을 끌어다가 상추나 목화처럼 물이 많이 필요한 작물을 기른다. 연녹색의 작물이 싱싱하게 자라는 애리조나사막의 사진은 북아프리카나 중동 지역의 인공위성 사진에서 볼 수 있는 회

갈색의 메마른 불모의 땅과 극적인 대비를 이룬다. 이런 밭에서 쓰는 농업용수는 수백 미터 지하에서 퍼 올린 지하수다.

인류는 산을 깎고 계곡에 물을 채우고, 인간과 식물의 갈증을 해소하기 위해 대륙마다 배수관을 갖추었다. 거대한 댐, 수없이 많은 우물, 그 개수나 길이를 이루 헤아릴 수 없이 촘촘한 수로의 네트워크, 인류는 그동안 공학적으로 경이로운 성공을 거두었다. 세계에서 가장 긴 수로(인도에 있다)는 길이가 644킬로미터로, 모로코와 서사하라에 있는 세계에서 가장 긴 인 컨베이어벨트보다도 더 길다. 급속도로 도시화되어 가는 세상에서 식량 생산을 위해 얼마나 많은 땅을 경작하고 있는지, 얼마나 많은 농업용수를 쓰고 있는지에 대해서는 무관심해지기 쉽다. 그러나 세상의 농토를 한자리에 모아 이어 붙이면, 남미 대륙 전체를 덮을 만한 면적이 된다. 그 모든 농토에서 작물을 기르고 있으며, 그 모든 작물의 생장에는 물이 필요하다.

인류에게 물이 얼마나 많이 필요한지를 설명하기에 적당한 비유는 찾기가 어렵다. 지구상의 인류 전체가 1년 동안 사는 데 필요한 물의 총량은 약 4조 세제곱미터 정도다. 숫자로 표현할 수는 있지만, 상상은 되지 않는 어마어마한 양이다. 이 정도 부피의 물이면 미국 영토 전체(알래스카와 하와이까지 포함하여)만 한 면적의 수영장에 50센티미터 깊이로 물을 채울 수 있는 양이다. 넓이보다 깊이로 상상하는 것이 이해하기 쉽다면, 델라웨어와 로드아일랜드 전체를 엠파이어 스테이트 빌딩 높이로 덮을 수 있는 양이다. 어떤 자로 재든, 어마어마한 양이다.

이 많은 물이 대체 어디서 날까? 지구상의 물은 두 가지로 분류할 수 있다. 하나는 표층수, 나머지 하나는 지하수다. 물론 담수화된 해수도 있다. 사실 담수화된 해수는 앞으로 몇십 년 안에 아주 중요한 역할을 하게 될 것이다. 표층수는 호수나 강물처럼 말 그대로 땅의 표면에 있는 물이다. 담수 중에서 표층수가 차지하는 부분은 아주 작다. 흙과 암석 사이에 갇힌 채 지하에 저장되어 있는 물이 훨씬 많다. 그러나 대부분의 장소에서 지하수보다는 표층수가 훨씬 이용하기 쉽다. 크든 작든 지구상의 거의 모든 강은 그 자리에서 용수로 쓰이거나 댐에 저장된다. 큰 강 중에서는 아마존강만이 댐에 갇히지 않고 흐른다. 아마존강은 지구상에서 유량이 가장 많은 강이기도 하다. 아마존강의 지류인 마데이라Madeira, 타파조스Tapajos, 싱구Xingu 강도 대부분의 다른 강보다 유량이 크다. 이들 지류에는 최근 들어 여러 개의 댐이 건설되고 있다. 현대에 건설되는 댐은 수백 킬로미터에 걸쳐 상류와 하류의 흐름을 바꿔 놓을 정도로 거대하다. 세계 최대의 댐인 중국의 싼샤댐은 길이만 2.4킬로미터에 달하며 높이는 50층 건물과 맞먹는다.

브라질 아마존 지역처럼 수자원이 풍부한 지역에서는 전력을 생산하기 위해 댐을 건설하고 바지선을 더 원활히 운항하기 위해 수로를 낸다. 그러나 미국 서부처럼 건조한 지역에서는 관개를 목적으로 댐을 건설한다. 이런 장소에서는 농업용수로 끌어다 쓰는 물이 많아 강물이 미처 바다에 이르기도 전에 물길이 사라지기도 한다. 그랜드캐니언을 만들고 미국 서부의 지형을 형성한 콜로라도강도 그런 강의 하나다. 이 강에는 댐과 저수지가 굉장히 많아서, 원래 유량의 6분의 1 정도가 댐으로 가둔 저수지에서 증발되어 버린다. 그 외에도 강줄기를 때로는 세밀하게, 때로는 법적 소송을 불사하며 잘게 나누어서, 점점 더 많은 사람과 점점 더 많은 농지로 강물이 흘러 들어간다. 콜로라도강 유역의 일부 지역에서는 자기 집 지붕에서 떨어지는 빗물을 받아 모으는 것도 불법이다. 강물뿐만 아니라 빗물도 정해진 목적에 맞게 쓰여야 하는 것이므로 한 개인이 함부로 차지할 수 없다고 보는 것이다. 2019년, 강을 복원하려는 노력을 기울이고 16년 만에 처음으로 강물이 바다에 이르기는 했지만, 한때는 물길 창창했던 강물도 지금은 원래 종착지인 캘리포니아만에 다다르는 경우가 드물다.

인간은 강으로부터 많은 물을 빼돌려 농지에 공급함으로써 대륙에 물이 더 많이 머물게 했다. 이것이 바로 우리가 하늘에서 내리는 빗물의 양을 바꾼 방식이다. 빗물이 구름에서 떨어지기를 기다리는 것이 아니라 관개용 파이프에서 메마른 작물로 떨어지게 했다. 관개 시설로 얻은 물의 총량과 비나 눈으로 하늘에서 땅으로 떨어지는 강수의 총량을 실제로 비교한다면, 관개로 얻은 물은 자연 강수량의 몇 퍼센트에 불과하다는 것을 알 수 있다. 그렇게 보면 별것 아닌 것 같지만, 자연 강수의 총량은 지구상의 모든 곳, 숲이나 초원까지 포함한 모든 곳에 떨어지는 강수의 총량이라는 것을 기억해야 한다. 그리고 관개를 통해 얻는 물의 양만큼 강을 따라 바다로 흘러 들어가는 물의 양이 줄어든다. 총강수량이 아무리 막대하다 해도 인간은 그 막대한 강수량에 흔적이 남을 만큼 물을 빼돌리고 있는 것이다.

조금 더 그림을 확대해서 우리가 농지로 쓰는 마른 땅의 면적을 살펴보면, 인간의 영향이 훨씬 더 잘 드러난다. 지구의 '빵 바구니'라 불리는 캘리포니아의 센트럴밸리를 예로 들어보자. 이곳은 동쪽에는 시에라네바다산맥, 남쪽에는 캐스케이드산맥, 서쪽에는 캘리포니아 해안산맥이 둘러싸고 있는 대략 길이 643킬로미터, 폭 80킬로미터의 곡창지대다. 미국에서 소비하는 식량의 4분의 1이 센트럴밸리에서 재배된다. 대학원생 시절, 실리콘밸리의 사람 숲을 피해 눈 덮인 시에라네바다로 가기 위해 이 지역을 자주 횡단했다. 시에라네바다의 산자락에 닿으려면 작물이 자라는 밭과 젖소가 풀 뜯는 목초지를 두 시간 넘게 달려야 했다. 가는 내내 비료와 거름 냄새를 맡으면서 운전을 했다. 센트럴밸리는 북쪽은 습하지만 남쪽은 건조한데, 이 지역 전체의 연평균 강수량은 약 300밀리미터 정도 된다. 하지만 여기에 시에라네바다의 댐과 멀고 먼 콜로라도강에서 끌어온 용수까지 더하면 900밀리미터 정도를 이용할 수 있다. 관개수 덕분에 이 거대한 계곡에 할당되는 물의 양이 자연 강수량의 세 배가 되는 것이다. 센트럴밸리의 사례는 극단적인 경우지만, 세계 곳곳의 많은 농경지도 사정이 크게 다르지 않다. 생명을 유지하는 데 수소와 산소보다 중요한 원자는 없다. 그렇게 넓은 땅에서 생명을 주는 원소들의 활용 가능성을 크게 바꿔 놓고 있으니 인간은 진정 세상을 바꾸는 존재라고 할 수 있다.

강은 우리가 쓰는 물의 가장 주요한 2개의 수원 중 하나다. 강은 도시의 위치에서부터 세계의 상업과 무역 그리고 인간의 예술적 상상력에 이르기까지 많은 것에 영향을 주지만, 지하에 저장된 물의 양이 땅 위를 흐르는 물의 양보다 훨씬 더 많다. 땅은 물론 바위도 보이는 것처럼 단단하지 않다. 땅과 바위를 이루는 입자들 사이사이에는 물을 저장할 수 있는 아주 작은 공간이 있어서, 그 공간에서 물을 뽑아낼 수 있다. 지형학적 요소와 수문학적水文學的 요소가 어떻게 작용하느냐에 따라서 어떤 지역에서는 지하수가 지표로 올라오면서 샘이 형성되기도 한다. 다른 곳에서는 지하수가 지표 깊숙한 곳에 자리 잡고 있어서 그 물을 쓰려면 퍼 올려야 한다.

지하수를 쓰면 여러 이점이 있다. 지하수는 표층수보다 잘 오염되지 않는다. 흙이 필터 역할을 하면서 질병을 일으키는 유기체나 사람이 만든 오염물질을 걸러 줄 수 있기 때문이다. 지구상 여러 곳에서 지하수는 처리를 거치지 않고도 안전하게 마실 수 있는 유일한 물이다. 수질 처리 비용이 너무 비싼 곳에서도 지하수가 유일하게 안전한 식음수로 대접받는다. 오늘날 지하수는 약 20억 명에게 마실 물을 제공하고 농업용수의 40퍼센트를 차지한다. 건조지대에서는 이 비율이 더 커져서, 심하게 건조한 지역에서는 마시고 쓰는 물의 거의 100퍼센트를 지하수에 의존한다.

강이 사람에 의해 극적인 변화를 겪었듯이, H와 O의 원천 역시 사람에 의해 큰 변화를 겪어 왔다. 이번에도 다시 한 번 은행 계좌 비유를 동원해 보자. 이번에는 지하수에 이 비유를 적용해 보고자 한다. 이 비유에서 지하수원 계좌의 입금 또는 예치는 비와 눈이다.

비가 내리고 눈이 녹으면, 그 물의 일부는 지표를 흐르면서 강을 이룬다. 그러나 일부는 흙 속으로 스며들어 퇴적 토양과 암석 사이의 틈새를 채운다. 마치 스펀지에 적셔진 물처럼, 흙 속에 저장되는 것이다. 이렇게 저장된 물을 지하수, 그리고 그 스펀지를 대수층aquifer이라고 부른다. 은행 계좌에서처럼, 이렇게 저장되는 물의 양은 눈과 비로 내린 강수량 중 흙에 스며드는 양이 얼마나 되는지, 스펀지의 저장 용량이 얼마나 되는지, 저장되었던 물이 얼마나 빨리 다시 빠져나가는지에 따라 달라진다. 자연 상태에서라면 지하수는 비록 속도는 훨씬 느리지만 지표면 위에서 표층수가 흐르는 것과 똑같이 지하에서 흐르다가 결국은 강으로 흘러들고 마지막에는 바다로 간다. 지하수의 은행 계좌에서 인출되는 것이다. 비와 눈이 입금으로 기록된다면 흘러 나가는 물은 인출로 기록된다.

 지하수 은행 계좌의 규모는 어마어마하다. 그러나 가장 건조한 지역의 지하수 계좌는 지하수에 식수와 용수를 대부분 의존하는 인간이 개입하기 전까지는 입금도 인출도 매우 적었다. 이런 지역에서는 거대한 물의 신탁 펀드가 운영된다. 이 펀드는 수천 년에 걸쳐 한 방울씩 떨어져 모이거나 마지막 빙하기가 남긴 막대한 유산으로 채워진, 수만 년에 걸쳐 조금씩 조금씩 줄어드는 계좌를 기반으로 만들어진 것이다. 예를 들면, 사하라사막 지하에는 사하라가 곳곳에 호수가 있는 푸른 풀밭이었던 5000년에서 1만 년 전에 채워진 거대한 대수층이 있다. 미국의 그레이트플레인스(대평원) 아래에 있는 오갈랄라 대수층은 그 위의 지표면에 떨어진, 그리고 지금도 떨어지고 있는 눈과 비가 스며들어 채워지며 형성된 대수층이다.

여러 지역에서 지하수 계좌의 입금은 줄어들고 있는데도 사람들은 우리가 가진 물의 유산은 얼마든지 써도 되는 것인 양 아낌없이 쓰고 있기 때문에 인출이 급격히 증가하고 있다. 당연히 우리에게 남은 지하수 계좌가 점점 비어 가고 있다. 미국에서 가장 큰 대수층인 오갈랄라 대수층을 예로 들어 보자. 이 대수층은 사우스다코타에서 시작해 텍사스 북부까지 이어진다. 사우스다코타에서는 깊이가 300미터 이상이지만 텍사스 북부에서는 30미터 이하로 얕아진다. 이 대수층 위에는 약 51만 8000제곱킬로미터의 농경지가 있다.

1930년대 발생한 더스트볼Dust Bowl* 이후, 이 지역의 농민들은 자신의 농토에 안정적으로 물을 공급하기 위해 필사적으로 노력했다. 강우량은 언제나 불확실하지만, 오갈랄라 대수층 위의 초원처럼 너무 건조해서 농사를 지을 수 없을 지경에 몰린 지역일수록 더 그러했다. 제2차 세계대전 이후 개발된 두 가지 기술 덕분에 오갈랄라 대수층은 하이플레인스(그레이트플레인스 지역에서 해발고도가 더 높은 서쪽 지역)의 농부들에게 생명줄이 되었다. 그 두 가지 기술이란 지하 깊은 곳으로부터 물을 퍼 올리는 가스 엔진과 그 물을 넓은 면적에 골고루 뿌려 주는 회전 살수를 말한다. 어떤 의미에서 지하수 관개는 식물 뿌리와 균류가 공생하며 진화해 온 것과 비슷하다.

---

* [옮긴이] 1930년대에 미국 중서부와 그레이트플레인스 지역에서 발생한 심각한 가뭄과 토양 침식으로 인해 거대한 먼지 폭풍이 빈번하게 일어난 현상.

우리는 덕분에 우리 발밑의 흙과 암석에 저장된 물을 끌어올리는 지하수 관개를 통해 지표수의 수원으로부터 멀리 떨어진 장소에서 (식량이 되는) 식물을 기를 수 있다. 이 방법은 약 4억 년 전 육상 식물이 달성했던 혁신과 기본적으로는 거의 똑같다. 그리고 이 혁신을 통해 육상 식물은 모든 대륙을 점령할 수 있었다.

대수층까지 관정을 파 펌프로 물을 퍼 올리고, 그 펌프에 회전식 스프링클러를 달면, 짜잔! 완벽한 원형의 촉촉하고 비옥한 초록색 농토가 만들어진다. 미국 국토의 동쪽에서 서쪽으로 비행기를 타고 날아가다 보면, 캔자스의 위치타를 지나자마자 둥근 모양의 경작지가 셀 수도 없이 이어진다(구글 어스의 항공사진으로도 볼 수 있다). 동부 지역은 강수량이 많아서 관개를 할 필요가 적다. 여름철에 하늘에서 내려다보면, 이런 지역은 거의 대부분 초록색이다. 땅에서 보면 농지는 그 끝이 가늠되지 않을 만큼 멀리까지 이어진다. 이곳은 농지가 각이 딱딱 잡힌 직사각형으로 구획되어 있다. 구릉 하나 없는 평지에 마치 재로 잰 듯 정확하게 쭉 뻗은 도로와 토지 경계선으로 농지가 구분되어 있다. 위치타를 지나 콜로라도 경계를 향해 서쪽으로, 로키산맥의 비 그늘rain shadow* 쪽으로 계속 가다 보면 하늘에서 내려다보는 풍경은 여름에도 그저 갈색이다. 밭은 초록이지만

---

* [옮긴이] 바람이 산맥을 넘어오다가 비를 뿌려서 그 반대편 지역은 강수량이 적어진다. 바람이 부는 쪽, 즉 바람을 받는 쪽은 강수량이 많아 습하고 바람이 넘어간 산맥 반대쪽은 건조한 기후가 된다. 건조한 쪽을 비 그늘이라고 부른다.

바둑판은 줄어들고, 게임판 같은 동그라미로 이어진다. 원형 농지는 지표면 아래 깊숙한 곳에서 퍼 올린 물로 회전 살수를 한다는 뜻이다. 캔사스에서 쓰이는 물의 80퍼센트, 회전 살수로 뿌려지는 모든 물이 오갈랄라 대수층에서 길어 올린 물이다. 너무 건조해서 빗물만으로는 생산적인 농경을 유지하기 어렵기 때문이다.

오갈랄라 대수층은 미국의 농경지에 필요한 농업용수의 4분의 1을 감당한다. 인출은 크게 증가하는데 입금이 그 속도를 따라가지 못하면 잔고는 줄어들 수밖에 없다. 대수층의 수위는 점점 더 땅속 깊숙이 내려간다. 어떤 지점에서는 오갈랄라 대수층의 수위가 물을 뽑아 쓰기 시작한 1940년대와 비교해 30미터 이상 낮아졌다. 수위가 낮아지면서 해마다 관정을 더 깊이 파야 하므로 물을 퍼 올리기는 더 힘들어지고 비용은 더 증가한다. 지금까지 우리는 이 거대한 대수층에 저장되어 있던 유산을 10퍼센트 가까이 꺼내서 써 버렸다. 그 숫자는 매일 커지고 있다. 비록 물은 '재사용이 가능한' 자원이지만, 입금보다 인출이 이렇게 더 빠르게 늘어나는 것은 곤란하다. 우리는 마치 지하수를 석유처럼 캐서 쓰고 있다. 석유는 대체 가능하다. 우리에게 필요한 것은 에너지일 뿐 석유 그 자체가 아니다. 그러나 물은 대체 불가능하다. 이파리에 있는 그 작은 기공, CO_2는 들어오게 하고 수분은 나가게 하는 그 작은 구멍은 물이 없으면 인간이 먹을 식량을 기를 수 없다는 것을 알려 준다.

오갈랄라 대수층은 인간이 지하수를 채굴해 쓰는 하나의 사례이다. 지구 상공의 높은 궤도를 도는 GRACE(중력 복원 및 기후 실험

Gravity Recovery and Climate Experiment의 약자)라는 이름의 쌍둥이 인공위성이 있다. 453킬로그램 정도 무게에 사다리꼴로 생긴 이 쌍둥이 인공위성은 빠른 속도로 지구 상공을 돌면서 지구 표면과 서로에 대한 상대적인 위치를 측정한다. 쌍둥이 중 하나가 대수층 위를 지나가면 지하수의 무게 때문에 그 위치가 살짝 지표면을 향해 당겨진다. 이때 당겨지는 정도의 변화를 포착해서 그 차이를 측정하면 대수층에 저장된 수량의 변화를 계산할 수 있다. 만약 당겨지는 거리가 전보다 짧아졌다면, 대수층에서 물이 더 많이 빠져나갔기 때문이라고 볼 수 있다(대수층을 이루는 암석의 양은 1년 만에 변하지 않는다). GRACE는 2002년에 발사되었고(2017년에 새로운 버전으로 교체되었다), 매월 한 번씩 지구 전체의 지도를 그려 낸다. 이들의 대단한 활약 덕분에 우리는 지구상에서 가장 큰 대수층들(오갈랄라 대수층을 포함하여)을 20년 가까이 관찰할 수 있었다. 최근에 발표된 몇 편의 논문들이 GRACE의 데이터를 이용해 지구에서 가장 큰 대수층 대다수가 막대한 양의 농업용수를 필요로 하는 현대의 농경 때문에 물을 잃어 가고 있음을 보여 주었다.

여기서 우리는 인간과 물의 최근 이야기를 읽을 수 있다. 인간은 놀라운 공학적 기술을 이용해서 물을 댐에 가두거나 강의 물길을 돌리거나 관개수로를 건설하거나 지하수를 땅 위로 퍼 올림으로써 물이 필요한 곳 어디서든 물을 쓸 수 있게 만들었다. 이런 모든 변화 덕에 태양의 에너지를 거두어 식량으로 만들어 주는 작물을 심고 기를 수 있었다. 이 과정은 물 없이는 이루어질 수 없다. 기본적으로 잎의 구조에서 물이 하는 역할이 있기 때문이다. 인간이 공학적인 방법으로 물에 더욱 쉽게 접근할 수는 있지만, 생명의 공식이 우리에게 가하는 제약을 공학적으로 어떻게 할 수는 없다.

소금기 가득한 땅의 비밀

기후변화의 측면에서 물의 미래를 말하기 전에, 먼저 다루어야 할 주제가 하나 있다. 이 주제는 염분이 없는 담수의 필요성을 다시 한 번 생각하게 한다. 하지만 이번에도 우리가 식수로 마시는 물이 아니라 식물 재배라는 맥락에서 이야기하고자 한다. 이 문제의 뿌리는, 담수를 포함해 모든 물에는 소량의 염분(이를테면 염화나트륨 같은)이 녹아 있다는 데 있다. 이런 물을 작물 재배에 쓰면 문제가 발생한다.

그 이유를 생각해 보기 위해 나와 베스가 몬태나에서 마지막으로 떠났던 여행으로 돌아가 보자. 그 여행 도중에 유타의 거대한 소금 사막을 건너게 되었다. 그곳에는 하얀 소금이 두꺼운 층을 이룬 채 끝없이 이어져 있었다. 거의 완벽한 평지가 광활하게 펼쳐져 있어서, 승용차라기보다는 전투기같이 생긴 고성능 자동차를 끌고 나타나 지상 최고 속도 기록을 세우려고 질주하는 사람들도 있다. 그곳에 그런 소금 사막이 생긴 이유는 까마득한 옛날에는 그곳이 호수였기 때문이다. 호수가 마르면서 담수는 증발해 버리고 층층이 소금만 남은 것이다. 처음에는 아주 소량의 소금만 가라앉았겠지만 물이 증발하면서 천천히 농축되었을 것이다.

건조한 지역에 관개를 하면, 이와 비슷한 과정이 농지에 염분의 흔적을 남긴다. 밭에 담수를 뿌렸을 뿐인데 소금이 남다니, 언뜻 보면 반직관적이다. 어쨌든 우리가 관개를 위해 쓰는 물은 염분이 없는 담수니까. 그러나 빗물이든 강물이든 지하수든, 아무리 맑은 담수라 하더라도 모든 물에는 미량의 염분이 녹아 있다. 집에서 화분에 심은 화초에 물을 주면 그 물속의 염분도 화분 속으로 스며든다. 그 물이 화분 아래로 빠지는 물을 받기 위한 물받침에 떨어졌다가 수분이 증발하고 나면 물받침에 염분이 남는다. 시간이 지나면 그 염분의 자국이 쌓이는 것을 볼 수 있다. 화분에 흰색 얼룩으로 남기도 한다. 여름에 바닷가에서 하루를 보내고 나면 우리 피부에 하얗게 바닷소금 얼룩이 남는 것과 같다.

건조한 지역에서 농사를 짓는 농부의 문제는, 그들이 관개를 통해서 작물에 주는 물은 흙에서 염분을 씻어서 흘려보내지 못한다는 것이다. 물이 필요한 식물은 물을 빨아올려 기공을 통해 밖으로 발산한다. 물론 식물을 통하지 않더라도 물은 흙의 표면에서 공기 중으로 증발한다. 어떤 경우든 물속에 녹아 있던 염분은 그대로 남는다. 염분은 증발하지 않고 토양에 축적된다. 화분 물받침에 얼룩으로 남는 것과 똑같이 염분이 흙을 염류화시키기 시작한다. 그리고 염류화된 토양은 식물에 큰 문제가 된다.

농도가 충분히 높으면, 염분은 곧장 식물을 죽일 수도 있다. 화분에 심은 식물에 바닷물을 주면 그 식물은 죽는다. 바닷물보다 훨씬 염도가 낮더라도 염분은 식물이 물을 빨아올리는 힘을 방해한다. 진짜 문제는 토양은 염류화되어 있는데 식물의 내부는 그렇지 않을 때 발생한다. 이런 조건에서는 염분이 없는 민물(식물의 내부에 있는)에서 염분이 있는 물(흙 속에 있는) 쪽으로 물이 이동하도록 삼투압 기울기가 작용한다. 삼투압의 방향은 반직관적이지만, 분명 독자들은 이 과정이 낯익을 것이다. 건포도 한 알을 물에 떨어뜨리면 건포도의 짭짤한 내부가 밖에 있는 물을 끌어들이고, 표면이 부풀어 올라서 쭈글쭈글하던 건포도의 주름이 펴진다. 우리도 욕조 속에 오래 앉아 있으면 우리 몸속의 염분이 상대적으로 염분이 적은 욕조의 물을 끌어당겨서 손끝이 부풀어 오른다. 물은 상대적으로 염도가 낮은 민물에서 상대적으로 짠 물로 흐른다.

이런 현상이 어째서 식물에 해가 될까? 식물은 잎에서 수분을 발산함으로써 뿌리에서 물을 끌어올린다. 잎에서 수분이 공기 중으로 발산되면서 압력 기울기가 발생해 뿌리가 흙 속에서 물을 빨아들이고, 도관을 통해 잎까지 끌어올린다. 앞에서도 비유했듯이 빨대로 음료수를 먹는 것과 비슷하다. 이 과정은 물을 아래로 끌어당기려는 중력과의 싸움이다. 염분이 있는 흙에는 중력 외에도 물을 아래로 잡아당기는 또 하나의 힘이 작용한다. 바로 삼투압이다. 물은 염분이 낮은 곳에서 높은 곳으로 흐른다. 만약 흙에 염분이 높다면 식물이 물을 필요로 하는 방향과는 반대로 삼투압이 작용해서 식물의 뿌리에서 흙으로 물이 이동하게 한다. 팽팽한 줄다리기가 벌어지는 셈이다. 압력 기울기는 잎에서 수분을 발산할 수 있도록 물을 위로 끌어당기려 하고, 중력과 삼투압은 물을 아래로 끌어내리려 한다. 삼투압의 힘이 더 크면 물은 잎까지 올라갈 수 없다. 물이 없으면 기공이 열려 있게 해주는 세포가 망가지고, 그러면 CO_2도 식물에 흡수되지 못해서 결국 식물은 굶어 죽는다. 식물이 '말라' 죽는 게 아니라 '굶어' 죽는다는 데 주목해야 한다. 식물이 CO_2를 먹으려면 흙 속의 물이 필요하다. CO_2를 먹고 그 CO_2로 당분과 전분을 비롯한 여러 생체분자를 만든다. 물이 없으면 CO_2도 없고, CO_2가 없으면 광합성도 없다. 광합성이 없으면 식물도 없다. 식물이 없으면 인간의 식량이 사라진다.

토양의 염류화는 현실적인 문제다. 건조한 지역의 관개가 계속 확장된다면, 이를 피할 수가 없다. 새롭게 대두되는 문제도 아니다. 과학자들은 메소포타미아 문명의 일부 지역이 토양 염류화 때문에 무너졌으리라고 믿는다. 그러나 지금도 지속가능하지 않은 수준으로 지하수를 퍼 올려 점점 더 건조한 지역으로 농경지가 확산되고 있으니, 토양 염류화에 대한 우려도 점점 커지고 있다. 지하수를 퍼 올리는 방법을 몰랐으며 인구도 지금보다 적었던 때에 비하면 지금은 엄청나게 많은 양의 물을 농경지에 댈 수 있게 되었다. 토양의 염류화로 얼마나 많은 농경지가 위협을 받고 있는지는 정확히 말하기 어렵지만, 대략 20퍼센트 이상의 관개 농지에서 토양 염류화가 심해지고 있다. 토양의 염류화를 막을 수 있는 유일한 방법은 물이 증발한 후 염분이 남도록 두지 말고 더 많은 물을 흘려보내 염분이 흙 속으로 흘러들도록 하는 것이다. 하지만 우리가 굳이 관개를 하는 건조한 지역은 애초에 물이 충분치 않은 땅이다. 더 많은 물로 염분을 씻어 내려고 하다가는 이미 물이 고갈되고 있는 대수층을 더욱 고갈시키게 될 것이다. 물과 식물의 연결고리, 더 나아가 물과 식량의 연결고리는 여러모로 복잡하게 작용한다.

내 연구 분야인 생물지구화학은 농경에 그 뿌리를 두고 있다. 작물을 기르려면 농부는 그 작물들의 생물학을 이해해야 하고, 기온과 일조량, 강수량, 그리고 어떤 토양에서 어떤 작물이 가장 잘 자라는지를 알아야 한다. 그래서 '생물'과 '지구과학'과 '화학'이 만났다. 이 책을 여기까지 읽은 독자라면, 인간이 마주하고 있는 가장 큰 환경상의 난제를 해결하는 데 생물지구화학이 근본이라는 것을 어렵지 않게 알 수 있을 것이다. 그리고 이는 무엇보다도 큰 문제, 기후변화에도 똑같이 적용된다. 이 장의 마지막 부분에서는 기후변화가 인간의 물 사용, 그리고 결과적으로 식량 문제에 미칠 영향에 대해 이야기하고자 한다.

기후변화의 측면에서 본 물의 미래

이 책의 앞부분에서, 기후변화를 테스트하고 기후 시스템에 대한 우리의 아이디어를 현실에 적용할 수 있도록 하는 데 컴퓨터 모델을 어떻게 활용하는지 이야기했다. 또한 인간이 만든 모델이 전체적인 패턴을 발견하는 데 매우 뛰어나고, 따라서 화석연료 연소와 삼림 남벌에 의해 일정량의 CO_2가 대기로 유입되었을 때 지구가 얼마나 더 더워질 것인지 매우 정확하게 예측할 수 있다고도 말했다. 전반적으로, 기후학자들은 지금 건조한 지역들은 대부분 더 건조해질 것이고, 지금 습한 지역들은 대부분 더 습해질 것이라는 데 동의한다. 그러나 얼마나 더 건조해지고 얼마나 더 습해질 것인지에 대해서는 모델마다 다른 답을 제시한다. 이는 미래의 강수량에 대해서는 과학자들 사이에 아직 의견이 일치되지 않았다는 뜻이므로, 좋은 징조라고 할 수 있다.

그럼에도 미래의 강수량은 두말할 것도 없이 중요하며, 건조한 지역은 더 건조해지고 습한 지역은 더 습해진다는 예측은 당연히 우려스러운 일이다. 이러한 변화가 앞으로 우리가 어디서 농사를 지을 수 있는지, 아마존이 메말라서 풀밭이 될지, 점점 더 건조해지고 있는 미국 서부의 숲이 앞으로도 계속 걷잡을 수 없는 산불에 시달리게 될지를 결정한다. 강수량이 어떻게 변할지가 불확실한 상황에서도 한 가지 확실한 것은, 지구가 더워지면 더워질수록 땅에서 증발하는 물은 더 많아질 것이라는 사실이다. 이미 건조한 지역에서 지구온난화는 상상 이상으로 건조한 미래와 우리가 그러한 미래에 적응해야 한다는 것을 의미한다.

기후가 더 따뜻해지면 바다에서는 더 많은 증발이 일어날 것이고, 그러면 수분이 증발하면서 해수면으로부터 빠르게 상승하는 기류에 의해 더욱 강력한 허리케인이 더 자주 발생할 것이다. 한편 육지에서 증발이 더 많아진다는 것은 전혀 다른 상황을 의미한다. 인간이 쓸 수 있는 물이 줄어든다는 뜻이기 때문이다. 이해를 돕기 위해 콜로라도강으로 돌아가 보자. 콜로라도강의 물은 댐에 갇혀서 농경지로 들어가고, 멕시코만에 닿기 전에 5개의 주에서 사람들의 식수와 생활용수로 쓰인다. 물 한 방울도 귀해져서, 물 한 방울 때문에 소송이 일어나고 끊임없는 논쟁이 일어나기도 한다. 이 장을 쓰기 직전에, 멕시코의 농부들이 물을 더 많이 공급해 달라고 시위를 벌인 일이 있었다. 학자, 보안 전문가, 군사 전문가 등 많은 사람이 기후변화로 인해 대두된 갈등이 향후 수십 년간 중요한 분쟁의 원인이 될 것이라고 예상하고 있다.

이 점을 기억하면서, 콜로라도강의 미래를 조금 더 자세히 들여다보자. 상류에 내리는 눈과 비가 줄어든다면 강에 흐르는 물도 줄어들 거라는 데 놀라워할 사람은 없을 것이다. 그러나 이미 말했듯이, 이 지역의 미래 강수량은 그다지 자신 있게 말할 수 없다. 하지만 이 지역의 기온은 계속 상승하고 있으며 화석연료의 연소가 극적으로 감소하지 않는 한 더욱 빠른 속도로 더워질 것이다. 1900년 이후 콜로라도강 유역의 온도는 이미 1.1도 정도 높아졌다. 로키산맥의 동쪽 사면은 21세기 말이면 거기서 최소한 1.2도 더 높아질 것이다. 최근의 연구 결과들을 보면 온도가 1도 높아질 때마다 콜로라도 상류는 10퍼센트의 물을 잃는다. 그 이유는? 지표수가 강에 도달하기도 전에 증발해 버리기 때문이다. 그렇지 않아도 물을 두고 경쟁이 벌어지는데, 물은 더 부족해지니 경쟁은 더 심해질 수밖에 없다.

온난화와 물 문제는 미국 서부의 모호한 물 관련 법령으로 해결할 수 있는 수준을 넘어섰다. 지구 전체 인구의 20퍼센트에 달하는 15억 명이 빙하가 녹아서 생긴 물에 의존해서 살고 있다. 빙하는 높은 산에 자리 잡고서 거대한 강에 물살을 만들어 준다. 히말라야산맥과 알프스산맥 그리고 캐나다의 로키산맥에서도 그렇게 물이 흘러나온다. 이런 빙하를 품고 있는 산맥은 '급수탑water tower'[25]이라고 불려 왔다. 빙하는 엄청난 양의 담수를 저장하고 있으며, 비와 눈은 계절을 타거나 그 양을 정확하게 가늠할 수 없는 반면에, 빙하가 녹은 물은 완만한 흐름으로 저지대까지 닿는다. 그 물에 의지해 살아가는 사람이 점점 늘어 가고 있지만, 기후변화의 시대에는 빙하도 더 빨리 녹는다. 미래의 지구에서 살아갈 수십억 사람들이 담수를 쓰는 상황에서 이런 현상은 어떤 의미를 가질까? 정확히 대답해 줄 수 있는 사람은 없다. 그러나 '물이 지금보다 부족해질 것이다'라는 대답에는 대부분 고개를 끄덕일 것으로 보인다. 이미 건조한 땅에서 담수마저 줄어든다는 것은 반가운 소식일 수 없다.

이 문제에 몰입하면 할수록 더욱더 마음이 다급해진다. 물, 탄소, 질소와 인. 우리가 정말로 이 원소들의 전 지구적인 흐름에 변화를 가하고 있다면, 우리 앞에 다가올 것은 끔찍한 악몽뿐인가? 과거의 교훈이 우리의 미래에 대해 불길한 예언을 하고 있는 게 아닐까? 지금의 분야에서 경력을 쌓는 동안 내내 이런 질문이 머릿속에서 떠나지 않았고, 뭔가 나쁜 일이 있는 날에는 긍정적으로 생각할 수 없었다는 것을 인정해야겠다. 그러나 한 줄기 희망의 빛이 아직은 남아 있다. 우리는 사실 최악의 결과를 만나지 않고 우리의 혁신이 가져다주는 혜택을 누리며 살 수 있는 방법을 알고 있다. 그러므로 이 책의 마지막 부분에서는 그 긍정적인 측면 쪽으로 눈길을 돌리고자 한다. 한 개인으로서, 어느 기관으로서, 또 사회 집단으로서 세상을 바꾸고 있는 유기체라는 피할 수 없는 인류의 운명을 잘 관리하며 나아가기 위해, 생명의 공식에 대해 우리가 아는 것을 어떻게 활용할 것인지 탐색해 보고 싶다.

그에 앞서 나는 지금까지 이야기한 전 지구적인 변화에는 부정적인 결과도 있긴 하지만, 현대 사회가 바로 그 기반 위에 구축되었다는 사실을 아는 것이 매우 중요하다고 생각한다. 오늘날 생명의 공식에 들어 있는 원소를 더 많이 사용하지 않는 사회를 상상하기는 불가능하다. 인류의 창의적인 발명과 발견 덕분에 인구는 20억 명에서 80억 명으로 증가했고, 만성적인 기아와 빈곤에 허덕이는 인구의 비율은 급격하게 감소했다. 같은 기간 동안 기대수명은 두 배로 연장되었다. 1920년대 사람의 평균 수명은 고작 30세 정도였다.

어떻게?

비료와 관개시설이 인간의 식량 생산 능력을 엄청나게 신장시켰다. 탄소 기반 화석 에너지는 과학과 의학 발전의 발판을 마련해 주었다. 에너지, 화학물질 그리고 장비가 없이는 실험실을 꾸려 나갈 수 없다. 에너지가 없으면 약품 및 의학 장비의 대량생산과 유통도 없다. 또 컴퓨터도 마찬가지다. 오늘날 컴퓨터는 화석연료로 얻는 에너지의 거의 1퍼센트를 소비한다. 컴퓨터가 없으면 비행기가 안전한 항로를 날아갈 수 있도록 안내해 줄 기후 모델도 만들 수 없고, 분자의학도 휴대전화도 없다. 세계 경제의 여러 축도 제대로 서 있을 수 없다.

핵심을 이해하기 위해 다음에 정전이 일어나면—폭풍이 몰아치든 전기를 사용하다가 실수를 하든 아니면 쥐가 전깃줄을 갉아먹든—우리가 얼마나 철저하게 이런 원소들의 제어를 바탕으로 구축된 시스템 위에서 살고 있는지 생각해 보자. 우리는 질소와 인이 풍부한 음식을 냉장고에 차게 보관하고 집에 난방을 하고 자동차와 지하철이 우리를 제시간에 목적지까지 데려다줄 수 있도록 하기 위해 탄소 기반 에너지를 소비한다. 우리가 집 밖으로 나서야 할 유일한 경우는 물이 부족할 때일 것이다. 물을 정수 처리하고 집까지 끌어오는 데도 다른 모든 것이 공급될 때와 마찬가지로 탄소 기반 에너지가 쓰이고, 집에서 쓴 물을 처리하는 데도 똑같은 에너지가 쓰인다. 생명의 원소들에 얼마든지 접근할 수 있는 사람들에게 삶의 기본적인 요소는 이미 주어진 것이나 다름없다. 긴급 상황에서나 잠시 접근이 중단될 뿐이다. 하지만 이 원소들에 접근할 수 없는 사람들에게는 이 원소들이 부족하다는 게 뿌리 깊은 빈곤의 원인이며 그 빈곤으로부터 벗어나는 데도 가장 큰 장벽이 된다.

이와 동시에, 인간보다 앞서 세상을 바꾼 월드 체인저들에 얽힌 이야기와 앞에서 언급한 불완전한 인간의 성공이 몰고 올 예기치 못한 부작용을 연구한 과학은 이제 어떤 형태로든 변화가 불가피하다는 것을 보여 주고 있다. 인간도 다른 모든 유기체와 같은 규칙을 따르므로, 일상에서의 안이한 태도를 바꾸지 않는다면 지구의 기후와 우리가 의존하고 있는 다층적인 생태계에 중대한 변화가 찾아올 것이다. 인류가 해수의 온도를 높이고 질소와 인으로 해수를 오염시킨다면 산호는 죽어서 사라질 것이고, 사라지는 산호와 함께 지구에 사는 어종의 4분의 1도 사라질 것이다. 지구에서 가장 큰 산호섬인 호주의 그레이트베리어리프는 고온으로 죽어 가고 있다. 이 산호섬의 죽음은 물고기에게도 나쁜 소식이지만, 그 물고기를 먹고 사는 사람에게도 나쁜 소식이다. 생선은 인간이 섭취하는 단백질의 20퍼센트를 공급하지만, 다른 형태의 식품 생산 방식보다 생물다양성에 미치는 영향은 훨씬 작다. 육지에서는 더 따뜻하고 더 건조한 공기가 사람은 물론 그 안의 모든 것을 삼켜 버리는 거대한 산불을 걷잡을 수 없이 키워 버린다. 이미 나빠진 공기의 질 때문에 매년 수백만 명이 생명을 잃고 있으며, 거의 고착화되다시피 한 산불의 계절에는 그 수치가 더 치솟는다. 어떤 신문이든 펼쳐 보면 생명의 원소에 대한 우리의 혁신이 불러온 예기치 못한 부작용들이 헤드라인을 차지하고 있다.

내가 보기에 인간의 현대적인 삶의 장점과 단점을 나누는 이분법적인 접근의 가장 큰 실패는 우리의 현대적인 삶을 양자택일의 상황으로 제시한다는 점인 것 같다. 화석연료와 비료 그리고 관개 시설의 장점을 포기하고 후퇴하든가, 아니면 지구의 재앙을 향해 계속 가든가 둘 중 하나라는 것이다. 이 문제를 공부하기 시작했을 때 내 생각도 딱 이랬다. 나는 사람의 발자국으로 어지럽혀지지 않은 세상을 갈망했다. 어찌 보면 내 마음속에는 아직도 그런 갈망이 남아 있다. 하지만 머리로는 현실은 그렇지 않다는 것을 알고 있다. 이제 머지않아 지구의 인구는 100억 명을 돌파하게 된다. 여전히 인간에게는 에너지가 필요하고 식량과 물도 필요하다. 필요한 것을 얻으려면 생명의 공식에 든 원소들을 쓸 수밖에 없다. 지구에 발자국을 남기지 않을 만큼의 적은 사람들만 살던 시대는 끝났다. 그러나 예기치 못한 부작용에 괴로워하는 것만이 우리가 맞이할 유일한 미래는 아니다.

3부
미래를 위한 길

8

생물지구화학적 행운

깨진 순환을 되돌리기

'변화하는 세계의 환경 과학'이라는 내 수업을 들은 학생들의 후기 중에서 가장 충격적이었던 것은 이 과목이 너무나 비관적이라는 평가였다. 인정한다. 비관적이다. 나는 전향적으로 보려고 무척 노력했다. 나는 환경과학자다. 과학적인 관찰 방법을 동원해 인간이 환경에 일으키는 변화와 그 변화의 결과를 이해하려고 노력하는 사람이라는 뜻이다. 하지만 나는 또한 환경보호론자이기도 하다. 자연 세계의 가치를 높이 평가하고 인간의 행동이 자연에 미치는 부정적인 영향을 최소화할 방법을 찾는 사람이라는 뜻이다. 많은 환경보호론자가 그렇듯이, 나도 과거를 돌아보는 데 많은 시간을 할애했다. 상상 속의 자연, 바쁠 일 없던 과거, 인간의 발자국은 드물고 자연은 만들어진 그대로였던 때로 돌아가는 꿈을 꾸던 때도 있었다는 뜻이다. 이렇게 이상적인 과거는 환상일 뿐이라는 것을 이미 많은 과학자가 보여 주었다. 최소한 지난 수천 년 동안 인류는 우리가 살고 있는 이 세상에 엄청난 영향을 끼쳤고, 유럽의 식민지 개척자들이 빈 땅이라고 여겼던 땅에도 생태학적으로 심대한 영향력을 끼친 거대한 문명이 있었다.[26] 나를 비롯해 여러 분야의 다른 학자들이 진행한 연구는 우리가 만든 변화가 얼마나 극적인지 보여 주었다. 그럼에도 세상은 스스로 잘 돌아가며, 우리가 감탄하고 즐겨도 그 세상의 평화는 깨지지 않을 거라는 환상은 여전히 강력한 힘을 발휘한다.

하지만 지구에는 이미 80억 명의 인구가 존재한다. 인류는 생명의 공식에 들어 있는 원소들의 흐름을 바꾸면서 살아가고 있고, 그 원소들이 가져다주는 혜택을 누리고 있다. 게다가 공정한 미래를 위해서는 인류에게는 앞으로 더 많은 에너지와 더 많은 식량, 더 많은 물이 필요할 것이다. 따라서 나는 인류가 과거로 돌아가는 꿈을 서서히 포기했다. 우리는 지구의 관리자가 인간이 아니었던 시대로 돌아갈 수 없다. 처음에는 이런 꿈을 대체할 다른 아이디어가 없었다. 내 수업이 가장 비관적이었던 때가 바로 그 무렵이었다. 그러나 생명의 공식이 의미하는 바를 생각하면 생각할수록 미래를 향해 나아갈 방법이 있다는 생각이 들기 시작했다. 인간이 지구 시스템을 관리하지 못하는 그런 미래가 아니라 더 현명하게 관리하는 미래. 탄소와 기후변화보다 더 절실하게 현명한 관리가 요구되는 분야는 달리 없다. 먼저 여기에 주목하고, 다음 장에서 다시 생명의 공식에 들어 있는 다른 원소들로 돌아가고자 한다.

자, 먼저 탄소. 맞다, 우리가 탄소 순환을 변화시켰다. 맞다, 지구가 더워지고 있다. 맞다, 우리가 대기 중의 온실가스 비율을 계속해서 높이는 한 생명과 지구의 화학은 앞에서 말한 것과 같은 변화를 피할 수 없을 것이다. 하지만 이 문제에 주목하는 대신 나는 우리의 조상과 인류의 차이, 우리의 생명을 구해 줄 잠재적인 힘을 가진 그 차이에 집중하고 싶다.

남세균의 확산은 산소를 생산하는 광합성 유기체의 확산을 의미했다. 산소가 지구 환경에 대량으로 유입되지 않았다면, 유기체의 성장과 확산은 불가능했다. 효율적인 광합성 반응이 그 유기체들의 세포에 자리를 잡자 산소를 생산하지 않을 수 없었다. 육상 식물에도 비슷한 제약이 있었다. 식물이 확산되면서 지구 전체의 변화가 불가피했다. 식물은 세포 조직의 형태로 탄소를 저장하고 암석으로부터 성장에 필요한 영양분을 뽑아내기 위해 무자비한 공격을 하면서 공기에서 충분한 CO_2를 끌어냈고, 결국 대규모 기후변화를 재촉했다. 물론 인간들도 식물과 비슷한 생리학적 규칙에 따라 움직인다. 인간은 탄소화합물이 가득한 식물성 식량과 동물성 식량을 먹은 다음 그 화합물을 분해해서 에너지를 얻고 날숨으로 CO_2를 내뱉는다. 이 과정에는 변화도 다양성도 없다. 우리는 화학적으로 그렇게 만들어져 있다. 다행히도 우리보다 앞선 월드 체인 저들과는 달리, 지구의 탄소 순환을 바꿔 놓은 것은 우리의 몸 안에서 일어나는 화학반응이 아니다. 우리 몸 내부에서 일어나는 화학반응이 지구의 탄소 순환에 남기는 흔적은 아주 제한적이다. 선조 월드 체인저들에 비해 인간의 개체수는 턱없이 적기 때문이다. 식물은 지구상에 존재하는 모든 생명체의 80퍼센트를 차지한다. 박테리아도 12퍼센트를 차지한다. 인간은? 고작 1퍼센트의 100분의 1에 불과하다. 인간의 체내 대사 작용은 큰 영향을 끼치지 못한다. 그럴 만큼 개체수가 많지도 않다.

다른 월드 체인저들과 달리 인간은 체외에서 막대한 양의 탄소 기반 에너지를 소비한다. 화석연료를 태워서 얻는 에너지로 우리는 난방을 하고, 차를 운전하고, 공장을 돌려 상품을 생산한다. 기후변화의 주요한 원인은 바로 이렇게 인간의 체외에서 이루어지는 에너지 소비이다. 그 차이―체내 에너지 소비와 체외 에너지 소비의 차이―를 현명하게 이해한다면, 우리는 지금의 예상과는 다른 미래의 문을 열 수 있다.

이 두 유형의 에너지 소비―체내에서 음식으로 칼로리를 '연소'하는 것과 생활을 영위하기 위해 체외에서 화석연료를 '연소'하는 것―를 비교해 보자. 80억 명에 가까운 인구가 각자의 몸을 움직이는 데도 많은 에너지가 필요하다. 사람은 누구나 생명을 유지하는 데 하루 2000킬로칼로리의 에너지를 소모한다. 지금은 80억, 곧 100억 명의 인구 한 명 한 명에게 하루 2000킬로칼로리가 필요하므로 인간의 체내 대사 작용에 필요한 에너지도 어마어마하다. 그러나 이는 우리가 자동차를 움직이고 난방을 하고 조명을 켜고, 우리가 소비하는 모든 상품을 생산하기 위해 쓰는 에너지에 비하면 하찮게 보일 정도로 작다. 이렇게 소비되는 에너지는 매일 1인당 5만 킬로칼로리에 이른다. 체내 대사 작용에 필요한 에너지의 25배다. 미국인들은 다른 나라 사람들에 비해 평균적으로 더 큰 차를 타고 더 큰 집에 산다. 미국인들과 그 외 다른 나라 사람들의 평균적인 에너지 소비량을 비교하면 거의 100대 1이다.

이렇게 간단한 계산으로 비교해 보아도 지구의 탄소 순환에 인간이 미치는 영향은 단순히 인구수의 문제가 아니라는 것이 분명해진다(그렇지만 당연히 인구수도 문제가 된다). 진짜 문제가 되는 것은 인간이 소비하는 에너지와 거기서 배출되는 CO_2, 메탄, 그리고 그 에너지를 생산하면서 배출되는 다른 온실가스들이다. 인구 비례로는 지구상 인구의 고작 5퍼센트를 차지하는 미국인들이 온실가스의 18퍼센트를 배출하는 것도 바로 그 때문이다. 미국인들과는 반대로 지구 인구의 16퍼센트를 차지하는 아프리카 사람들이 배출하는 온실가스는 고작 4퍼센트밖에 되지 않는다. 음식으로 얻어야 할 칼로리는 누구나 똑같다. 우리가 탄소 순환에 얼마나 영향을 미치는지 결정하는 것은 그 외의 에너지 소비다.

선조 월드 체인저들과의 이러한 차이—에너지가 생물학적 대사 작용에 필요한 것이 아니라 사회 활동에 필요한 것—는 그나마 결점을 덮어 주는 장점이다. 전향적으로 나아갈 길이 있다는 뜻이기 때문이다. 온실가스를 내뿜어 지구의 온도를 어지러울 정도의 속도로 높이지 않고도 우리 사회를 유지하는 데 필요한 에너지를 얻는 길을 찾을 수 있다. 그 길은 우리의 선조들은 선택할 수 없는 길이었다. 남세균과 나무는 개체수가 늘어날 때마다 탄소 순환에 남는 흔적을 증가시켰다. 인간의 경우엔 꼭 그렇지 않다.

집에서 시작되는 다른 미래

어떻게 하면 우리는 다른 길을 갈 수 있을까? 개인적으로든 사회적으로든, 아마 많은 사람이 묻고 싶어 하는 질문일 것이다. 특히 부유한 나라의 부유한 사람들이 누리는 편의와 혜택이 지구 전체를 기후적으로 매우 위험한 미래로 기울어지게 한다는 것을 우리는 안다. 평균적인 미국인 한 사람이 일주일 동안 소비하는 전기는 평균적인 케냐인 한 사람이 1년 동안 소비하는 전기보다 많고, 온실가스 배출량을 비교해도 그와 비슷하다. 기후 문제를 가장 덜 일으키며 기후 문제에 적응할 수단도 가장 적은 가장 가난한 사람들이, 온실가스를 많이 배출하는 부유한 생활 방식에서 생긴 문제 때문에 가장 큰 고통을 겪게 된다는 건 너무나 불공평하다. 하지만 지구상의 다른 모든 생명체와 마찬가지로, 제아무리 부유한 사람이라도 결국은 기후변화의 결과를 마주할 수밖에 없다. 언론은 온통 재난 뉴스로 도배되다시피 하고 있다. 산불, 홍수, 태풍 등 모든 재난이 어느 정도는 인간이 일으킨 것이며 이제 막 시작된 기후변화와 연결되어 있다. 어떤 사람들은 더 걱정하고 어떤 사람들은 덜 걱정하지만, 실제로 기후변화가 우리 눈앞에서 일어나고 있음을 느끼지 못하는 사람은 거의 없다. 기후변화를 목격하면 사람들은 공포를 느끼거나 불쾌함을 느끼거나, 아니면 그 두 가지를 모두 느낀다. 그리고 그 변화 앞에서 인간은 속수무책이라는 느낌에 어쩔 줄을 모르게 된다.

그러나 우리가 할 수 있는 일은 많다. 우리는 온실가스를 배출하지 않고도 필요한 에너지를 생산하기 위해 알아야 할 것을 거의 모두 알고 있다. 이 주제에 대해서는 학문 분야를 막론하고 셀 수 없을 정도로 많은 논문과 책이 있다. 결론은 인간이 발생시키는 온실가스의 70퍼센트가량을 배출하는 화석연료의 연소를 중단해야 한다는 것이다. 삼림의 남벌, 농경 그리고 시멘트 생산에서 비롯되는 온실가스도 있지만, 가장 큰 원인은 화석연료다. 탄소 배출 없이 에너지를 생산하기 위한 기술적인 해법들, 이를테면 풍력, 태양, 수력(원자력까지)에 대해서 수많은 전문가와 정치가 그리고 학자 들이 끊임없이 논의를 되풀이하고 있다. 이러한 기술적인 해법을 적용하고 사회적·경제적·정치적 장애물을 제거하기 위한 방법에 대해서도 마찬가지다. 정치적 입장이나 개인적 의견과 상관없이, 안일한 에너지 소비 방식으로부터 전환하기 위해 필요한 변화는 한 사람의 힘으로는 감당할 수 없을 정도로 압도적이어서 차라리 그 문제에는 눈을 감고 더 다급한 일상의 필요에나 몰두하고 싶다는 유혹을 느끼기 쉽다.

나는 이와는 다른 방향에서 생각해 보려 한다. 화석 에너지가 없는 일상은 어떤 모습일지 상상해 보는 것이다. 말과 마차를 타던 시절로 돌아가자는 것은 아니다. 화학 에너지 없는 일상이 실은 오늘날 우리의 삶과 얼마나 비슷한지, 우리가 거기에 얼마나 가까이 가 있는지를 안다면 모두 깜짝 놀랄 것이다. 다만 여기에는 단합된 노력이 반드시 필요할 뿐이다. 일상생활의 중심, 즉 '집'에서 출발해 보자. 지금 이 책을 쓰고 있는 사람이 나이므로, 우선 우리 집에서 출발하겠다. 지극히 평범한 미국의 주택인 우리 집은 고에너지-저배출의 미래로 가는 길에 우리가 마주치는 과제와 기회를 이해하기에 더할 나위 없이 좋은 장소다.

나와 아내 베스 그리고 딸 피비가 함께 사는 이 집은 1920년대에 지어진 주택이다. 건축면적 9미터×9미터에 2층과 다락이 있는 연면적 232제곱미터의 집이다. 이웃집과 함께 쓰는 진입로에 면한 남쪽 벽에 굴뚝이 솟아 있다. 그 집도, 북쪽에 있는 이웃집과 그 옆집도 우리 집과 똑같이 생겼다. 도시가 확장되면서 교외까지 개발 열풍이 분 1920년대식으로 지어진 집들이다. 대부분의 사람에게 그렇듯이, 우리 집은 우리 가족에게 삶의 중심이며 따라서 우리가 기본적인 생명의 원소들을 소비하는 중심지이다. 우리가 이 집에 처음 이사했을 때와 지금 어떻게 살아가고 있는지 설명함으로써, 에너지 소비와 탄소 기반 화석연료 사용을 어떻게 분리할 수 있는지 보여 주고자 한다.

우리가 2007년에 처음 이사했을 때, 이 집의 에너지 사용 방식은 지금 여러분의 집들과 비슷했을 것이다. 전기는 수백 킬로미터 떨어진 곳에서 송전선을 타고 와 세상의 거의 모든 도시에 줄지어 서 있는 변압기를 통해 공급되었다. 우리는 대개 전신주가 강풍에 쓰러지는 것과 같은 사고가 나기 전까지는 전신주나 거기에 걸려 있는 전선에 거의 관심을 두지 않고 살아간다. 하지만 그 전선에 관심을 가지고 보기 시작하면, 세상 어디에도 전선이 없는 곳이 없다는 현실에 놀랄 것이고, 마치 바느질하듯이 현대 사회를 서로 이어 주는 그 가느다란 전선에 감탄하게 될 것이다.[27] 우리 집까지 흘러 들어오는 전기는 우리 집으로부터 아주 먼 곳에 있는 발전소에서 생산된다.

전기가 생산되는 정확한 장소는 때에 따라 달라지지만, 그 장소들은 모두 ISO뉴잉글랜드ISO New England에 속해 있다. ISO뉴잉글랜드는 소비자에게 전기를 공급하는 '지역별 송전 조직'이라 할 수 있는 전력망 공급 회사의 이름이다. 그 전기를 생산하는 발전소의 배출가스는 우리 집 굴뚝에서 나가지는 않는다. 그러나 그 전기를 쓰는 우리도 그 전기를 발전하는 동안 배출된 탄소에 책임이 있다. 우리가 사는 지역에서는 소비하는 전기의 50퍼센트는 천연가스를 태워서 얻고, 30퍼센트는 원자력발전소에서 나오며 그 나머지는 수력발전과 점점 비중이 늘고 있는 풍력발전 및 태양력발전에서 얻는다. 천연가스를 태울 때도 많은 양의 온실가스가 배출된다. 연소할 때 배출되는 온실가스도 있지만, 가스를 채굴하는 유전에서 그 가스를 연소시키는 장소까지 오는 동안 누출되는 메탄도 무시할 수 없다. 메탄은 강력한 온실가스 중 하나이며, 천연가스는 대부분 메탄으로 이루어져 있다. 누출되는 메탄까지 계산하면, 천연가스를 연소하는 것은 석탄을 태우는 것 못지않은 기후변화의 주범이다.

그럼에도 불구하고, 환경보호국Environmental Protection Agency은 메탄가스 누출량은 집계하지 않기 때문에, 공식 통계자료에 따르면, 로드아일랜드 전력망의 전기 단위당 온실가스 배출량은 미국 대부분의 다른 지역 전력망보다 적다. 우리 주의 전력망은 '상대적으로 깨끗'한데도 2007년 우리 가족이 전기 소비로 배출한 온실가스는 전체 온실가스 배출량의 3분의 1에 해당했다. 전기를 가장 많이 소모한 장치는 냉장고였고, 그다음이 건조기, 식기세척기, 기타 가전제품과 컴퓨터(우리 집에는 전기 먹는 하마인 에어컨이 없다) 순서였다. 로드아일랜드의 전력망은 미국의 다른 지역 전력망처럼 재생에너지와 온실가스 배출 없는 에너지원(이를테면 풍력과 태양)으로 생산되는 전기의 비율이 늘면서 점점 더 깨끗한 전력망이 되고 있다. 이것은 다른 나라의 전력망도 마찬가지다. 따라서 전기 소비로 인한 우리 집의 온실가스 배출량은 해마다 조금씩 줄어들고 있다. 그 중가세에 속도를 붙이기 위해, 우리 가족은 전기를 덜 쓰거나 재생에너지에 더 많이 의지할 수 있었다(아니면 그 둘 모두를 활용하거나). 우리는 실질적으로 전기 소비를 늘리는 쪽을 선택했는데, 이것이 왜 좋은 아이디어인지를 설명하기 전에 먼저 우리 집의 나머지 부분들을 소개해야 할 것 같다.

다음 온실가스 배출량의 3분의 1은 겨울철 난방에서 나왔다. 10월 말부터 5월 초까지는 대략 한 달에 한 번씩 집 앞까지 유조차가 와서 우리 집 진입로에 설치된 급유 파이프에 호스를 연결해 탱크에 기름을 채웠다. 2~3분 정도면 우리 집 기름 탱크에 기름을 채울 수 있다. 그 탱크 속의 기름을 태워서 물을 끓이면 뜨거운 수증기가 지하실 천장을 가로질러 외벽에서 수직으로 뻗어 올라가는 석면 단열 파이프를 타고 흘렀다. 이렇게 기름을 태우는 과정에서 CO_2가 생성되고, CO_2는 굴뚝을 타고 상승해 대기 속으로 흘러 들어가서 앞으로 우리 집이 지상에 존재할 수 있는 시간보다 훨씬 더 오랫동안 대기에 머물 것이다. 물론 우리는 CO_2에는 전혀 관심이 없었다(사실 나는 CO_2에 큰 관심이 있었고, 베스와 피비는 끊임없이 그 이야기를 들어야 했다. 그러나 우리 모두가 CO_2를 '배출하고 있다'는 것에는 관심이 없었다). 우리가 원하는 것은 난방이 잘되는 안락한 집이었다. 솔직히 우리 집은 그렇게 안락하지 않았다. 스팀 라디에이터를 켜두면 너무 덥고, 꺼놓으면 너무 추웠다. 하지만 대부분 시간은 덥기도 하고 춥기도 했다. 추운 지방에서 스팀 라디에이터로 난방을 하는 집에 사는 사람들은 내 말의 뜻을 알 것이다. 어쨌든 우리 가족은 그 난방 장치조차 없는 것보다는 훨씬 안락하게 살았다.

그 난방 장치의 에너지 효율 등급은 '85퍼센트'라고 쓰여 있었고, 매년 점검을 하러 오는 수리기사도 대충 맞다고 말하곤 했다. 에너지 효율이 85퍼센트라고 하면 굉장히 좋은 수준인 것처럼 들리지만, 어떤 기술자가 와도 그게 정확히 무엇을 의미하는지는 속 시원히 설명해 주지 못했다. 온라인으로 이리저리 검색을 해본 후에야 에너지 효율 등급 85퍼센트란 기름의 화학적 결합—애초에 광합성 유기체에 의해 만들어진 탄소 원자들 사이의 결합—이 갖고 있는 에너지의 85퍼센트가 우리가 사용하는 열로 변환된다는 의미라는 것을 알아냈다. 나머지 15퍼센트는 '주변 환경' 속으로 사라지는데, 우리 집의 경우에는 지하실(지하실이 따뜻하고 아늑한 이유다)과 굴뚝이었다. 라디에이터의 스팀 파이프는 집의 외벽을 따라 설치되어 있기 때문에 열의 많은 부분(기름이 갖고 있던 총에너지의 최대 3분의 1까지)이 단열이 제대로 되지 않는 벽을 통해 소실되었다. 게다가 스팀 파이프가 외벽 속에 있었기 때문에, 라디에이터도 외벽에, 그것도 주로 창문 아래에 붙어 있었다. 따라서 실내를 따뜻하게 해주어야 할 열의 5퍼센트 정도가 추가로 라디에이터 뒤로 빠져나가 실내가 아니라 바깥을 따뜻하게 덥히고 있었다. 간단히 말해 집을 덥히기 위해 태운 기름 속에 저장된 에너지의 절반 정도만이 진짜 목적인 난방에 쓰였다는 뜻이다. 그럼 어떻게 해야 할까? 우리에게 필요한 건 '열'이다. 하지만 그 '열'을 얻기 위해 이보다 훨씬 효율적인 방법이 있다. 먼저 우리 집의 온실가스 예산을 대충 살펴본 후에 이 문제로 다시 돌아오기로 하겠다.

우리 가족이 배출하는 온실가스의 마지막 3분의 1은 우리가 사는 집이 아니라 우리가 그 집에서 떠날 때 발생한다. 진입로에 세워져 있는 우리 차에서 주로 나온다. 비교적 새 차였던 토요타 프리우스 하이브리드는 휘발유 연비가 리터당 21킬로미터 정도였고, 그보다 낡은 스바루 스테이션 왜건은 연비가 그 절반이었다. 다행히 내 직장은 집에서 충분히 걸어 다닐 수 있는 거리지만, 베스는 의사였기 때문에 병원에서 긴급 호출이 오거나 직접 운전해서 가지 않으면 갈 수 없는 시간에 가야 하는 경우가 아주 많았다. 따라서 우리 집의 차는 주로 아내가 썼다. 출퇴근 외에 아내와 내가 차를 쓰는 경우는 피비를 학교에 데려다 줄 때였다. 특히 피비가 혼자서 버스를 탈 만한 나이가 되기 전에 많이 썼다. 모든 경우를 통틀어 우리 가족은 차 두 대의 주행거리를 합해 총 1년에 2만 4000킬로미터 정도를 운전했다. 미국 가정의 평균 주행거리(성인 1명당 2만 킬로미터)보다는 적지만, 로드아일랜드는 아주 작은 주이기 때문에 우리가 일상적으로 주행해야 할 거리는 그다지 멀지 않았다. 그렇더라도 1년에 2만 4000킬로미터의 주행은 겨울철 난방 또는 한 해 내내 사용하는 전기 때문에 발생하는 것만큼의 온실가스를 배출했다.

탄소 제로 주택으로 가는 길

2007년의 우리 집은 당시 미국에 있던 수십만 채의 가옥과 거의 똑같았을 거라고 다시 말해 두고 싶다. 어떤 집들보다는 크고 또 어떤 집보다는 작겠지만, 기본적으로는 화석연료를 태워 겨울철 난방을 하고 화석연료로 전기를 생산하는 화력발전소에서 전기를 끌어다가 온갖 가전제품을 사용하는, 단열 효율이 형편없는 사각형 건물이었다. 집에서 나와 어디론가 가려면 휘발유 없이는 한 뼘도 움직이지 못하는 그저 그런 두 대의 차를 운전해야 했다.

그 집으로 이사했을 때, 우리는 어떻게 해야 우리가 원치 않는 것(온실가스 배출)을 피하면서 우리가 원하는 것(겨울에 따뜻한 집과 이

동성)을 얻을 수 있을지 스스로 묻기 시작했다. 우리의 능력 범위를 벗어나는 예산을 써서 대대적인 개보수 공사를 하지 않는 한 온실가스 배출을 완전히 없앨 방법은 없었다. 하지만 몇 가지 시도로 큰 폭으로 줄일 수 있었다. 그렇게 노력하면서, 온실가스 배출을 제로로 떨어뜨릴 날을 준비했다. 첫 단계는 그 집 자체였다. 1920년대에 지어진 이 집은 셀룰로스 단열재(기본적으로 파쇄한 신문지나 종이)를 벽에 채우는 식으로 단열 처리를 한 집이었다. 창문은 직전 소유자가 교체했지만 단열 시공은 제대로 하지 않아서, 유리 창문마다 사방에 10센티미터 정도의 단열되지 않은 빈틈이 그대로 있었다.

이런 것까지 알게 된 데는 이유가 있었다. 우리가 세 가지 조치를 했기 때문이었다. 에너지 심사(대부분의 주정부에서 보조금을 준다)를 신청해서 우리 집의 적외선 사진을 찍고 기밀성 테스트를 해보았다. 적외선 카메라로 찍은 사진에 벽마다 따뜻한 부분과 차가운 부분이 얼룩무늬처럼 나타나 있었다. 이 사진은 어디에 단열이 더 필요한지를 파악하는 데 도움을 주었다. 기밀성 테스트는 첨단 기술은 아니었다. 기사 한 사람이 집에 와서 대형 팬을 현관문에 설치하고 모든 문의 틈을 비닐로 막은 뒤, 창문을 닫았다. 팬을 가동해 외부로부터 공기를 유입시키면서 우리는 스모킹 펜(만년필이나 볼펜처럼 생긴 도구로, 펜촉에 해당하는 부분에서 연기가 발생하게 되어 있다)을 들고 다니며 모서리나 벽 틈새 등에 대어 봤다. 그러면 연기가 빨려 나가는 부분이 있었는데, 거기가 바로 단열 시공이 더 필요한 부분이었다.

이 정보들을 가지고 시공업자와 계획을 세울 수 있었다. 우선 우리 집에는 페인트칠이 급했다. 그러나 그냥 갈라진 지붕널에 페인트만 칠하는 것이 아니라 지붕널을 모두 걷어내고 외벽에 단열재를 보충 시공한 후, 새로운 널판을 시공해야 했다. 다락은 더 복잡했다. 전 주인이 대충 개조 공사를 해서 사람이 잠을 잘 수 있는 정도의 공간이 만들어져 있었으나 천장이 너무 낮고 공간도 엉성했다. 우리는 이중 천장을 뜯고 스프레이 폼으로 지붕 단열을 시공했다. 그리고 천장을 더 높이는 개조 공사를 통해 우리 집의 가치와 거주 편의성을 높였다. 프로비던스의 낡은 가옥들이 대부분 그렇듯이, 우리 집도 지하실에 누수가 약간씩 있었다. 그래서 스프레이 폼을 시공하는 게 열효율은 더 좋겠지만, 습기가 잘 스미지 않는 단열재를 눅눅하게 젖은 벽에서 살짝 띄워서 시공했다. 우리 집의 에너지 분석도 해보았는데, 창호를 새로 바꾸는 것은 그다지 가성비가 높지 않다는 결론이 나왔다. 그래서 약간의 에너지 누수가 있기는 하지만 아주 오래된 창호는 아니기 때문에, 창호는 그대로 두고 그 주변에 단열 시공을 해주었다.

 이 정도의 보수 공사로도 우리 집은 한결 더 따뜻하고 아늑해졌다. 그러나 그보다 중요한 부분은 이 공사로 우리 집의 난방 시스템을 바꿀 수 있었고, 따라서 옛날 방식의 기름 탱크도 없앨 수 있다는 것이었다. 아주 뛰어나게 단열이 잘되는 집은 아니지만 2022년에 신축한 가옥에 적용되는 법규에도 어긋나지 않을 정도로 집이 개선되자 우리는 유기물질(석유)을 소비해 그 물질과 산소를 결합시켜 에너지와 CO_2를 만들어 내는 연소 반응을 더 이상 이용하지 않을 수 있었다. 대신 우리는 집 밖의 열을 집 안으로 끌어들이는 데 전기를 쓰기 시작했다.

이런 변화의 비결을 소개하기 위해서는, 독자들이 한 번도 생각해 보지 않았을 또 하나의 핵심적인 발명품, 열펌프heat pump에 대해 설명할 필요가 있다. 장담하건대 독자들의 집에도 이 열펌프가 하나씩은 있다. 게다가 그 열펌프는 한순간도 멈추지 않고 계속 작동한다. 냉장고가 바로 열펌프이기 때문이다. 기후변화의 속도를 늦추려면, 열펌프도 가정 난방의 미래가 되어야 한다.

열펌프의 작동 원리는 무엇일까? 냉장고의 뒷면이나 아랫면을 들여다보면 코일이 2개 있다. 사용설명서에는 그 부분을 주기적으로 청소해 주어야 한다고 적혀 있지만 한 번도 먼지를 제거해 보지 않은 사람들이 대부분일 것이다(나도 마찬가지다). 어쨌든 그 코일 안에는 매우 효율적으로 열을 흡수하는 냉각제가 들어 있다. 코일의 일부는 냉장고 또는 냉동고 안에 들어가 있다. 냉각제는 코일 안으로 들어가 냉장고 내부의 공기와 만나면 증발한다. 이때 냉장고 내부의 공기에서 열을 흡수하면서 그 공기를 차갑게 냉각시킨다. 그런 다음 냉각제는 코일을 타고 냉장고 밖으로 돌아 나오는데, 냉장고 밖에 나오면 다시 압축되어 액체로 돌아간다. 이렇게 압축할 때 전기가 필요하고, 기체가 압축되면서 주방으로 열을 배출한다. 냉장고 안에 보관된 음식에서 빼앗은 열을 냉장고 밖으로 빼내는 것이다. 따라서 냉장고는 우리가 냉각시키고자 하는 곳(냉장고 내부)에서 열을 빼앗아 냉각이 필요 없는 곳(주방)으로 펌프질해 주는 기계다.

우리에게 익숙한 또 하나의 열펌프는 에어컨이다. 에어컨은 냉장고와 똑같은 원리로 작동한다. 다만 냉각하고자 하는 곳이 냉장고 내부가 아니라 '집'이라는 점이 다를 뿐이다. 에어컨 코일 속의 냉각제는 집 내부의 열을 흡수해 밖으로 빼내서 배출한다. 열을 집 안(시원한 곳)에서 집 밖(더운 곳)으로 이동시키기 때문에 전기가 필요하다. 말하자면 오르막길 아래에서 위로 집을 밀어 옮기는 것이다. 하지만 이 과정에서 새로 열을 창조하지는 않는다. 다만 전기 펌프(와 냉각제의 화학적 성질)로 열을 한 장소에서 다른 장소로 옮기는 것이다.

이런 작용이 집의 난방과 무슨 관계가 있을까? 생각해 보자. 열펌프는 양방향으로 작용할 수 있다. 에어컨은 시원한 곳(집 내부)의 열을 이미 더운 곳(집 외부)으로 퍼낸다. 열의 일부를 집 안에서 밖으로 옮김으로써 에어컨은 우리 집은 더 시원하게, 그리고 바깥은 더 덥게 만든다. 그러나 추울 때 에어컨을 틀면 어떻게 될까? 이때가 바로 열펌프가 히터가 되는 때다. 냉각제는 바깥의 차가운 공기 속에서 순환하지만, 냉각제의 화학적 성질은 차가운 공기가 품고 있는 열마저도 증발시켜 버린다. 그다음에 냉각제는 집 안으로 펌프질되어 들어가서 압축되는데, 이 과정에서 집 안에 열을 배출한다. 열펌프 히터는 이미 추운 바깥의 차가운 공기에서 약간의 열을 뽑아 냄으로써 바깥은 더 춥게 만들고, 그 열을 집 안으로 들여와 집 안을 더 따뜻하게 만들어 준다.

내가 이렇게 자세하게 열펌프를 설명하는 이유는 한 장소에서 다른 장소로 열을 이동시키는 것이 화석연료를 태워 열을 생성하는 것보다 훨씬 더 효율적이기 때문이다. 열펌프를 이용하면 지하실에서 석유나 가스를 태우는 것보다 적은 에너지를 쓰면서 집을 따뜻하게 유지할 수 있고, 따라서 온실가스를 덜 배출할 수 있다. 우리는 온실가스 배출이라는 부작용은 원치 않는다는 것을 기억하자. 우리가 원하는 것은 오직 따뜻한 집이다. 우리가 아는 지식을 이용하면 온실가스를 배출하지 않고도 따뜻한 집을 누릴 수 있다. 더 중요한 것은, 열펌프는 전기로 작동시킬 수 있다는 점이다. 그리고 전기 역시 온실가스를 배출하지 않고 얻을 수 있다.

이제 우리 집 지하실에는 기름 탱크도 보일러도 없다. 각 방으로 연결되는 석면 단열 파이프도 사라졌고, 바닥 면적을 크게 잡아먹던 육중한 라디에이터도 사라졌다. 대신 뒷마당에 은색의 날씬한 에어컨 컴프레서 6대가 놓여 있다. 각각의 컴프레서마다 각 방의 실내기로 냉각제를 보내 주는 작은 동관이 연결되어 있다. 냉각제가 실내기 안에서 열을 방출한 다음 바깥으로 순환되어서 다시 열을 모아들인다. 이 시스템은 스팀 라디에이터처럼 시끄러운 소리도 내지 않으면서 아주 훌륭하게 작동한다. 외부 기온이 약 영하 9.5도였던 어느 날(우리가 그 집에 입주한 후의 평균적인 겨울 날씨), 집 안의 실내기에서 나온 공기는 60도였다. 이 시스템은 따뜻할수록 효율이 더 높아지는데, 실제로는 영하 9.5도보다 훨씬 따뜻한 날이 대부분이다. 그보다 훨씬 추운 날에도 기름을 태워 난방하던 옛날보다 훨씬 효율적이거나 최소한 비슷한 수준으로 효율적이다.

그리고 이 방식은 가을과 봄에 매우 효율적이다. 난방을 틀지 않으면 약간 춥게 느껴지지만, 그렇다고 난방을 오래 틀어 놓아야 할 만큼 춥지는 않은 그런 날씨일 때 아주 좋다. 전반적으로, 열펌프로 난방을 전환하면 난방 때문에 배출되는 온실가스를 대략 절반 수준으로 줄일 수 있다. 왜 100퍼센트는 안 되냐고? 열펌프를 작동시키는 데도 전기가 쓰이고, 로드아일랜드에서 쓰이는 전기는 대개 천연가스를 태워서 얻기 때문이다.

지금 당장은 더 이상 할 수 있는 일이 없다. 그러나 선택할 수 있는 대안은 점점 많아지고 있고, 그에 대해서는 뒤에서 다시 다루기로 하겠다. 지금은 단도직입적으로 핵심적인 점에 주목하자. 집(또는 일반적인 건물)에서 배출되는 온실가스를 줄이는 데 핵심은 가정 난방의 방식을 전기로 전환하는 것이다. 보일러를 없애고도 따뜻하게 지낼 수 있다. 우리가 원치 않는 것(지구온난화의 가속화)은 제거하면서 우리가 원하는 것(따뜻하고 아늑한 일상)을 얻어내는 것이다. 지구를 바꿔 놓은 우리의 선조들과는 달리 우리에게 필요한 에너지의 대부분은 우리 몸 바깥에서 쓰일 뿐, 우리 세포 기능의 오염성 부산물과는 크게 연관이 없다는 사실을 십분 활용하자.

얼마나 많은 돈이 필요할까

지금까지의 이야기를 듣고 자연스럽게 떠오르는 질문 중 하나는 난방 에너지를 전기로 바꾸는 데 비용이 얼마나 많이 드는가일 것이다. 물론 중요한 질문이다. 백만장자 정도의 재력가여야 열펌프를 쓰기에 적당한 단열 시공을 할 수 있다면, 난방으로 인한 온실가스 배출을 총체적으로 줄이기는 불가능할 것이다. 우선 새로 짓는 건물이라면, 열펌프를 설치하는 비용은 보일러를 설치하는 비용보다 적거나 비슷할 것이다. 어떤 건물을 상당히 오랜 기간 보유할 경우, 오로지 전기 난방으로만 새 건물을 짓는다면 그 집을 소유하는 데 따르는 평생 비용은 기존의 방식보다 저렴할 것이 거의 확실하다. 하지만 보통은 우선 집 안에서 화석연료를 연소하지 않는 것을 목표로 설계를 시작해야 한다. 다행히도 이 방식을 우리의 미래라고 생각하는 건축가와 시공업자들이 점점 더 많아지고 있다. 따라서 위와 같은 목표를 현실로 만들어 줄 사람을 찾기도 점점 더 쉬워지고 있다. 만약 새로 집을 지으려 한다면 이렇게 짓고 싶다고 말만 하면 된다!

낡은 집을 개조하려면, 그 집의 현재 상태에 따라 많은 것이 달라지기 때문에 아예 처음부터 집을 새로 짓는 것보다 훨씬 더 복잡하다. 순전히 재정적인 관점에서 본다면, 우리 집과 같이 대대적인 에너지 개조 공사를 할 때는 에너지 절약을 위한 공사와 다른 목적의 공사(예를 들면 다락방 개조 공사. 우리는 어쨌든 다락의 천장 단열 시공이 필요했다)를 동시에 진행하는 것이 현명하다. 대규모 개축을 한다면, LED 전구로 조명을 바꿨을 때처럼 단시간에 공사비를 벌충할 정도로 경제적인 이득이 나지는 않을 것이다. 예를 들면, 우리 집은 페인트칠을 해야 했고, 거기에 단열 시공까지 한다면 비용이 두 배로 들 터였다. 하지만 우리가 외벽에 시공한 사이딩은 미리 페인트칠이 되어 있는 자재인 데다 일반적인 외벽 페인트보다 수명이 두 배나 길다. 그러므로 기껏해야 수명이 10~15년인 페인트를 칠하는 데 1만 5000달러를 쓰느니 수명이 20년은 될 3만 달러짜리 사이딩을 시공하는 것이 낫다. 다락방의 단열 시공 비용은 보조금을 제외하고 1만 2000달러가 들었지만, 그 공간은 원래 수리를 할 생각이었으니 단열 시공을 추가한 것은 그 공간을 더 편리하게 만들 기회였다고 생각한다. 마지막으로, 열펌프 공사 비용은 2만 3000달러였다. 보일러를 새로 교체하는 것보다는 5000달러 정도가 더 들었다. 로드아일랜드에서는 에너지 효율적인 열펌프를 시공하면 원금 5년 상환 무이자 대출을 해준다. 게다가 전에는 없었던 에어컨을 방마다 설치했다. 집의 가치가 그만큼 커진 셈이다. 이 집을 판다면, 우리가 쓴 비용보다 더 높은 가격을 얹어서 팔 수 있을 것이다. 마지막으로, 겨울과 여름에 전보다 훨씬 더 안락한 집이 되었다는 점도 중요하다. 집에서 지내는 시간을 생각한다면, 결코 무시할 수 없는 부분이다.

 에너지 개조 공사에 흔쾌히 4만 5000달러를 쓸 수 있는 사람이 많지 않다는 현실을 인식하는 것도 중요하다. 자가 소유자가 아닌 세입자들은 자신이 사는 집을 마음대로 고치거나 개조할 수도 없다.

초정밀 레이저 스캐닝 기술을 이용해 집을 스캐닝한 다음 외부 단열 몰드를 만드는 방식으로 시공 기간과 비용을 획기적으로 줄이기 위해 노력하는 회사들도 있다. 이 방식은 유럽에서 눈길을 끌고 있으며, 미국에서도 시범적으로 도입되고 있다. 이렇게 큰 도약이 이루어지고는 있지만, 가정 난방을 완전히 전기 방식으로 전환하는 비용은 여전히 많은 사람에게 큰 부담이다. 모든 사람을 위해 비용을 낮추려면 경제적으로 여력이 있는 사람들이 먼저 시작할 필요가 있다. 정부도 진입 비용을 낮추기 위한 인센티브 정책을 마련하고, 최종적으로는 가스 보일러의 판매를 제한하는 규제 정책도 계획해야 한다.

이런 방법들의 문턱이 아직은 많은 사람들에게 높은 편이지만, 으리으리하게 큰 집에서 어마어마하게 많은 온실가스를 배출하며 사는 사람들에게는 위와 같은 개축 비용이 엄두를 내지 못할 정도로 큰 비용은 아니다. 욕실과 주방 개조에만 그만한 비용을 쓰는 사람들도 많으니까. 그러므로 공사 비용은 가능성이나 능력의 문제가 아니라 우선순위의 문제일 뿐이다. 지구에서 배출되는 온실가스 전체의 절반은 상위 10퍼센트의 부자들에게 책임이 있다. 그들에게는 에너지 전환을 먼저 시작할 경제적인 여유가 있고, 그렇게 함으로써 좋은 방법으로 난방이 잘되는 집에서 살고 싶어 하는 수십억 명의 사람들을 위해 비용을 낮추는 데 기여할 수 있다. 그리고 기후 재앙으로부터 벗어나는 혜택은 모두가 함께 누린다. 충분히 할 수 있는 일이다.

에너지의 형태를 전기로 바꿔야 할 곳은 가정만이 아니다. 많은 사람들이 19세기부터 자동차를 굴러가게 해주던 내연기관을 포기하고 완전 전기자동차로 바꿔야 한다. 가정의 난방 개조 비용과 마찬가지로, 현재로서는 전기자동차가 내연기관 자동차보다 더 비싸다. 그러나 전기자동차 가격은 빠른 속도로 떨어지고 있고, 최근의 분석 결과에 따르면 자동차의 내구 연한 동안 연료와 유지·관리에서 아낄 수 있는 비용을 감안하면 전기자동차가 이미 내연기관 자동차보다 효율적이라고 한다.[28] 결과적으로, 대부분의 자동차 회사는 완전 전기자동차로 이루어진 미래를 계획하고 있다. 아예 내연기관 자동차의 신규 판매를 금지하려고 하는 국가나 정부도 있다. 영국은 2030년까지 이러한 정책의 시행 준비를 마칠 계획이며 미국의 캘리포니아 주정부는 2032년을 목표로 잡고 있다. 전기자동차는 일반 소비자들도 내연기관 자동차보다 선호할 정도로 더 뛰어나다. 2022년 기준으로, 전기자동차는 이미 내연기관 자동차보다 가속도 빠르고 주행 속도도 빠르다. 연속주행 거리는 1회 충전에 800킬로미터가 넘을 정도가 되었다. 물론 탱크에 기름을 채우는 것보다야 시간이 더 걸리지만, 충전에 걸리는 시간도 급격하게 짧아지고 있다. 앞으로 10년 정도 후면, 아니 어쩌면 그보다 일찍, 내연기관 자동차는 전기자동차의 비교 대상도 되지 못할 것이다.

가정의 가전 설비와 마찬가지로, 전기자동차도 효율이 큰 폭으로 향상되었다. 전기자동차의 충전에는 어쩔 수 없이 온실가스 배출이 뒤따른다. 전기를 생산하는 데도 온실가스가 배출되기 때문이다. 그러나 전기자동차를 충전할 때 배출되는 온실가스를 내연기관 자동차 기준으로 보자면 1갤런(약 3.8리터)으로 160킬로미터를 달리는 것과 같다(오늘날 미국에서 운행되는 자동차 평균 연비의 4배에 해당한다). 가정 난방과 마찬가지로, 전기 생산 과정도 점점 청정해지고 온실가스 배출 없는 전기를 사용하겠다고 서약하는 경우가 점점 늘어나는 만큼, 전기자동차의 충전 과정에서 발생하는 온실가스 배출도 점점 더 감소할 것이다. 우리가 원하는 것은 온실가스 배출 없는 이동 방식이라는 점을 기억하자. 우리는 이미 그 목적지로 가는 길 위에 있다.

이제 우리가 실제로 사용하고 있는 전기로 돌아가 보자. 집에 열펌프를 설치하고, 전기자동차를 산 후로 우리 집의 전기 사용량은 오히려 늘어났다. 그러나 열펌프는 매우 효율적이어서, 우리 가족이 배출하는 온실가스의 총량은 줄어들었다. 전기자동차도 마찬가지다. 하지만 이미 말했듯이, 우리 가족은 아직도 일반 전기 회사에서 생산하는 전기, 즉 천연가스를 태워서 생산하는 전기를 쓰고 있다. 이 문제는 어떻게 해야 할까?

물론 온실가스 배출 없이 전기를 생산하는 방법도 있다. 수력발전과 풍력발전은 그러한 생산 방법 중에서도 가장 오래된 방식이며, 육지와 가까운 연안에서든 먼 바다(바람이 더 강하고 사람들의 불평이 적은)에서든 풍력발전은 전 세계적으로 빠르게 확산되고 있다. 최근에는 지붕이나 주차장 또는 야외의 여러 개방 공간에서 볼 수 있는 태양광 전지판 같은 다양한 형태의 태양광발전 가격이 큰 폭으로 떨어져서, 2020년 국제에너지기구International Energy Agency가 태양광 전지판이 지구에서 가장 싼 발전 형태라고 선언했을 정도다.

태양열 발전 장치도 있는데, 이 방식은 햇빛이 강한 장소여야 제대로 작동한다. 줄을 지어 설치된 수천 개의 거울이 태양광을 작은 면적에 집중시켜 그 집중된 열로 소금을 녹인다. 그렇게 녹은 소금*으로 물을 끓이고 그 증기로 터빈을 돌려 전기를 얻는다. 석탄을 태워 그 증기로 터빈을 돌리던 것과 똑같은 방식이지만 온실가스는 배출하지 않는다. 이 방식은 해가 진 후 밤에도 터빈을 돌릴 수 있다는 장점이 있다. 소금은 뜨겁게 달궈진 후에도 몇 시간 동안 그 온도를 유지하기 때문이다.

온실가스 배출 없이 전기를 생산하는 다른 방법으로는 핵분열과 핵융합이 있다. 핵분열은 확실하게 처리할 방법이 아직 없는 방사성 폐기물을 남기는 데다 핵무기 확산의 위험성까지 존재한다는 단점이 있다. 핵융합은 고에너지 수소 원자를 서로 충돌시켜 헬륨을 생성하는 과정에서 방출되는 에너지를 이용하는 방법이다. 태양이 바로 이 방법으로 막대한 태양열을 만들어 낸다. 핵융합은 방사성 폐기물을 남기지 않고, 온 우주에서 가장 흔한 원소(수소)를 이용한다는 점에서 한동안 발전의 성배로 떠받들어졌다. 문제는 핵융합 반응을 유도하기 위해서는 이 방법으로 생산되는 가용 에너지보다 훨씬 더 많은 에너지를 투입해야 한다는 사실이다. 그러나 몇

---

* [옮긴이] 용융염이라고 부른다. 용융염은 500도 이상에서도 액체 상태를 유지하며 열을 잘 저장하는 성질이 있다.

몇 물리학자들에 따르면, 앞으로 10년 후면 핵융합도 이용 가능한 발전 기술이 될 것이라고 한다. 이런 예언은 과거에도 있었지만, 정말로 그 예언이 현실이 된다면, 핵융합 발전은 진정한 게임 체인저가 될 것이 분명하다.

어쨌든 여기서 중요한 점은 우리에겐 온실가스 배출 없이 전기를 얻을 수 있는 선택지가 있다는 것이다. 그러나 가정용 난방이나 공장 가동 등에서 우리가 사용하는 모든 에너지를 전기로 전환하고 화석연료의 연소를 중단하지 않는다면 그 선택지도 효과가 없다. 나는 계속해서 가정과 건물에 집중하고자 한다. 그 부분이 개인이 각자의 힘으로 변화를 실천할 수 있는 분야이기 때문이다.

전기는 물건을 고르듯이 자유롭게 골라서 쓸 수 없지만, 많은 지역에서 100퍼센트 재생 전기를 구매할 수 있다. 경우에 따라서는 일반 전기료보다 약간 더 비쌀 수도 있지만, 그렇더라도 가격 차이는 크지 않거나 재생 전기 발전 비용이 점점 낮아지고 있기 때문에 오히려 약간 더 이득이 될 수도 있다. 만약 많은 사람이 단체로 추가 비용을 지불하는 데 동의한다면, 전기 공급자가 천연가스나 석탄화력발전소 대신 대규모 태양력발전 회사 또는 풍력발전 회사와 계약을 맺어 전기를 공급할 수도 있다. 집마다 지붕에 태양광 패널을 설치하는 것보다 대규모로 태양에너지 발전설비를 설치하는 것이 훨씬 경제적이기 때문에, 이 방식은 훨씬 수월하게 재생 전기를 이용할 수 있는 방법이다. 사실 주택 임차인이나 지붕의 방향이 햇빛을 받는 데 불리한 집 주인들에게는 유일한 대안이기도 하다.

탄소 기반 에너지로부터의 독립

물론 바람이나 태양을 이용하는 재생에너지에도 한 가지 큰 문제가 있다. 에너지 생산이 간헐적이라는 점이다. 가정 난방을 전기 방식으로 전환한다고 해도 풍력이나 태양광발전 같은 에너지원으로는 항상 일정하게 전기를 사용할 수 없다. 태양광발전의 경우 구름이 낀 날이나 밤에는 전기 생산량이 감소한다. 바람이 불지 않으면 풍력발전기는 돌지 않는다. 축전지를 설치해 낮에 전기를 저장했다가 밤에 전기를 사용하는 방법도 기술적으로는 가능하지만, 보통의 전기 소비자들은 그 비용을 감당하기 어렵다(태양광 패널의 가격처럼 축전지의 가격도 점점 떨어지고 있기는 하다). 게다가 축전지로는 (아직) 많은 양의 전기를 한꺼번에 저장할 수 없다. 따라서 지금 우리가 할 수 있는 최선의 방법은 가정의 난방이나 설비를 전기 방식으로 전환해서 더 이상 집 안에서 화석연료를 태우지 않는 것, 그리고 재생 전기를 구매하는 한편 집을 가능한 한 에너지 효율적으로 만드는 것이다. 앞에서도 말했듯이 이렇게 모든 조치를 한다고 해도 줄일 수 있는 온실가스 배출량은 50퍼센트 정도일 뿐이다. 여기에 전기자동차를 타면 나머지에서 30퍼센트 또는 그 이상을 더 줄일 수 있다. 여기에 집 안에서 사용하는 조명을 LED 전등으로 바꾸고(백열등이 소비하는 에너지의 10퍼센트 또는 그 미만으로 집을 환하게 할 수 있다) 가전제품을 바꿀 때가 되면 에너지 효율이 높은 제품으로 교체하자. 이렇게 하면 온실가스 배출 제로를 향한 길에 제대로 들어서게 되는 것이다. 이렇게 한다고 해도 삶은 크게 불편해지지 않는다. 집은 더 안락해지고 자동차 운전은 더 즐거워질 것이다.

기후변화를 늦추는 데 개인의 노력과 행동만으로 충분하다는 뜻이 아니라는 것을 강조해야겠다. 모든 부분에서 정부와 기업 그리고 민간 부문의 역할이 중요하다. 온실가스를 배출하지 않는 에너지 생산에 대한 커다란 사회적 유인이 형성되지 않는다면, 우리는 기후변화를 늦추고 최종적으로는 멈추는 데 성공할 수 없을 것이다. 개인의 행동을 강조하다 보면 대규모의 정치적·사회적 변화를 이끌어 내는 데 소홀해질 수 있다는 지적도 일리가 있다.[29] 그러나—특히 주택과 승용차의 경우—더욱 깨끗한 에너지 생산을 위해 개인이 할 수 있는 일이 있고, 정부가 엉금엉금 기어가는 동안에도 개인들의 행동이 온실가스 배출을 직접적으로 줄일 수 있다.

물론 각 개인이 화석연료를 태워 얻는 전기로부터 멀어지도록 하는 규제 행위도 필요하다. 또한 획기적인 기술의 발달도 필요하다. 삼림의 남벌은 끝내야 하고, 농업도 개혁해야 한다. 이 둘 모두 상당히 큰 온실가스 배출원이다. 시멘트는 석회석($CaCO_3$)으로부터 생산되는데, 제조 공정에서 $CaCO_3$로부터 제거된 CO_2가 대기 중으로 배출되므로 시멘트 생산 방식도 바뀌어야 한다. 복잡한 현실을 가볍게 넘기려는 의도는 없다. 현실은 복잡하다. 매우 복잡하다. 하지만 우리 중 많은 수가, 특히 지구에서 배출되는 온실가스의 10퍼센트를 차지하고 있는 가장 부유한 사람들에게는 지금 당장 할 수 있는 것들도 많고, 지금 당장 할 수 없는 것들도 완전히 불가능한 것은 아니다. 세상을 바꾼 우리의 선조들과 우리 사이에는 아주 커다란 차이가 있다는 이야기로 돌아가지 않을 수 없다. 우리는 우리가 원치 않는 부산물이나 부작용 없이 우리가 원하는 에너지를 얻을 수 있다. 그 결정적인 차이를 충분히 활용할 의지가 우리에게 있는지 여부를 시간이, 얼마 남지 않은 시간이 곧 말해 줄 것이다.

인간의 에너지 수요가 부추긴 기후변화와 그 결과로 지구의 탄소 순환에서 일어난 변화는 인간이 마주하게 된 최대의 환경적 난제임은 두말할 여지가 없다. 하지만 우리에게는 돌파구가 있다. 우리가 사용하는 대부분의 에너지와 탄소 사이의 연결을 끊어 낼 수 있다는 것이 그 돌파구이다.

기후변화는 거의 매일 나를 절망스럽게 한다. 그래서 나는 이런 생각을 떨쳐 버리지 못하고 있다. 이 재앙을 늦추려면 지금 누리고 있는 현대 사회의 혜택을 모두 버리고 과거로 돌아가야 하지 않을까? 전등도 끄고, 여행도 포기하고, 겨울에는 추위에 떨고 여름에는 작열하는 햇빛에 구워지면서 견뎌야 하나? 하지만 이건 답이 아니다. 근본적으로 따져 보아도 그 방법은 답이 아니다. 우리가 지금의 생활 방식을 유지하기 위한 에너지원으로 탄소에 의존하는 것은 세상을 바꾼 우리의 선조들이 탄소에 의존했던 방식과는 다르다. 남세균과 식물은 내부의 대사 작용으로 지구의 탄소 순환 사이클을 바꿔 놓았다. 인간은 화석연료로 움직이는 모든 것, 즉 우리 몸 밖의 대사 작용으로 탄소 순환 사이클을 바꿔 놓고 있다. 하지만 우리 외부의 대사 작용이 반드시 탄소 기반이어야 하고 온실가스를 배출해야만 하는 것은 아니다.

인류는 매우 많은 것을 만들어 냈고, 그만큼 이 지구를 변화시켰으며 그 속도도 너무나 빨랐다. 만약 우리가 생산한 모든 것—건물, 도로, 댐 등—을 한데 모아 그 무게를 잰다면, 지구상의 모든 살아 있는 유기체의 무게를 합한 것보다 무거울 것이다. 인간은 매년 생산하는 시멘트나 강철을 합한 것보다 많은 질량의 CO_2를 공기 중으로 배출한다. 탄소 순환이 미치는 이러한 영향을 제거하면서도 번영을 지속할 가능성이 있다면, 진정 주목할 가치가 있는 일이다. 내가 보기에는, 재앙을 막기 위해서 늦기 전에 현실에서 이루어져야 할 일이며 만약 그렇게 된다면 인류가 거둔 가장 큰 성공이라는 찬사가 아깝지 않으리라. 맞다, 거기까지 가기 위해서는 넘어야 할 경제적·사회적·기술적 난관이 적지 않다. 그러나 적어도 인간에게는 남세균이나 식물처럼 기본적인 대사 작용으로 탄소를 배출한다는 제약이 존재하지 않는다.

우리에게 희망이 있음을 기억하면서, 생명의 공식을 이루는 나머지 원소—질소, 인 그리고 물을 구성하는 원소들—에 주목해 보자. 이 원소들로 인한 제약은 쉽게 피할 수 있는 것이 아니다. 그 제약은 우리와 우리가 먹는 것들의 체내 대사 작용과 관계되어 있기 때문이다. 우리가 먹을 것들을 기르거나 재배하는 데는 엄청난 양의 H, O, N과 P가 쓰인다. 여기서 에너지 및 탄소 문제와는 매우 다른 문제가 발생한다. 위의 원소들 없이는 식물(또는 식물을 먹는 동물)을 기를 수 없다. 결과적으로 지구 전체에 대해서도, 일부 지역에 대해서도 환경에 영향을 끼치지 않고서는 인류 전체를 먹여 살릴 수 없다. 기후변화에 대한 경각심을 일깨우는 것보다는 생물학적인 필요를 해결하는 것이 더 긴급하다. 질소, 인, 물과 관련해 우리가 할 수 있는 최선은 이들에 대한 소비 습관을 개선하고 폐기물을 최소화하는 것이다. 그러한 변화만으로도 생명의 필수 원소에 대한 우리의 불가피한 의존이 불러올 최악의 결과를 피하기에 충분할 것이다. 물론 아직 해결해야 할 미지의 문제가 남아 있기는 하지만, 다음 장은 매우 희망적인 이야기가 될 것이다.

9

아직도
남아 있는 퍼즐

열대우림에서 살아남는 방법

코스타리카의 라셀바 생물권 보호구역La Selva Biological Station에서 저지대 열대림에 관한 연구를 시작한 처음 며칠은 내 인생에서 가장 멋진, 그러나 매우 불편한 시간이었다. "더워서 힘든 게 아니라 습해서 힘들어"라는 말은 너무나 진부한 표현이라는 걸 알지만, 그곳은 정말로 습했다. 밤이 와도, 비가 와도 눅눅함은 사라지지 않았다. 모든 것에서 물이 뚝뚝 떨어지는 느낌이었다. 사람 키를 훌쩍 뛰어넘는 키 큰 나무들은 가지에서 자라는 식물로 덮여 있었고, 이런 착생식물들도 이끼와 지의류로 덮여 있었다. 이렇게 습한 열대림에서 자라는 나무들의 잎은 대부분 그 끝이 깔때기처럼 뾰족하다. 빗물이 잎에 닿자마자 흘러내리도록 진화된 것이다. 사람들은 열대우림이라고 하면 찌는 듯이 더울 거라고 생각한다. 하지만 내 고향의 여름날 낮보다 덥지 않았다. 다만 매우 습했다.

고생을 지나치게 과장할 생각은 없고(사실 거기서 크게 고생을 한 것도 아니었다), 초록색 숲의 아름다움은 감탄스러웠다. 현장 연구기지도 시설이 좋았다. 음식도 좋았고 깨끗한 물도 쓸 수 있었으며, 인터넷도 연결되어 있는 데다 많은 사람들이 누리지 못하는 온갖 편의시설도 마련되어 있었다. 내가 그 우림의 기후에 적응하지 못했을 뿐이었다. 나는 초짜답게, 가죽 하이킹 부츠와 가죽 벨트를 착용하고 야외 연구를 나갔는데, 며칠 만에 가죽이 썩기 시작했다. 베스가 빌려준 멋진 나침반 가죽 상자도 마찬가지였다. 베스가 학부 시절에 받은 지질학 상의 상품이었는데, 결국 살려 내지 못했다. 에어컨 바람을 시원하게 쐴 수 있던 컴퓨터실이 없었다면, 아마 나도 썩기 시작했을 거라고 늘 상상하곤 했다.

이렇게 모든 것이 썩어나가는—과학적인 용어로 '분해'라고 포장하지만—현상이 열대우림이 어떻게 작동하는지를 알게 해준다. 인에 대해서 이야기할 때 잠깐 나온 이야기이기도 한데, 바로 이 부분을 인간의 환경이 열대우림과 어떻게 다른지, 생명의 공식을 구성하는 원소들을 더 잘 관리하는 데 그 지식을 어떻게 활용할 수 있을지에 대한 이야기의 출발점으로 삼고자 한다.

과학자들이 열대우림에서 활동하기를 좋아하는 데는 여러 이유가 있다. 열대우림은 대기로부터 엄청난 양의 CO_2를 흡수하고, 지구상에 존재하는 모든 생물종의 절반 가까이가 거기 살고 있으며,

수억 명의 인구가 먹고 쓰고 입고 덮을 것을 생산해 내고 있으니, 흥미롭지 않을 수 없다. 열대우림은 그 안에 들어가 보기만 해도 대단히 감성적인 경험을 할 수 있는 곳이다. 새들이 지저귀는 소리와 원숭이가 친구들을 부르는 소리를 들으며 그 숲속을 걷는 것은, 비록 그 동물들의 모습을 실제로 보는 것은 백일기도를 드려도 어려울 만큼 힘들지라도, 적어도 나에게는 삶에 대한 생각과 자세가 바뀌는 경험이었다. 열대우림에서의 연구란 토양 샘플을 얻기 위해 비에 쫄딱 젖으면서 땅에 구멍을 파는 일이 대부분이었다. 그러나 그렇게 숲속을 어슬렁거리는 내 주변에는 지구상 어디에서도 볼 수 없을 만큼 많은 생명체가 존재했다. 들여다보면 볼수록 많은 것이 내 눈에 들어왔다. 열대 숲의 땅 1에이커(약 4046제곱미터)에는 북아메리카 대륙 전체에 존재하는 것보다 많은 종의 나무가 자라고 있다.

식물학자가 아니어도—솔직히 말하면, 어느 모로 보나 나도 식물학자는 아니다—그 숲은 끝없는 녹색의 장벽처럼 느껴진다. 우림에서 3000장 이상의 사진을 찍었지만, 어느 한 장 멋지게 찍힌 사진이 없었다. 전문 사진작가라면 나보다야 낫겠지만, 그들도 강가의 공터에서 촬영하거나 비행기에서 찍지 않는다면 좋은 사진을 얻기 힘들다. 자연의 풍경을 담은 사진 달력들이 대개 산호초나 멋진 산악 지역을 보여 주는 경우는 있어도, 알록달록한 새나 재규어, 원숭이, 그것도 강가에서 찍은 사진이 아니라면 열대우림 안의 풍경을 보여 주는 사진이 없는 데에는 그럴 만한 이유가 있다. 열대우림 안에 들어가 하루를 보낸다는 것은 하늘을 보지 못한 채로 하루를 보낸다는 뜻이다. 내 머리 위를 겹겹이 덮고 있는 나뭇잎 때문이다. 어떤 숲에서는 바닥 면적 1제곱미터당 나뭇잎 면적이 8제곱미터에 달한다. 이 잎들의 존재 목적은 단 하나다. 광합성 작용을 위해 최대한 많은 햇살을 흡수하는 것. 열대우림에서는 하늘에서 떨어지는 햇빛의 1퍼센트만 땅에 닿을 정도로 나뭇잎의 햇빛 흡수 능력이 뛰어나다. 비가 오지 않는 날에도 열대우림 속은 늘 어둡다.

나뭇잎의 화학

언뜻 생각하면 열대우림에서 어떻게 그렇게 많은 나뭇잎이 생겨날 수 있는지 의아할 수도 있다. 앞에서 이야기한 바 있듯이, 열대우림 중 상당수가 황폐하고 오래된 불모의 토양을 바탕으로 하고 있다. 그 토양의 일부는 너무나 오랫동안 그 자리에 있었기 때문에 영양분이 될 만한 성분은 이미 다 빠져나가 버렸다. 암석 유래 영양분 중 가장 중요한 원소인 인의 경우, 남아 있는 토양 속의 철이 마치 자석처럼 인에 달라붙어 영영 놓아 주지 않고 있다. 열대우림의 토양 속에 식물이 흡수할 수 있는 인이 얼마나 남아 있는지 측정해 데이터를 출력해 보면, 'n.d.'가 계속 찍혀서 나오기도 한다. 'not detected', 즉 '검출되지 않는다'는 뜻이다. 아무리 많은 샘플을 채취해 측정해 봐도 인은 검출되지 않는데도 숲은 자신들에게 필요한 인을 구하는 데 아무런 문제가 없다는 듯 푸르기만 하다.

사람이 숲을 모두 베어 내고 농지를 일굴 때는 이야기가 달라진다. 처음에는 그럭저럭 소출을 낼 수 있으나, 비료를 주지 않으면 몇 년 안에 쓸모없는 땅이 되고 만다. 사람은 얼마 못 가 실패하고 마는데, 숲속의 나무는 해마다 한결같이 어떻게 그렇게 많은 잎을 틔우고 유지할 수 있는 걸까? 나뭇잎도 농작물도 영양분이 필요하다. 질소, 인 그리고 식물이 CO_2를 고정하고 성장할 수 있게 해주는 다른 모든 원소가 필요하다. 땅 밑의 바위가 공급해 주던 영양분은 수억 년의 세월 동안 내린 빗물에 거의 모두 씻겨 버렸는데, 농부들은 거의 아무것도 길러 낼 수 없는 땅에서 숲은 어떻게 계속 나무를 푸르게 기를 수 있을까?

위의 질문에 대해, 땅에 떨어진 낙엽으로부터 뿌리와 균이 효율적으로 영양분을 회수해 재활용하기 때문이라고 이미 이야기한 적이 있다. 이번에는 두 번째 이유, 나뭇잎 자체의 화학을 이야기해 보자. 과학에는 신기한 도구가 굉장히 많이 동원된다. 물질의 원자 하나하나를 셀 수 있는 질량분석계와 수백 가지의 색깔(적-녹-청만이 아니라)을 측정할 수 있는 카메라도 있다. 그러나 낙엽을 화학적으로 측정하는 데는 그다지 수준 높은 기술이 필요하지 않다. 가장 먼저 필요한 것은 4개의 플라스틱 막대와 방충망이다. 창틀 모양으로 막대를 결합하고 방충망을 대어 나무 사이에 걸어 두면, 나뭇잎이 땅에 떨어져서 썩기 전에 가로챌 수 있다.

낙엽에서 진행되는 화학적인 과정은 나뭇가지에 달려 있는 영양분 가득한 초록색 나뭇잎의 과정과는 매우 다르다. 죽은 나뭇잎에는 영양분이 거의 없다. 나무는 나뭇잎이 죽기 전에 미리 분해를 시작해서 중요한 원소들을 회수해 간다. 이렇게 하면 토양으로부터 재흡수해야 할 영양분이 줄어든다. 똑같은 원자를 반복적으로 재사용하는 것이다. 생명의 공식을 이루는 원소들 중 인 공급이 상대적으로 적은 아마존 같은 열대우림의 나무들은 인을 가장 집중적으로 회수해 간다. 이러한 현상은 지구상 어디서나 공통적으로 일어난다. 중위도 지역에서 가을이 오면 숲에 단풍이 울긋불긋 물드는 이유는 나무들이 다음 봄에 재사용하기 위해 질소가 풍부한 초록색의 광합성 기관들을 잎에서 분해해 그 원자를 줄기 속으로 다시 흡수하기 때문이다.

아마존 지역의 토양은 일반적으로 암석 유래 영양분(이를테면 인)이 부족하지만 질소는 풍부한 편이다. 적어도 다른 필수 원소 원자에 비하면 상대적으로 풍부하다. 따라서 에너지를 들여 잎에서 질소를 회수할 가치가 없으며, 실제로 아마존 지역의 나무들은 대개 질소를 효율적으로 절약하거나 보존하지 못한다. 주변에 풍부하게 존재하고 상대적으로 쉽게 얻을 수 있는 것을 굳이 아끼고 묵혀 둘 필요가 있겠는가. 온대 지역 숲의 사정은 이와는 정반대다. 온대 지역 숲에서는 인보다 질소가 (나무의 필요에 비해) 상대적으로 부족하다. 뉴잉글랜드에서 가을에 낙엽을 분석해 보면 참나무, 단풍나무, 자작나무는 울긋불긋 단풍 든 나뭇잎이 가지에서 떨어지기 전에 질소를 대부분 회수하는 데 매우 뛰어나다는 사실을 발견하게 된다.

환경보호론자들은 종종 자연은 인간과 달리 어떤 것도 낭비하

그림 16 낙엽 수집 장치를 설치하러 나간 생물지구화학 연구팀, 우림을 연구하는 과학자들은 해가 반짝 뜨는 날이면 언제나 행복하다! (사진 출처: Brooke Osborne)

지 않는다고—자연 세계의 재활용 효율성에 감탄하면서—말하곤 한다. 그러나 나는 식물도 사람도 그다지 다르지 않다고 생각한다. 식물도 낭비할 때가 있다. 그저 공급이 부족한 것을 낭비하지 않을 뿐이다. 식물도 부족한 것은 아껴 쓰지만 풍부한 것은 그다지 아껴 쓰지 않는다. 열대 지역의 나무가 온대 지역의 나무에 비해 인을 아껴 쓰고, 반대로 온대 지역의 나무는 열대 지역의 나무에 비해 질소를 아껴 쓰는 것이 그런 예 중 하나다.

인과 질소보다 더 눈에 띄는 또 하나의 예가 있다. 식물이 생명에 꼭 필요하면서 가장 흔한 두 원자인 수소와 산소를 아끼고 보존하는 방식이다. 독자들도 충분히 예상하듯이, 열대우림의 나무들은 물을 그다지 효율적으로 이용하지 못한다. 아주 분명한 사실 한 가지를 밝혀 두고 시작하자. 열대우림에는 비가 많이 내린다. 그러나 어떤 우림에는 건기가 길어서, 그런 곳에서 자라는 나무들은 일 년 열두 달 비가 내리는 우림의 나무들보다 물을 훨씬 효율적으로 이용한다. 어떤 우림에서는 건기가 너무 길어서 나무가 스스로 잎을 떨궈 버렸다가 비가 오면 다시 잎을 내기도 한다. 바싹 말라 땅이 갈라지고 흙먼지가 폴폴 날리는, 그리고 나무에 이파리 하나 없는 그런 풍경은 우리가 흔히 상상하는 우림의 풍경은 아니다. 그러나 3월에 코스타리카 북부 태평양 연안을 여행해 보면, 1월의 뉴잉글랜드처럼 나무마다 나뭇잎 하나 달려 있지 않은 숲의 풍경을 볼 수 있다. 광합성을 할 수 없는 건조한 시기에 물과 영양분을 보존하기 위해 나무가 스스로 적응한 것이다.

물론 건기가 아무리 길고 건조하다 해도 열대우림은 산소와 수소가 희귀한 곳이 아니다. 효율적인 물 이용의 극단적인 사례를 보려면 사막으로 가야 한다. 사막에서 자라는 선인장과 다육식물은 물을 효율적으로 쓰도록 진화하다 보니 광합성에 필요한 잎을 거의 포기해 버리는 정도가 되었다. 잎은 물을 너무 많이 잃어버리기 때문에, 진화는 선인장의 잎을 가시로 바꿔 버렸다. 광합성 장치가 아니라 보호 장치로 만들어 버린 것이다. 뾰족하고 날카롭고 부러지지 않기 위해 선인장의 가시는 단단한 물질로 이루어져 있고 갈색을 띤다. 가시에는 광합성 반응을 하고 영양이 풍부한 초록색 효소가 없다. 대신 선인장의 광합성 물질은 줄기의 표면에서 발견된다. 그래서 선인장은 몸 전체가 초록색이다(반대로 나무의 줄기는 광합성을 하지 않기 때문에 갈색이다). 나아가 사막의 식물들은 밤에 기공을 열어 CO_2를 흡수하고, 햇빛을 연료로 광합성 작용을 하는 낮에는 기공을 닫는다. 열대우림 지역의 나무는 이렇게 살지 않는다. 늘 물이 풍부하기 때문이다. 대신 대개 인을 보존하는 데 투자한다. 온대 지역의 나무는 이 두 가지를 모두 무시한다. 이 나무들은 질소를 보존하는 데 투자한다. 하지만 사막 지역에서는 물이 성장을 제한하는 요소이므로, 사막의 식물은 물을 보존하는 데 투자한다.

핵심은 이것이다. 어떤 원소가 귀하면 진화는 그 원소를 효율적으로 이용하는 기질을 선택한다. 반면에 생태계는 풍부한 물질은 덜 효율적으로 이용한다. 성공의 열쇠는 보존과 재활용이지만, 이 두 가지 모두 빈곤한 물질에만 작용한다. 이 점을 기억하면서, 이제는 인간이 똑같은 원소들을 이용하는 방식에 대해서 생각해 보자. 다시 한 번 말하거니와, 결핍과 부작용이 우리를 강제하기 전에 우리에게는 세상을 바꿔 놓은 선조들로부터 잘 배우고, 그 배움으로부터 우리의 행동을 바꿀 기회를 만들어 낼 시간이 있다.

20세기에 지구가 겪은 일

먼저 생물지구화학의 렌즈를 통해 20세기의 역사를 간

략하게 들여다보자. 화석연료에 담긴 탄소 기반 에너지는 인간에게 거의 무한한 듯이 보이는 에너지를 제공했다. 우리는 그 에너지를 이용해 전에는 거의 상상도 할 수 없던 속도로 이동할 수 있게 되었고, 끔찍한 전쟁으로 유례없는 파괴를 저지르기도 했으며, 지금은 그 어느 때보다 에너지 집약적인(또한 온실가스를 마구 내뿜는) 현대적 삶을 향유하고 있다. 대규모 전쟁이 끝나고 인구가 폭증하고 기대수명이 연장되는 동안 생명의 공식을 이루는 다른 원소들은 점점 더 부족해지고 있음이 분명하게 드러나고 있다. 화석연료의 에너지가 질소고정(하버-보슈 공정을 이용한)과 인 채굴 그리고 관개시설에 쓰이기 시작했다. 20세기 중반에 이르자 인류는 지구 생명의 역사에서 생명의 공식에 있는 모든 원소의 양과 흐름을 변화시킨 최초의 유기체로 등장했다. 탄소와 질소(남세균) 또는 물과 인(식물)만이 아니라 생명의 공식 패키지, HOCNP 전체가 그 대상이자 목표였다.

이러한 혁신의 결과, 내가 이 책을 쓰고 있는 2022년 현재, 지구의 총인구는 80억 명에 가까워졌고 대기 중 CO_2 농도는 산업혁명 이후 거의 40퍼센트나 증가했다. 그리고 지구 평균기온은 1.1도 이상 상승했다. 오늘날 대륙에는 1900년대에 비해 최소한 두 배의 가용 질소와 가용 인이 있고, 강에 흐르는 물보다 저수지에 가둔 물의 양이 더 많다. 우리는 인류가 거둔 성공을 만끽하며 향유하고 있다. 지금은 대부분 사회적·정치적 문제 때문에 결핍을 겪지, 생물물리학적인 이유로 결핍을 겪지는 않는다. 지구 역사에서 한 유기체 집단이 다른 모든 유기체들을 제치고 보편적으로 이런 혜택을 누리는 것은 처음 있는 일이다.

이렇게 역사상 유일한 풍요를 경험하며 살다 보니, 우리는 자연계에서 유일하게 비효율적인 존재가 되었다. 우리가 밭에 뿌리는 질소비료는 대부분 목표 작물에 닿기도 전에 소실되고, 음식으로 우리 입에 들어가기 전에 더 많은 부분이 사라져 버린다. 질소가 음식의 형태로 우리 몸을 통과하고 나면 다시 회수되지도 않는다. 인은 질소보다는 비교적 덜 유동적이기 때문에, 유입될 때는 질소만큼 손실이 크지 않다. 그러나 유출되는 인을 전혀 효율적으로 보존하지 못한다. 물은 어떤가? 사막에서는 물을 공기 중에 안개처럼 분사하는 방식으로 작물을 기르는데, 이렇게 하면 물이 땅에 닿기도 전에 수분이 증발해 버려 물 이용이라는 측면에서 매우 비효율적이다.

간단히 말해, 나무나 선인장을 따라가려면 우리는 아직도 멀었다.

환경보호론자들은 수십 년 전부터 이러한 단선적이고 고도로 비효율적인 경제의 부작용을 지적해 왔다. 그들은 생태계가 얼마나 자원 낭비가 적고 얼마나 재활용을 잘하는지 늘 이야기했다. 일면 옳은 말이다. 그러나 나는 인간도 주어진 상황 안에서 매우 합리적으로 행동해 왔다고 생각한다. 풍요롭고 값싼 에너지 덕분에 우리는 물과 영양분을 쉽게 획득해 왔다. 따라서 물과 영양분을 보존하는 데는 그다지 큰 투자를 하지 않고 살아온 것이다. 인간도 다른 유기체들과 크게 다르지 않다. 다른 유기체들도 우리처럼 얻기 힘든 것을 잘 보존하고 지키는 데 더 많이 투자한다. 사람들은 하버-보슈 공정을 통해 질소비료를 만들면서 화석연료를 쓴다. 모로코, 중국,

플로리다에서 인을 채굴할 때도, 그리고 필요한 곳으로 수송할 때도 화석연료를 쓴다. 오갈랄라 대수층에서 물을 끌어올려 캔자스에서 옥수수를 기르고 콜로라도강에서 물을 끌어다 애리조나에서 양상추를 기르는 데도 화석연료가 필요하다. 화석연료 에너지는 싸고 변수가 적고 정부에서 보조금도 준다. 그 덕에 우리는 필요한 영양분과 물을 쉽게 얻을 수 있다. 우리가 이 모든 것을 알뜰히 아끼고 보존하지 않는 것도 전혀 이상할 게 없다.

물론 문제는 이런 비효율이 환경에 미치는 결과다. 기후가 변하고, 물길이 변하고, 그리고 미래의 삶이 위협받고 있다. 그렇다면, 지금보다 에너지를 더 효율적으로 쓰고 더 잘 보존하려면 무엇을 해야 할까? 완벽한 해법은 없다는 경고에서 출발해야 할 것 같다. 이 마지막 장에서, 에너지와 탄소 문제에서는 더 나은 해결책을 우리가 이미 알고 있다고 말하고 싶다. 물론 기술적·사회적·정치적으로 선결해야 할 난관이 있지만, 결국에는 그 모든 난관을 뛰어넘을 수 있다는 것을 나는 거의 의심하지 않는다. 다만 시간이 많지 않을 뿐이다. 미래의 기후 재앙을 피하기 위해 우리에게 남은 시간은 매우 짧다. 그러나 다른 원소들에 대해서는 우리의 행동이 불러오는 원치 않는 부작용을 줄일 수 있는 길의 일부만이 보이는 정도다. 따라서 이 장의 나머지 부분에서는 그런 문제들과 21세기에 우리 모두가 (생태학적 의미에서) 에너지 보존적으로 행동해야 한다는 과제에 집중하고자 한다.

사람이 H, O, N, P를 소비하는 경로 중에는 다른 무엇보다도 식량의 생산과 소비가 가장 크다. 이 점을 감안한다면, 금세기에 마주해야 할 또 하나의 중요한 지속가능성 과제에 대한 이야기로 이 책을 마무리하는 것이 자연스러울 듯하다. 어떻게 하면 생명의 공식을 이루는 이 원소들의 순환을 교란시키지 않으면서, 이제 80억—21세기 중반이면 100억이 될—이 된 인구를 먹여 살릴 양질의 식량을 생산할 수 있을까?

  이번에도 다시 한 번, 지금 우리가 사는 방식과 앞으로 바꿀 수 있는 방식의 차이를 탐색하기 위한 출발점으로 우리 집을 살펴보는 데서 시작해 보겠다. 그러나 탄소와 에너지 문제와 마찬가지로, 최종 소비자의 노력만으로는 문제를 해결할 수 없다. 모든 사회 수준에서 체계적이고 전반적인 개혁이 따라야 한다. 따라서 각 개인이 가정 차원에서 할 수 있는 것들을 살펴본 뒤에는 공급 측면으로 넘어가겠다. 대부분의 식량이 생산되는 산업적 규모의 농장에서 몇 가지 사례를 들고, 거기서 순환되는 원자들을 더 잘 관리하기 위해 과학자들과 농부들이 어떻게 협력하며 노력을 기울이고 있는지 이야기하자. 거기서 시작해 세상에서 가장 빈곤한 몇몇 도시 그리고 영양 성분의 직선적인 이동 경로를 구부려 열대우림의 순환경제 속으로 되돌리고자 노력하는 훌륭한 단체들로 이야기를 옮겨 보자. 지금도 세계 인구의 절반 이상이 도시에 살고 있으며, 도시 인구는 해마다 늘어나고 있다. 나뭇잎이 떨어지기 전에 영양분을 회수해 가는 숲처럼 폐기물을 재사용하는 시스템을 원한다면, 도시를 힘들게 얻은 원자들이 스르르 빠져나가는 통로가 아니라 순환 시스템의 일부로 만들 방법을 찾아야 한다.

작은 것에서 점차 큰 것으로 나아가는 방식으로, 먼저 우리 집의 냉장고에서 출발해 보자. 우리 집 냉장고는 여느 집의 냉장고와 다르지 않다. 평균적인 미국 가정의 냉장고와 가장 크게 다른 점이 있다면, 우리 가족은 몇 년 전부터 고기를 먹지 않는다는 점이다. 가끔 뉴욕의 부모님 댁 근처에 있는 식당에 가서 맵싸한 사천식 닭요리를 혼자서 몰래 먹고 올 때도 있기는 하다. 하지만 나는 고기, 특히 붉은 고기를 인간이 H, O, N과 P에 미치는 영향을 줄이는 길의 출발점으로 삼고자 한다.

몇 년 전, 지구상에 존재하는 다양한 생물, 즉 식물, 박테리아, 포유류, 어류 등의 몸에 저장된 물질의 총량을 측정하려 한 논문이 발표되었다. 가끔 여러 과학자가 빠져드는 함정 같은 주제였다. 대체 그걸 실제로 측정한 사람이 있었을까? 어떻게? 그래서 그 답은? 무릎을 칠 만큼 획기적인 방법도 아니었고, 딴 세상 체험처럼 신기한 이야기도 아니었다. 하지만 아이디어만은 훌륭했다. 나는 답이 궁금해서가 아니라 질문이 흥미로워서 그 논문을 읽었는데, 그러다가 한 가지 아이디어가 불쑥 떠올랐다.

논문의 저자들은 만약 온 세상의 모든 사람을 저울의 한쪽에 올려놓고 모든 가축(소, 돼지, 닭 등)을 반대쪽에 올려놓으면, 가축의 무게가 사람 무게의 약 두 배가량 될 거라고 주장했다.[30] 인간은 고기를 아주 많이 먹어서 자신들보다 더 많은(그리고 더 무게가 나가는) 가축을 기르고 있다. 숫자로 비교하면 더욱 분명해진다. 지구상에는 사람 수의 거의 세 배에 달하는 수(약 200억 마리)의 닭이 사육되고 있고, 여기에 소 10억 마리, 돼지와 염소를 합해 또 10억 마리가 사육되고 있다.

이런 계산이 H, O, N, 그리고 P와 무슨 상관이 있을까? 이 모든 가축을 먹이려면 엄청난 양의 식물이 필요하고, 식물에는 엄청난 양의 질소와 인 그리고 물이 필요하다. 어떤 지역에서는 농사를 지을 수 없던 땅에 풀을 길러 동물을 방목한다. 이럴 경우 동물은 자신이 먹은 식물로부터 질소와 인을 섭취해 자기 몸에 농축시킨 다음 그 영양분을 사람에게 제공한다. 동물의 개체수가 지나치게 많지만 않다면 토양의 영양분도 고갈되지 않으며, 여기에 비가 충분히 내린다면 충분히 지속가능한 시스템이라고 할 수 있다. 반면에 어떤 지역에서는 가축들이 풀을 뜯어 먹으며 그렇지 않아도 빈약했던 영양분을 토양에서 제거해 버림으로써 식물의 성장이 더 지연될 수밖에 없는 땅이 되어 버린다. 소를 길러 도축해서 브라질산 소고기를 세계 곳곳으로 실어 보내는 아마존 지역의 이야기이다. 이보다 더 건조한 지역, 특히 사람까지 점점 더 몰려드는 지역에서는 동물의 개체수가 너무나 많아 식물이 재생될 시간이 부족할 정도가 되니 땅은 더욱 건조해지고 생산성은 더 떨어지며 풍경은 점점 헐벗게 된다.

육류의 생산이 증가할수록 더 많은 목초지가 필요하다. 미국의 경우, 본토의 약 30퍼센트에 가까운 면적이 사유 목초지이거나 방목지이다. 굉장히 넓은 면적이다. 그러나 이 땅에서 방목되는 9000만 마리 이상의 소 중에서 수명을 다할 때까지 풀을 뜯는 소는 매우 드물다. 대부분 사육장으로 보내졌다가 도축된다. 사육장에서는 옥수수를 비롯해서 질소와 인이 풍부하고 기를 때 물을 많이 줘야 하는 작물들을 사료로 먹인다. 이 작물들은 오로지 가축의 사료용 작물만을 재배하는 농장에서 온다. 이런 농장들까지 목초지나 방목지의 면적에 더하면, 북아메리카 대륙 미국 본토의 약 절반에서 소를 기르기 위한 농사를 짓고 있는 셈이다. 세계를 통틀어 계산해 보면, 인간이 경작하는 땅의 3분의 1에서는 인간이 먹을 동물의 사료를 재배하고 있다.

깜짝 놀랄 만한 수치지만, 지구의 인구는 너무나 많기 때문에 땅을 효율적으로 잘 쓰는 것이라고 말할 사람도 있을 것이다. 어쩌면 그럴지도 모른다. 그러나 동물을 기르는 것, 특히나 소를 기르는 것은 매우 비효율적이다. 소를 길러서 식물의 칼로리를 동물의 칼로리로 바꾸는 것이 매우 비효율적이기 때문이다. 정확한 변환율은 어떤 소에게 어떤 사료를 먹이느냐에 따라 달라지지만, 일반적으로 대략 1칼로리의 소고기를 만드는 데 식물 10칼로리가 필요하다. 소가 인간이 먹을 수 없는 식물을 먹고 자란다면, 적어도 식량으로 만들 수 없는 것(다른 방법으로 활용할 수도 있기는 하겠지만)으로 식량을 만든다고 말할 수 있다. 그러나 소가 옥수수 또는 특별히 소에게 먹이기 위해 기른 작물을 먹고 자란다면, 우리는 우리에게 실제로 필요한 것보다 훨씬 더 많은 질소와 인 그리고 물을 쓰는 셈이다. 우리가 직접 그 작물들을 먹는 경우보다 대략 10배 정도를 더 쓴다. 달리 말하자면, 미국(약 3억 2000만 명의 인구)이 동물에게 사료 먹이기를 중단하고 대신 사람이 곧바로 먹을 작물을 기른다면 추가로 10억 명에게 필요한 칼로리를 충분히 생산할 수 있다.

이런 이유로, 필수적인 생명의 원소들에 발자국을 덜 남기면서 사람이 먹을 식량을 생산하기 위해서는 소(그리고 소보다 더 효율적이지 못한 돼지까지)를 덜 길러야 한다. 고기를 완전히 끊을 필요는 없다. 그러나 동물이 아닌 인간을 위해 작물을 기르는 것이 생명의 원소에 인간이 미치는 영향을 줄이는 해법의 일부가 되어야 한다.

이 점을 설명하기 위해, 나는 나의 환경과학론 수업을 듣는 학생들에게 아주 간단한 계산을 시켜 본다. 계산은 이렇게 진행된다. 먼저, 80억 명의 인구를 먹여 살리기 위해서는 얼마나 넓은 땅이 필요할지 생각해 보자고 말한다. 그리고 생산성이 좋은 농장의 땅 1에이커에서 1년에 몇 칼로리를 생산할 수 있는지 말해 준다. 계산을 간단하게 만들기 위해, 지구상의 모든 농장은 매우 생산성이 높다고 가정(현실과는 거리가 먼 이야기지만)한다. 이제 사람 한 명의 1일 평균 칼로리 필요량을 알려주는데, 역시 계산을 간단히 하기 위해 나이, 성 또는 체격은 모두 무시하기로 한다. 하지만 계산은 두 가지 방식으로 해야 한다. 처음에는 80억 명이 모두 '미국식'으로 영양을 섭취하는 것으로 가정하고 계산한다. 1년에 25킬로그램의 고기를 먹는 것이다. 여기서 소고기로 1칼로리를 내기 위해서는 작물로 10칼로리가 투입되어야 한다는 것을 다시 한 번 상기시킨다. 두 번째도 같은 계산을 하는데, 다만 이번에는 사람들 모두가 채식주의자이며, 우리가 기른 작물을 소에게 먹이는 것이 아니라 우리가 직접 먹는다고 가정한다.

과학적인 정확성을 따지는 것은 이 계산의 핵심이 아니다. 이 계산에는 엄격한 학술 평가를 통과하지 못할 정도로 지나치게 단순화된 가정들이 수두룩하다. 그렇지만 이 계산의 결과에 대개 학생들은 깜짝 놀란다. 독자들도 그렇기를 바란다. 세상 사람들을 모두 미국식으로 먹이려면, 특히나 미국 사람들이 먹는 만큼 쇠고기를 먹게 하려면, 농지의 면적을 지금보다 두 배로 늘려야 한다. 엄청나게 많은 땅이 더 필요해 보이며, 실제로 그렇다. 농지가 두 배가 된다는 것의 의미를 좀 더 설명해 보겠다.

인류는 이미 지구 육지의 15퍼센트를 식용 작물 재배에 쓰고 있다. 이는 남아메리카 대륙과 비슷한 크기이다. 여기에 추가로 35퍼센트, 아프리카 대륙과 비슷한 면적의 땅을 목초지로 쓰고 있다. 여기까지 계산하면 얼지 않는 땅의 50퍼센트가 식량을 생산하는 데 쓰인다는 계산이 나온다. 여기서 어떻게 농지를 두 배로 늘린단 말인가? 아마존에서 아직도 남은 땅을 모두 개간한다 해도 모자라고, 아프리카의 마지막 우림까지 개간해도 부족하다. 북아메리카와 유럽, 러시아 그리고 아시아에서 농사를 지을 수 있을 만한 땅은 이미 모두 농지로 쓰이고 있다. 기후변화 때문에 언젠가는 북쪽 지역에도 경작 가능한 땅이 더 생길 수 있겠지만, 반대로 더는 농사를 지을 수 없는 땅도 생길 것이다. 평균을 내면 온난화로 새로운 농지가 더 많이 생기지는 않을 것이다. 더 이상 농지로 쓸 땅이 없다.

인류가 육식을 줄인다면?

반면에 세상 사람들이 모두 채식을 선택한다면 지금 농사짓고 있는 땅의 절반만으로도 충분히 식량을 공급할 수 있다. 그 이유는 간단하다. 작물을 동물에게 먹인 다음 그 동물을 인간이 먹는 것은 비효율적이다. 생산된 작물을 동물을 거치지 않고 곧바로 인간이 먹는다면 브라질만 한 면적의 땅을 농지에서 다른 용도로 전환할 수 있다. 물론 이 아이디어는 구체적이지 않다. 계산되어 나온 숫자도 딱 떨어지게 맞는 숫자는 아니다. 하지만 아이디어만큼은 상황에 딱 떨어지게 맞는다. 붉은 고기, 특히 소와 돼지를 덜 먹는 것이 아마도 인간의 식량 시스템이 불러오는 원치 않는 부작용을 줄이기 위해 우리가 할 수 있는 가장 중요한 행동일 것이다. 한 주먹의 작물이라도 인간이 먹지 않고 동물에게 먹이는 것은 우리가 애써 모아들인 생명의 공식 속 원소들을 변기에 쏟아붓는 것이나 마찬가지다.

많은 사람들이 육식을 선호한다. 전부는 아니지만, 지구상의 많은 지역에서 육식은 문화적으로도 중요한 의미가 있다. 프랑스, 브라질, 아르헨티나 그리고 내가 연구 활동을 한 여러 나라에서도 고기는 식생활에서 중요한 위치를 차지한다. 문화적인 선호 외에도 고기는 식량안보가 취약한 지역에 사는 많은 사람에게 핵심적인 단백질 공급원이다. 그들에게 동물은 종종 필요할 때 인출할 수 있는 칼로리 저축 계좌의 역할을 한다. 그렇지만 빈곤 지역의 사람들은 보통의 미국인들처럼 1년에 25킬로그램씩 고기를 먹지 못한다. 사실, 세계에서 가장 빈곤하고 식량안보도 가장 취약한 지역의 주민들은 1년에 고작 3킬로그램이 조금 넘게 고기를 먹을 뿐이다.

이 장을 쓰는 지금, 고기를 대체할 몇몇 가능성이 표면화되고 있다. 이와 관련하여 가장 주목할 만한 사람이 아마도 스탠퍼드대학교 생화학과 석좌교수인 패트릭 브라운Patrick Brown일 것이다. 브라운은 교육학자에서 기초 과학 연구자로 변신한 사람인데, 최초의 오픈 액세스 방식(무료라는 뜻이다)의 저명한 과학 학술지를 만들고 DNA 마이크로어레이microarray(요즘 생물학부의 기본 도구)를 발명했다. 그러나 이 책의 주제와 관련해서는, 브라운이 2011년에 설립한 회사 임파서블푸드Impossible Foods가 가장 흥미롭다.

아마 지금쯤은 임파서블 버거의 광고를 봤거나 한 번쯤 먹어 본 사람도 있을 것이다. 요즘은 내가 일하는 대학의 카페테리아에서도 이 버거를 사 먹을 수 있다. 애틀랜타 공항에서도 높이 6미터에 이르는 이 버거의 네온사인 광고판을 본 적이 있다. 임파서블 버거는 수많은 대체육 버거 중 하나지만, 아주 흥미로운 방식으로 독특하다. 이 책의 중심 내용인 원자들과 직접적인 연관이 있으며 남세균 및 질소고정과도 바로 연결된다.

앞에서 언급했듯이, 공기 중의 N_2를 반응성 질소로 변환시키는 효소인 니트로게나제는 아주 오래전에, 지구에 산소가 생기기 오래전에 진화했다. 니트로게나제가 산소보다 한참 전에 등장한 것은 다행스러운 일이었다. 이 효소는 산소와 한번 결합하면 절대로 분리되지 않기 때문에 더 이상 공기 중에서 질소를 뽑아내지 못한다. 그게 가짜 고기 버거와 무슨 상관이냐고 묻고 싶을 것이다. 잠시만 기다려달라. 그 이유가 바로 매우 흥미로운 부분이다.

사람과 질소에 대해 이야기한 5장에서, 콩과 식물을 설명하며 콩과 식물이 질소고정 박테리아가 살 집으로 작은 혹을 만든다고 설명했다. 그 '집'은 산소를 차단하는 게 중요한데, 질소고정을 촉진하는 효소가 산소와 결합하면 비활성화되기 때문이다. 그렇지만 이 '집'이 어떻게 산소의 접근을 막아 내는지는 설명하지 않았는데, 그 방법이 임파서블 버거와 연결된다.

콩과 식물은 뿌리혹에서 레그헤모글로빈leghemoglobin이라는 분자를 내서 산소가 질소고정 박테리아의 집에 접근하는 것을 막는다. 화학적으로 레그헤모글로빈은 산소와 결합해 사람의 몸속을 구석구석 돌아다니는 적혈구의 헤모글로빈과 매우 비슷하다. 레그헤모글로빈도 산소와 결합한다. 그래서 콩과 식물의 혹뿌리를 자르면 마치 피가 흐르는 것처럼 붉게 변한다. 하지만 레그헤모글로빈의 기능은 소중한 질소고정 박테리아와 니트로게나제 효소를 산소로부터 지키는 것이다.

수많은 테스트를 해본 후, 브라운과 그의 연구팀은 버거 패티의 맛을 내게 해주는 것은 사실 소고기의 헤모글로빈이라고 추론했다. 그래서 고기 같은 맛을 가진 채식 버거를 만들기 시작했을 때, 그들은 콩과 식물을 주목했다. 그들은 레그헤모글로빈의 유전자 암호를 효모의 유전자에 이식해서 이 유전자 변형 효모를 핵심 성분으로 삼았다. 이 효모에는 레그헤모글로빈이 많이 들어 있기 때문에, 소고기처럼 핏기가 있는 채식 버거를 만들어 낼 수 있었다. 최근에 나도 임파서블 버거를 하나 먹어 보았는데, 식감까지 완전히 똑같지는 않았지만 맛은 깜빡 속아 넘어갈 정도로 비슷했다. 왜 이렇게까지 수고를 해가며 이런 버거를 만들었을까? 식물을 기반으로 하는 식생활이 H, O, N과 P에 남을 인간의 영향을 줄일 수 있는 가장 빠른 길이기 때문이다. 만약 사람들이 빅맥과 와퍼 먹기를 그만두지 않는다면, 핏기가 있는 대체육으로 만든 빅맥과 와퍼를 먹게 될지도 모른다.

붉은 고기를 덜 먹거나 아예 먹지 않는 것(물론 이 방법이 더 좋기는 하다)이 첫 번째 열쇠다. 하지만 사실은 농업, 심지어는 재래식 농업이라도 많은 양의 영양분과 물이 필요하며, 농작물이 우리 입으로 들어가기 전에 많은 양의 H, O, N, P가 소실된다. 5장에서 보았듯이, 경작지에 비료로 뿌린 질소가 100단위라면 우리 입에 들어가는 양은 채식을 할 경우 14단위, 고기를 먹을 경우 겨우 4단위에 불과하다. 인의 경우에는 이보다 낫겠지만, 크게 차이가 나지는 않는다. 육식이 더 비효율적인 것은 분명하지만, 다른 각도에서 보면, 육식을 줄이거나 중단한다고 해도 식품이 원래 갖고 있던 질소를 96퍼센트 잃어버리다가 86퍼센트 잃어버리는 정도로 개선되는 것에 불과하다. 조금 나아지기는 하겠지만, 어떻게 보더라도 효율적인 것과는 거리가 멀다.

세상을 더 낫게 바꾸려는 사람들

효율적인 시스템의 사례는 어디서 볼 수 있을까? 육상 식물로 돌아가 보자. 육상 식물은 영양분과 물을 지키기 위해 할 수 있는 모든 일을 한다. 귀한 것들을 지키는 데 가장 많은 투자를 하는 것이다. 지금 대부분의 인간에게 H, O, N, P는 부족한 자원이 아니다. 그래서 이 원소들을 낭비한다.

결국 중요한 것은 핵심적인 원소들을 우리가 원하는 곳에서는 지키고 그렇지 않은 곳에서는 지키지 않는 것이다. 여기에는 아직도 개선의 여지가 많다. 농부들은 현대적인 기술을 이용해 단위 면적당 재배 작물의 수를 최적화하고, 가장 필요한 시점에 비료를 주고, 농지에 질소가 과다하지 않고 적절한 양이 있는지 검사한다. 여전히 논란의 여지가 있기는 하지만, 식물을 더 영양 효율적으로 만들기 위해 유전공학을 이용할 수 있고, 언젠가는 콩과 식물이 아닌 작물도 생물학적으로 질소고정을 하게 만들 수 있다. 실험실에서의 유전자 변형이 불편한 독자들을 위해 말하자면, 기존의 식물 육종 방식으로 식물이 영양분을 더 잘 보존하도록 만드는 연구도 진행되고 있다.

우림을 영양소 순환에서 그토록 효율적으로 만드는 또 하나의 이유는 그 땅에 언제나 살아 있는 식물이 존재한다는 점이다. 우림의 흙이 아무것도 없는 맨땅인 채 헐벗고 있는 때는 결코 없다. 그러나 수확이 끝나고 아직 파종하기 전의 농경지에 가보면, 드넓은 경작지가 맨땅으로 드러나 있다. 더 나쁜 것은, 봄철보다 가을철에 노동력과 가격이 싸기 때문에, 또 봄철에는 겨울철 얼었던 땅이 녹으면서 농지가 질퍽질퍽한 진창이 되기 때문에 농부들이 가을에 미리 비료를 뿌린다는 점이다. 작물이 흙에 뿌리를 내리기도 전에 비료의 영양 성분은 몇 달 동안 천천히 (또는 빨리) 토양으로부터 소실되어 버린다. 농부와 연구자를 비롯한 많은 사람이 겨울철에 심었다가 제거하는 피복작물이 농지에 뿌려진 비료의 양분이 물을 따라 흘러가 버리는 것을 막는 데 얼마나 유용한지 알아 가고 있다. 또 어떤 이들은 다년생 곡물—여러 해 동안 자라면서 토양을 지켜 주는 식물—의 경작을 시도하고 있다. 그중 하나인 다년생 밀 품종인 컨자Kernza를 최근에 우리 동네 슈퍼마켓 곡물 코너에서 보았다. 이런 기술을 비롯해 다른 많은 기술이 계속 새롭게 등장하면서 영양분의 손실은 줄이고 생산량은 늘리는 현대적인 농업 기술을 이끌고 있다. 원치 않는 결과를 반길 사람은 없다. 농지의 영양분 손실이 큰 문제라는 것을 많은 사람—농부, 과학자, 공무원—이 알고 있으며 열심히 개선책을 찾고 있다.

  농업의 미래와 우리 모두가 기대고 있는 식량 생산 시스템을 개선하기 위해 우리가 할 수 있는 일에 대해 말하자면 아마도 다른 책을 한 권 더 써야 할 것이다. 우선 여기서는 농부와 사회, 그리고 생명의 공식 사이의 연결고리를 이해하고 문제를 해결하기 위해 애쓰는 한 사람을 소개하고자 한다. 몇 년 전, 내 친구이자 동료인 리사 슐트-무어Lisa Schulte-Moore로부터 강연 초청을 받아 아이오와주립대학교에 간 적이 있다. 동료로부터 이런 요청을 받는 것은 언제나 영광스러운 일이다. 게다가 리사가 학생들과 함께 '현장으로' 가자고 요청해 나는 더욱 신이 났다.

아이오와는 전체 토지 면적의 98퍼센트가 이미 택지나 농지 등으로 개발되었거나 사람에 의해 관리되고 있기 때문에, 우리가 가 볼 만한 숲이 따로 남아 있지 않았다. 대신 아이오와에서 흔히 볼 수 있고, 서로 비슷비슷하게 생긴 옥수수밭과 콩밭으로 향했다. 옥수수와 콩의 쓸모는 한두 가지가 아니지만, 여기서 수확된 것이 사람이 직접 먹을 식량으로 쓰이는 경우는 거의 없다. 대부분 돼지와 소의 사료로 쓰이거나 에탄올 증류에 쓰인다.

나는 이미 수확이 끝난 계절에 방문했는데, 아이오와의 농경지에는 대부분 질퍽질퍽하고 무질서한 바큇자국만 가득한 상태였다. 메마른 사막처럼 살아 있는 식물이 거의 없었다. 그렇지만 우리가 가 보려는 농지는 조금 달랐다. 수확이 끝난 옥수수밭이라면 어디든 옥수숫대가 남아 있는 것이 당연하지만, 그곳의 옥수숫대는 옥수수를 수확하며 지나간 콤바인에 의해 균일한 높이로 잘려 있었다. 그리고 수확이 끝난 진흙밭에 토종 초지 식물이 좁은 띠를 이룬 채 사람의 키를 넘겨 자라고 있었다. 이 초지 식물의 띠를 계획하고 식물을 심은 사람이 바로 리사와 과학자들, 그리고 팀이라는 이름의 매우 열정적인 농부였다.

팀의 집 주방 식탁에 앉아 그들의 설명을 들었다. 아이오와의 땅은 아주 비옥한 표토로 덮여 있었다. 작물을 기르기에 세상 어느 땅보다도 비옥한, 두께가 40센티미터에 달할 정도로 두툼한 표토였다. 적어도 과거에는 그랬다. 그런데 지난 한 세기 동안 그 표토의 절반이 사라져 버렸다. 토종 초지 식물 대신 작물을 심고, 트랙터로 땅을 갈아엎고, 옥수수가 더 잘 자라게 하기 위해 촘촘한 배수 시스템을 구축했다. 농경 지역에서 자라지 않은 사람들에게는 '타일 배수tile drainage'라는 말이 익숙하지 않을 테지만, 아이오와의 농경지에는 수천수만 킬로미터의 지하 배수관이 묻혀 있어서, 농지의 물이 곧바로 인공 배수구로 빠지게 되어 있다. 이런 방식의 타일 배수는 농지가 지나치게 축축해지는 것은 막아 주지만, 물이 빠지면서 흙도 함께 쓸려 나간다. 따라서 물과 흙이 빠져나갈 때 많은 양의 질소와 인이 함께 빠져나간다.

경작지를 갈아엎은 뒤에 겨우내 맨땅으로 두고, 게다가 타일 배수로 농지의 물이 잘 빠지도록 관리하는 방식 때문에 아이오와의 비옥했던 표토는 이제 겨우 반밖에 남지 않았다. 나머지 절반은 미시시피강으로 흘러 들어갔다. 한번 깎여 나간 표토는 짧은 시간 안에 다시 원상태로 회복될 수 없음을 농부들은 잘 안다. 1930년대의 더스트볼 사태 이후, 어쩌면 그보다 훨씬 이전부터 모든 사람이 잘 알고 있었다. 토양 침식을 늦출 수 있도록 농부들을 돕는 천연자원보존국Natural Resources Conservation Service이라는 정부 기관까지 있을 정도다. 그러나 토양 침식은 계속 진행되고 있다. 농부들은 경제적인 여유가 없기 때문에, 한 해 농사만을 놓고 본다면 토양 침식을 걱정하지 않는 편이 더 싸게 먹힌다. 그로 인해 장기적으로는 결국 아이오와뿐만 아니라 지구의 곡창지대라 불리는 다른 비옥한 땅 어디에서도 더 이상 농사를 지을 수 없게 된다 할지라도 말이다. 토양이 유실될 때 그 속의 영양분과 식물이 쓸 물을 저장하는 토양의 능력까지도 같이 사라져 버리기 때문에, 농업은 정말 막다른 골목에 몰리는 셈이다.

이런 배경 앞에서, 리사와 그녀의 연구팀 그리고 팀을 비롯한 다른 많은 농부가 여러 가지 결함(영양분 소실, 작물 이외 모든 식물의 배제, 집중적인 살충제 살포, 다종다양한 질병 등) 없이 산업적 농업의 이득—상대적으로 작은 농지에서 적은 비용으로 많은 양의 식량을 생산하는 것—을 누릴 방법을 탐색하고 있다. 그들은 매우 흥미로운 사실들을 깨달았다. 한 실험 농장에서 리사의 팀은 농장 전체 면적의 5~10퍼센트 정도 되는 구역을 할당받았다. 농장에서 가장 생산성이 낮은 땅이었다. 여기에 물이 흐르는 방향과 수직을 이루도록 여러 종류의 초지 식물을 띠 모양으로 심었다. 그리고 여기서 얼마나 많은 양의 흙과 영양분이 손실되는지를 측정해 같은 농장에서 초지 식물을 심지 않은 다른 구역의 땅과 비교해 보았다. 놀랍게도, 초지 식물을 아주 조금만 심어도 소실되는 질소와 인의 양이 40퍼센트 가까이 줄었다. 토양 침식은 전체적으로 90퍼센트나 줄었다. 초지 식물의 띠는 그보다 더 중요한 일을 해냈다. 초지 식물을 심었더니 흙이 다시 쌓이기 시작한 것이다. 토양의 계좌에서 흙이 새나가는 것을 막았을 뿐만 아니라 다시 퇴적층을 만들기 시작했다.

리사의 연구팀은 첫 번째 실험에서 더 나아가 혁신적인 농부인 팀을 비롯해 다른 지주들과 손을 잡고 중서부 전역으로 이 실험을 확장했다. 초지 식물 띠가 만병통치약은 아니다. 농장들은 여전히 농작물의 수확과 함께 소실되는 질소와 인을 보충해야만 한다. 그러나 적어도 초지 식물 띠는 혈액응고제 역할은 해준다. 그래서 손실을 최대한 늦추고 더 좋은 개선 방법을 찾을 시간을 벌어 준다.

다행히 초지 식물 띠는 재생 농업regenerative agriculture, 즉 식물을 이용해 영양분과 토양을 보존하고 동시에 그 식물로부터 식량을 생산하는 방식의 농법 중 하나일 뿐이다. 어쨌든 식물은 무엇보다도 토양을 만들어 내는 존재다. 4억 년 전, 식물이 육지를 지배하기 시작한 이후로 쭉 그래 왔다. 식물을 오직 식량 생산에만 이용하고 토양 대신 화학물질을 사용하는 것보다 식물로 식량과 토양을 함께 생산하는 것이 합리적이다. 이런 재생 농업 방식 중 일부는 오류로 판명될 수도 있을 것이다. 그러나 그렇지 않은 다른 것들이 (나는 초지 식물 띠가 여기에 속할 거라고 믿는다) 우리가 농사짓는 방법을 개혁할지도 모른다.

리사에게 희망을 거는 사람은 나만이 아니다. 리사는 2021년에 '맥아더 지니어스 그랜트MacArthur Ginius Grant'*를 수상했다. 그녀는 이제 세계 최대의 식량 생산자들과 협력해 얼리 어답터들이 배운 교훈을 전파하는 데 힘을 쓰고 있는 강력한 대변인이기도 하다. 농부

---

* [옮긴이] 미국의 '존 D.와 캐서린 T. 맥아더 재단John D. and Catherine T. MacArthur Foundation'이 매년 수여하는 권위 있는 개인 지원 프로그램이다. 맥아더 펠로십이라고도 하며 예술, 과학, 인문학, 사회운동 등 다양한 분야에서 탁월한 창의성과 자기 주도성을 보여 준 미국 시민 또는 거주자 20~30명을 선정하여 수여한다.

들도 줄을 서서 참여하고 있다. 찾는 이들이 너무 많아 리사의 연구팀이 모두 대응하기 힘들 정도다. 리사 그리고 그녀와 비슷한 이들의 활동은 인류의 성공이 생명에 필수적인 원소들의 순환을 왜곡하면서 빚어진 문제들을 해결하는 데 도움을 줄 수 있다.

농업을 살리려는 리사를 비롯한 다른 활동가들의 노력은 고무적이지만, 진정으로 효율적인 시스템을 정착시키기 위해서는 농경지에서 이탈하는 원자들을 재활용할 방법까지 찾아야 한다. 현재로서는 손실이 일어나는 중요한 두 가지 통로가 있다. 우리 인간과 동물이다. 동물의 개체수를 줄여야 한다는 이야기는 앞에서 했다. 이번에는 인간에 초점을 맞춰 이야기해 보자. 우리는 대부분 경제적으로 뒤처진 나라에서 미흡한 하수처리로 인해 발생하는 문제들을 잘 안다. 예를 들어, 1200만 명이 사는 브라질의 상파울루에서도 하수가 절반을 약간 넘는 정도만 제대로 처리되고 있다. 인구 400만인 케냐의 나이로비에서는 처리되는 하수가 절반을 한참 못 미친다. 일차적으로 이 문제는 건강을 직접 위협한다. 그렇지만 화학물질이나 생물학적 처리로 폐수를 정화하는 부자 나라에서도 영양분은 재활용하지 못한다.

하수 찌꺼기는 질소와 인으로 가득 차 있지만, 그중 단 1퍼센트도 농경지로 되돌려 놓을 수 없다. 내가 사는 로드아일랜드의 프로비던스에서는 하수처리장에서 박테리아를 이용해 하수 속의 질소를 질소 기체로 바꿔 공기 중으로 돌려보낸다. 질소가 바다로 흘러드는 것을 막기 위해서다. 이 방법은 아주 효과적이지만, 하버-보슈 공정으로 공기 중의 질소를 고정해 농지에 비료로 뿌리는 데 들어간 에너지를 생각하면, 그 질소를 다시 공기로 돌려보내는 것은 아쉬운 일이다. 처리를 거친 질퍽질퍽한 하수 찌꺼기는 소각장으로 가져가서 소각(여기서도 엄청난 화석연료가 연소된다) 건조한 후 매립지에 살포한다. 필수적인 생명의 원소들로 가득한 이 폐기물을 안전하게 재활용하는 방법을 찾는 것이 21세기 도시설계의 주요한 도전 과제 중 하나다.

전도유망하고 혁신적인 아이디어는 또 있다. 여기에서도 많은 사람이 활약하고 있다. 나의 또 다른 동료인 사샤 크레이머Sasha Kramer를 소개하고자 한다. 사샤와 나는 같은 시기에 같은 학부에서 박사 학위를 받았다. 논문을 쓰는 과정에서 겨우 콧구멍만 수면 위로 내놓고 생존을 위해 발버둥치던 다른 친구들과는 달리, 사샤는 자신이 이끌린 사회와 공정이라는 이슈가 언제가 반드시 가장 중요한 주제가 될 것임을 항상 믿어 의심치 않았다. 어느 날 아침, 어떤 국제 회의가 열리는 장소에서 벌어진 시위에 관한 기사를 읽었는데, 연구실에 도착해서 보니 동료들이 수백 명의 무장 경찰들 앞에서 깃털이 주렁주렁 달린 목도리를 두르고 분홍색 그늘막 안에 서 있는 한 여자의 사진을 돌려보고 있었다. 와, 바로 사샤였다!

사샤의 박사학위 프로젝트는 원래 오리건에서의 유기농법이었지만, 정작 열정적으로 매달린 일은 서반구에서 경제적으로 가장 뒤처진 나라인 아이티에서 시작한 활동이었다. 생물지구과학 박사학위 과정 학생인 사샤는 생명의 공식이 가진 힘을 깨달아 가고 있었다. 아이티에서 활동하는 동안, 사샤는 삼림 남벌이라는 문제와 삼림 관리 개선의 기회를 동시에 보았다. 아이티는 수많은 도전과제에 직면해 있었다. 그중에서 이 책의 주제와 관계된 문제는 두 가지였다. 첫째는 토양의 비옥도가 너무 낮다는 점이다. 그렇지 않아도 경사도가 높은 지형에서 삼림 남벌이 잦다 보니 토양 침식이 심각했다. 대부분의 농부가 가난한데 비료 값은 비싸다 보니, 자국민을 먹여 살리기에 충분한 농작물을 기를 수 없어 아이티 정부는 값비싼 수입 식량에 의지해야만 한다. 둘째 문제는 인간이 배출하는 폐기물을 제대로 처리하지 못하거나 아예 처리하지 않는다는 것이다. 수도인 포르토프랭스뿐만 아니라 아이티의 거의 모든 도시에서 처리되지 않은 하수가 버려진 물웅덩이나 연못 등에 그대로 유입되어 산화질소(강력한 온실가스 중 하나)를 대량 방출하고 결국에는 바다로 흘러든다. 이제 독자들도 충분히 추측할 수 있겠지만, 이렇게 바다로 흘러가는 하수에는 고지대의 농지에 절실하게 필요한 양분들이 가득 섞여 있다.

    박사학위 과정 동안에도 사샤는 아이티에서 동시에 이 두 가지 문제의 해법을 찾기 위해 활동할 비영리단체를 조직하느라* 많은 시간을 보냈다. 자신이 만들고 있는 조직의 사무실에서 숙식을 해결하며, 그녀는 도시 주거지역에서 퇴비화 화장실을 짓는 데 필요

---

*   단체의 이름은 '지속가능한 유기농 통합 생활Sustainable Organic Integrated Livelihood (SOIL)'이다.

한 자금을 모금하기 시작했다. 사샤는 어떤 조건에서 얼마나 시간이 지나야 이 화장실에 모인 사람의 배설물이 병원균은 모두 사라지고 영양분은 안전하게 다시 농지로 되돌아가는 퇴비가 되는지 알기 위해 실험을 거듭했다. 사샤는 박사학위 논문 심사장에 사람의 배설물로 만든 비료를 가지고 들어가 심사위원 모두에게 냄새를 맡아 보게 했다. 비료에서는 흙냄새가 났다. 당연하다. 원래 흙은 분해된 유기물질로 만들어진 것이니까. 하지만 한 무리의 국립과학원 회원들이 조심조심 사샤의 퇴비 냄새를 맡아 보는 장면은 정말 볼 만했다. 사샤의 행동은 거기서 끝나지 않았다. 소문에 따르면 빌 클린턴 미국 대통령이 아이티를 방문했을 때, 사샤는 스쿠터를 타고 대통령 일행의 뒤를 밟아 끝끝내 대통령에게도 자신의 퇴비 냄새를 맡아 보게 했다고 한다. 이 소문이 사실인지 확인해 보지는 않았지만, 내가 아는 한 사샤는 그러고도 남을 사람이다.

 생명의 공식에 대한 이해를 바탕으로 세상을 조금 더 나은 곳으로 만들어 가는 사샤의 방식은 소규모로, 가장 평범한 시민들의 힘으로, 그리고 효율적으로 이루어지고 있다. 그러나 비록 규모는 작을지라도 그 여파는 포르토프랭스를 훨씬 넘어서고 있다. 지구 인구 중에서 절반 넘는 사람들이 도시에서 산다. 대도시는 지구 역사상 전례 없는 속도로 확장되고 있고 기존의 도시도 점점 커지고 있으니, 아마 그 숫자는 곧 3분의 2에 가까워질 것이다. 이러한 변화는 사회의 모든 측면에서 중요한 의미를 가지지만, 이 책에서 다룬 원소들을 보존하는 데는 좋은 기회가 될 수 있다. 많은 사람이 상대적으로 좁은 장소에 집중된다는 것은 사람들을 통해 흘러가 버리는 결정적인 원소들을 다시 모으기가 조금 더 쉬워진다는 뜻이기 때문이다.

생명의 필수 원소와 인류의 미래

우리에게 에너지가 있는 한 질소는 고갈되지 않을 원소이고, 현재로서는 인도 부족하지 않다(비록 가격은 지역에 따라 달라지지만). 그러니 이 원소들을 회수하여 사용하는 문제가 사람들의 최우선 관심사가 아니었다는 건 어쩌면 당연할지도 모르겠다. 이는 환경 문제에 관심이 있는 사람도 예외는 아니었다. 하지만 이 문제도 이제는 과학계의 관심을 끌기 시작하고 있다. 예를 들어 최근 스웨덴에서 진행된 한 연구는 농지에서 필요한 비료의 상당 부분을 재활용된 인간의 배설물로 충당할 수 있다는 것을 보여 주었다. 물론 그렇게 하려면 비용이 큰 폭으로 증가할 것이다. 당장 그 비용을 감당할 엄두가 안 날지 몰라도 도시의 하수처리 기반시설은 아주 오래 이용되므로, 지금부터라도 그 시설을 개선할 방법을 고민하기 시작하는 게 필요하다.

질소와 인의 재활용은 당장 현실화하기에는 비용이 너무 크다 해도 수소와 산소는 이야기가 다르다. 건조 지역에서는 이 두 가지 모두 귀한 원소들이며, 기후변화 때문에 건조 지역은 점점 더 건조해지고 있다. 산 위의 눈에 물 공급을 의존하는 사람들이 10억 명이나 된다. 예전에는 매년 여름 건기에 이 눈이 녹아 물 계좌를 보충해 주었지만, 눈덩이 크기가 점점 줄어들고 있다. 그러면서 사람들에게서 수소와 산소가 점점 귀해지고 있다.

자연이 그렇듯이, 무엇이든 부족한 것에는 더 잘 보존하기 위한 획기적인 아이디어가 따른다. 예를 들어 로스앤젤레스에는 하수를 식수로 만들 수 있는 처리 시설이 있다. 텍사스의 도시 두 곳과 나미비아의 수도 빈트후크도 마찬가지다. 빈트후크는 1960년대부터 이 시설을 운영해 왔다. 이스라엘도 지금은 폐수의 90퍼센트 이상을 재사용한다. 오늘날, 마치 선인장처럼 H와 O를 재활용하는 이런 방법들은 화석연료에 의존하고 있다. 에너지와 탄소 그리고 온실가스 배출을 비용으로 지출하여 H와 O를 보존하는 것이다. 그러나 그것만이 유일한 방법은 아니다. 사실 해수에서 염분을 제거해 담수로 만드는 부분에서 세계 일류이자 부유한 산유국인 사우디아라비아에서도 이 과정에 사용하는 태양에너지의 비율을 늘려 가고 있다. 결국 우리가 낼 수 있는 최고의 카드는 탄소 없이 에너지를 얻고 그 에너지를 써서 우리에게 필요한 다른 원자를 얻는 것이다. 시간이 문제일 뿐이다.

얼마나 긴 시간이 필요할까? 기후변화와 탄소 소비에 따른 부작용이 있기 때문에 오래 기다릴 수는 없다. 우리는 이미 실질적인 온난화를 경험하고 있고, 우리가 해온 행동들 때문에 해수면은 상승하고 있다. 이 두 가지 변화는 모두 인류에게 엄청난 도전이 될 것이다. 어느 때보다도 불평등해진 세상에서 다른 모든 일들이 그렇듯, 최악의 결과는 대응 수단이 전혀 없는 사람들이 직면하게 될 것이다. 인류의 혁신이 가져온 가장 거대한 불의라 할 수 있다. 혁신의 열매는 소수의 부자에게 돌아가고 가진 것이 없는 사람들이 말도 안 되는 후폭풍을 감당해야 한다. 그러한 후폭풍 중에서도 최악의 피해는 기후변화와 가뭄의 상호작용에서 비롯될 것이다. 부유한 나라에서는 물을 미친 듯이 비효율적으로 쓰고 있기 때문에 빠르게 개선할 여지가 있다. 그러나 가난하고 건조한 나라일수록 사람들은 지역에서 생산되는 식량에 크게 의존하고 있기 때문에 이 상호작용의 여파가 더욱 치명적이다.

질소와 인을 둘러싼 세계적인 우려에 대응하는 데는 시간적으로 약간 더 여유가 있다. 에너지가 있는 한 질소는 고갈될 염려가 없으며, 우리는 화석연료에 의존하지 않고도 질소를 고정시켜서 비료를 만들 수 있다. 땅에서 우리 입까지 도달하는 경로에서 사라지는 질소를 아직도 더 줄여야 하지만, 혁신과 개선의 여지가 크다. 그 개선이 계속되리라는 것은 어렵지 않게 예상할 수 있다. 인은 유한한 자원이기 때문에 재활용되어야 하지만 앞으로 10년 안에는 고갈될 일이 없으며, 아마 100년 안에도 고갈되지 않을 것이다. 우리가 미래를 예상하고 행동을 변화시킬 수 있는 한(반드시 그러리라고 확신할 수는 없지만), 인의 생산과 사용에 대한 문제는 비록 크긴 해도 해결할 수 있다.

우리에게는 희망이 있다. 우리는 우리보다 앞선 월드 체인저들과는 달리, 만약 우리가 더 나은 길을 가지 않는다면 어떤 일이 닥쳐

올지 알 수 있기 때문이다. 우리에게 필요한 것은 에너지일 뿐 탄소가 아니다. 우리에게는 물이 필요하지만 대부분 농작물을 위한 것이고, 여러 가지 혁신적인 방법으로 에너지를 사용해 물을 얻을 수 있다. 식량 생산을 하룻밤에 100퍼센트 효율적으로 이루어지게 만들 수는 없다. 초지 식물 식재에서부터 하수 재활용에 이르기까지, 영양분이 필요한 곳에 머물게 하기 위해 우리가 할 수 있는 일들도 많다. 질소는 풍부하다. 인 문제는 좀 더 까다롭지만, 재활용 기술을 활용하면 지구가 갖고 있는 인이 모두 고갈되기 전에 방법을 찾도록 시간을 벌 수 있다. 앞으로 나아갈 수 있는 길이 있다. 그러나 우리보다 앞선 모든 유기체가 그러했듯이 생명의 공식에 따라 주어진 제약들을 고려해야만 한다.

변화의 속도는 빨라야 할 것이며, 그 변화가 완벽하지도 않을 것이다. 지금까지 있었던 모든 변화가 그래왔다. 그러나 무엇이 문제인지 우리는 안다. 인간은 세상을 변화시키는 유기체다. 그리고 우리보다 앞선 월드 체인저들처럼, 우리의 성공 여부는 필수적인 생명의 원소에 얼마나 원활하게 접근하고 이를 활용하느냐에 달려 있다. 20세기에 인류는 그전과는 비교할 수 없는 속도로, 비교할 수 없는 정도까지 생명의 원소에 접근할 수 있게 되었으며 인류의 복지를 전례 없이 발전시켰다. 인류가 이루어 온 눈부신 성공의 의도치 않은 대가를 우리는 이미 목격하기 시작했다. 까마득한 옛날에 세상을 바꾸었던 우리의 선조 월드 체인저들과 지금의 우리를 이어주는 원소의 실타래로부터 교훈을 얻어 우리의 지식을 바탕으로 에너지와 식량 생산의 방법을 개선하는 21세기를 만들지 못할 이유는 없다. 적어도 과학적으로는 그런 이유는 없다.

감사의 말

이 책은 2013년 알도 레오폴드 펠로십 프로그램Aldo Leopold Fellowship Program이라는 환경과학자 연구 프로그램에 참여하고 있을 때 기획했다. 나는 개인적으로나 직업적으로나 이 프로그램으로부터 커다란 도움을 받았고, 덕분에 그전보다 훨씬 더 나은 과학자, 작가 그리고 사상가가 될 수 있었다. 지금도 여전히 주기적으로 만나는 나의 동료 과학자인 트레버 브랜치Trevor Branch, 질 카비글리아-해리스Jill Caviglia-Harris, 클라우디오 그래튼Claudio Gratton, 케빈 크리젝Kevin Krizek, 리사 슐트-무어 그리고 제니퍼 탱크Jennifer Tank(함께하는 우리 '마멋 무리들!')에게 특별한 감사를 전하고 싶다. 그들의 성공은 나에게 엄청난 영감의 원천이 되었고, 그들이 언제나 변함없이 보내 준 피드백과 격려 그리고 우정에 진심으로 감사한다.

기획을 한 후부터 오랫동안, 그리고 실제로 집필을 시작하기까지 오래전부터 낸시 픽Nancy Pick은 내가 이 책을 쓸 수 있을 거라고 나에게 자신감을 심어 주었고, 코닐리아 딘Cornelia Dean은 내가 꼭 하지 않으면 안 될 일이라고 나를 설득했다. 내가 더 매끄럽고 간결하게 그리고 (희망하건대) 효율적으로 글을 쓸 수 있게 도와준 것에도 고마운 마음을 전하고 싶다. 프린스턴대학교 출판부의 앨리슨 컬릿Alison Kalett과 핼리 셰퍼Hallie Schaeffer는 언제 끝날지 알 수 없는 나의 태만을 믿을 수 없을 정도의 인내심으로 참아 주었고, 나의 글에서 투박함을 덜어 내는 데도 큰 도움을 주었다.

내가 오늘날의 나로 성장할 수 있도록 도움을 준 핵심적인 멘토들에게도 감사를 드린다. 그들이 없었다면 오늘의 나도 없었을 것이다. 케빈 스위니Kevin Sweeny와 고든 레빈Gordon Levin은 나에게 장학금을 주선해 주고 암허스트칼리지에서 역사학 논문을 지도해 주었다. 그들 덕분에 내 논문이 우수 학위논문으로 선정되는 영광을 누렸다. 잭 체니Jack Cheney와 테클라 함스Tekla Harms는 지질학과 놀라운 자연과학의 세계로 나를 안내해 주었다. 나는 중학교를 졸업한 후 생물학 수업과는 담을 쌓았는데도 피터 비토섹은 나를 생물학 박사학위 과정 학생으로 받아 주고 진정한 과학자, 멘토가 되는 길을 가르쳐주었다. 나에게 완전히 새로운 세계를 보여 주고 그 세계를 어떻게 탐험해야 하는지를 가르쳐준 피터 비토섹과 패멀라 맷슨, 올리버 채드윅Oliver Chadwick에게 무한한 감사를 전한다.

지난해에 나의 부모님 두 분이 모두 세상을 떠나셨다. 그 두 분이 내가 오늘날의 나로 성장하기까지 해주셨던 역할을 더 깊이 생각하게 되었다. 어머니는 일반 대중을 위한 과학 도서를 좋아하셨고, 리처드 파인먼Richard Feynman, 스티븐 제이 굴드, 레이먼드 스멀리안Raymond Smullyan의 책을 열심히 읽고 그 안에 담긴 이야기들을 공유하셨다. 나는 1970년대와 1980년대에 발행된 월간 《내추럴 히스토리 매거진Natural History Magazine》을 지금도 가지고 있다. 한 눈에도 어머니의 필체임을 알 수 있는 단정한 글씨체로 메모를 해두시고 표지에는 동그라미를 그려 두신 것들이다. 이 책에 담긴 아이디어 중 일부를 《내추럴 히스토리 매거진》에 먼저 게재할 수 있었던 것은 나에게는 매우 가슴 뭉클한 일이었다. 어머니는 이 책이 열매를 맺기 오래전부터 이미 치매 증상을 보이셨지만, 거의 완성된 이 책의 원고를 아버지는 당신이 돌아가시기 전에 어머니에게 끝까지 읽어 주셨다. 스스로 과학적인 심상이 없다고 주장하는 심리분석가였던 아버지는 본인의 주장이 무색할 만큼 깊은 통찰력과 풍부한 아이디어를 가진 분이었다. 가장 중요한 것은, 이 책뿐만 아니라 내가 했던 모든 일에 지원을 아끼지 않으셨던 두 분의 사랑이 세상에 대한 나의 관심과 열정을 지켜 주었다는 것이다. 두 분이 나의 든든한 뒷배였음을 잘 안다.

마지막으로, 아내 베스와 딸 피비에게 고맙다는 말을 하고 싶다. 두 사람은 이 프로젝트를 붙들고 너무 오랜 시간 씨름한 나를 끝까지 인내해 주었다. 딸 피비는 6학년이 될 때까지 학교에서, 남극 여행길에서, 그리고 저녁 식사 자리에서 수없이 주절거리는 내 독백을 통해 이 주제로 몇 시간은 족히 될 강의를 여러 번 들어야 했다.

물론 지속가능성과 관련된 모든 주제와 나에 대한 피비의 인내심이 가끔 바닥을 보이기도 했지만, 그 아이의 타고난 호기심이 늘 이겼다. 이 책에서 설명한 것들을 포함해 거의 모든 것에 관심을 보인 피비가 놀랍기도 하고 한편으로는 고맙기도 하다. 하나의 작은 사회로서 우리 가족이 피비와 피비의 세대 그리고 그들의 아이들이 살아갈 지속가능한 미래를 확보하는 데 필요한 변화를 이루어낼 수 있기를 바란다. 마지막으로 평생의 사랑인 베스는 생각한다는 것과 누군가에게 멘토가 되어 준다는 것에 대해, 그리고 세상 전체에 대해 너무나 많은 것을 가르쳐주었다. 그녀가 없었다면 이 책은 물론 나라는 존재의 어떤 부분도 상상조차 할 수 없었을 것이다. 세상에 대해 함께 생각하기를 좋아하는 누군가와 삶을 함께한다는 것은 진정한 축복이다. 베스, 고마워.

주석

1 Berra, Yogi. https://www.goodreads.com/author/quotes/79014.Yogi_Berra.
2 Priestly, S. J. *Experiments and Observations on Different Kinds of Air and Other Natural Branches of Natural Philosophy Connected with the Subject*. (2nd Edition) London: J. Johnson, 1775.
3 Ibid.
4 Coleridge, Samuel. "The Rime of the Ancient Mariner." In William Wordsworth and Samuel Taylor Coleridge. 1798. *Lyrical ballads: with a few other poems*. London: Printed for J. & A. Arch.
5 Canfield, D. E. *Oxygen: A Four Billion Year History*. Princeton, NJ: Princeton University Press, 2013.
6 Vitousek, P. M., and Howarth, R. W. "Nitrogen Limitation on Land and in the Sea: How Can It Occur?" *Biogeochemistry* v13 p87–115, 1991.
7 Redfield, A. C. "The Biological Control of Chemical Factors in the Environment." *American Scientist* v46 p205–221. 1958.
8 Dukes, J. S. "Burning Buried Sunshine: Human Consumption of Ancient Solar Energy." *Climate Change* v61 p31–44. 2003.
9 Behringer, Wolfgang. *Tambora and the Year Without Summer*. Translated by Pamela Selwyn. English Edition 2019. Cambridge: Polity Press.

10 Arrhenius, S. "On the Influence of Carbonic Acid in the Air upon the Temperature of the Ground." *Philosophical Magazine* 41, no. 251, p237–276. 1896.

11 Box, G. E. "Robustness in the Strategy of Scientific Model Building." In *Robustness in Statistics*, edited by R. L. Launer and G. N. Wilkinson, 201–36. Cambridge, MA: Academic Press, 1979.

12 Kennefick, D. *No Shadow of Doubt: The 1919 Eclipse That Confirmed Einstein's Theory of Relativity*. Princeton, NJ: Princeton University Press, 2019.

13 IPCC, Arias, P. A., Bellouin, N., et al. *Climate Change 2021: The Physical Science Basis. Contribution of Working Group I to the Sixth Assessment Report of the Intergovernmental Panel on Climate Change*. Cambridge: Cambridge University Press, 2021. https://www.ipcc.ch/report/ar6/wg1/.

14 Gould, S. J. *The Flamingo's Smile: Reflections in Natural History*. New York: W. W. Norton and Company, 2010.

15 Berman-Frank, I., Lundgren, P., and Falkowski, P. "Nitrogen Fixation and Photosynthetic Oxygen Evolution in Cyanobacteria." *Research in Microbiology* v154, p 157–64. 2003.

16 Smil, V. *Enriching the Earth: Fritz Haber, Carl Bosch, and the Transformation of World Food Production*. Cambridge, MA: MIT Press, 2001; Hager, T. *The Alchemy of Air: A Jewish Genius, a Doomed Tycoon, and the Scientific Discovery That Fed the World But Fueled the Rise of Hitler*. New York: Crown, 2009.

17 Vitousek, P. M., J. Aber, et al. "Human Alteration of the Global Nitrogen Cycle: Causes and Consequences." *Issues in Ecology* v1, p2–16. 1997.

18 Smith, C., Hill, A. K., and Torrente-Murciano, L. "Current and Future Role of Haber-Bosch Ammonia in a Carbon-Free Energy Landscape." *Energy and Environmental Science* 13, no. 31, p331–344. 2020.

19	Matson, P. A. *Seeds of Sustainability*. Washington, DC: Island Press, 2012.
20	Firestone, M. K., and Davidson, E. A. "Microbiological Basis of NO and N2O Production and Consumption in Soil." In *Exchange of Trace Gases between Terrestrial Ecosystems and the Atmosphere*. edited by M. O. Andreae and D. Schimel, 7–21. New York: John Wiley & Sons, 1989.
21	Vitousek, P. M. *Nutrient Cycling and Limitation: Hawai'i as a Model System*. Princeton Environmental Institute Series. Princeton, NJ: Princeton University Press, 2004.
22	Vitousek, P. M. *Nutrient Cycling and Limitation: Hawai'i as a Model System*. Princeton Environmental Institute Series. Princeton, NJ: Princeton University Press, 2004.
23	Wulf, A. *The Invention of Nature: Alexander von Humboldt's New World*. New York: Knopf, 2015; Walls, L. D. *The Passage to Cosmos: Alexander von Humboldt and the Shaping of America*. Chicago: University of Chicago Press, 2009.
24	Rockstrom, J., W. Steffan, et al. "A Safe Operating Space for Humanity." *Nature* v461 p 472–475. 2009.
25	Immerzeel, W. W., A.F. Lutz, et al. "Importance and Vulnerability of the World's Water Towers." *Nature* v577, p364–369. 2020.
26	Mann, C. C. *1491: New Revelations of the Americas before Columbus*. New York: Vintage, 2006.
27	Bakke, G. *The Grid: The Fraying Wires between Americans and Our Energy Future*. New York: Bloomsbury USA, 2016.
28	Miotti, M., Supran, G. J., Kim, E. J., and Trancik, J. E. "Personal Vehicles Evaluated against Climate Change Mitigation Targets." *Environmental Science and Technology* v50, p10795–10804. 2016.
29	Mann, M. *The New Climate War: The Fight to Take Back Our Planet*. New York: PublicAffairs, 2021.
30	Bar-On, Y. M., Phillips, R., and Milo, R. "The Biomass Distribution

on Earth." *Proceedings of the National Academy of Sciences of the United States of America* v115, no. 25, p6506–6511. 2018.

엘리멘탈

2025년 11월 21일 초판 1쇄 발행

글 스티븐 포더 · **옮김** 김은영
편집 이기선, 김희중, 곽명진 · **디자인** Firstrow
펴낸곳 원더박스 · **펴낸이** 류지호
주소 (03173) 서울시 종로구 새문안로3길 30, 대우빌딩 911호
전화 02-720-1202 · **팩시밀리** 0303-3448-1202
출판등록 제2024-000122호(2012. 6. 27.)

ISBN 979-11-92953-66-3 (03430)

- 잘못된 책은 구입하신 서점에서 바꾸어 드립니다.
- 독자 여러분의 의견과 참여를 기다립니다.
  블로그 blog.naver.com/wonderbox13 · 이메일 wonderbox13@naver.com